西北人影研究
（第二辑）

主　编　尹宪志
副主编　程　鹏　付双喜

气象出版社
China Meteorological Press

内 容 简 介

本书收录了西北区域人工影响天气中心 2017 年在甘肃兰州召开的"西北区域人工影响天气工作经验交流及学术研讨会"上的部分论文。全书分为五部分,内容涵盖了云物理降水、人工增雨和防雹技术研究、人影作业效果检验和评估、人影管理工作经验和方法以及人工影响天气相关技术应用研究等。

本书可供从事人工影响天气的管理、业务技术、科学研究等人员应用与参考。

图书在版编目(CIP)数据

西北人影研究. 第二辑/尹宪志主编. --北京:
气象出版社,2019.6
ISBN 978-7-5029-6973-8

Ⅰ. ①西… Ⅱ. ①尹… Ⅲ. ①人工影响天气—研究—
西北地区 Ⅳ. ①P48

中国版本图书馆 CIP 数据核字(2019)第 100507 号

Xibei Renying Yanjiu(Di-er Ji)

西北人影研究(第二辑)

尹宪志 主编

出版发行:气象出版社	
地 址:北京市海淀区中关村南大街 46 号	邮政编码:100081
电 话:010-68407112(总编室) 010-68408042(发行部)	
网 址:http://www.qxcbs.com	E-mail: qxcbs@cma.gov.cn
责任编辑:林雨晨	终 审:吴晓鹏
责任校对:王丽梅	责任技编:赵相宁
封面设计:博雅思企划	
印 刷:北京中石油彩色印刷有限责任公司	
开 本:787 mm×1092 mm 1/16	印 张:17.5
字 数:442 千字	
版 次:2019 年 6 月第 1 版	印 次:2019 年 6 月第 1 次印刷
定 价:80.00 元	

《西北人影研究(第二辑)》
编撰组

序

  人工影响天气是指为避免或减轻气象灾害,合理利用气候资源,在适当条件下通过科研手段对局部大气的物理过程进行人工影响,实现增雨雪、防雹等目的的活动。在全球气候变化的背景下,干旱、冰雹等气象灾害对我国经济、社会、生态安全的影响越来越大,迫切需要增强人工影响天气的业务能力和科技水平,为全面建成小康社会和美丽中国提供更好的服务。

  2018年是我国开展人工影响天气60周年,60年来,我国人工影响天气业务技术和科技水平都有了很大的提高,取得了显著的经济、社会和生态效益,人工影响天气已经成为我国防灾减灾、生态文明建设的有力手段。但是,面对新形势和未来发展对人工影响天气工作的新需求,人工影响天气工作仍存在着诸多不足,其中科技支撑薄弱是一个突出问题。强化科技对核心业务的支撑,依靠科技进步,全面提升人工影响天气工作的水平和效益是全体人影工作者面临的重要任务。

  西北地区是我国水资源最少的地区,生态修复、脱贫攻坚对人工影响天气的需求十分迫切。2017年,国家启动了西北区域人工影响天气能力建设工程,同时也正式成立了中国气象局西北区域人工影响天气中心,通过飞机、地面、基地等能力建设和区域统筹协调机制建设,提升西北区域人工影响天气的业务能力和服务效益。此外,根据西北区域地形和云降水特点,设立了西北地形云研究实验项目,联合国内外云降水和人工影响天气科技人员,开展空地协同外场试验,攻克关键技术,形成业务模型,提高西北人影的科技水平。为进一步聚焦人影关键技术,加强区域内各省(区)人影业务科技人员学术交流,西北区域人影中心组织开展了常态化的学术交流活动,总结交流人工影响天气发展以及需要解决的关键科技问题,提出可供西北区域科学开展人工影响天气作业的参考结论。每年学术研讨会后出版一本论文集《西北人影研究》,相信这套专集能为西北人影事业的科学发展起到积极的推动作用。

中国气象局人工影响天气中心主任 李集明

2018年10月

前　言

　　西北区域是我国极其重要的生态环境屏障,自然生态环境十分脆弱,在全球变暖的气候背景下,西北区域气象灾害呈明显上升趋势,干旱、冰雹、霜冻、高温等极端天气气候事件频繁发生,严重威胁着粮食安全和生态安全,制约着经济社会发展。随着气象科技进步,人工影响天气(全书简称"人影")作业日益成为防灾减灾和改善生态环境的重要措施,国家"十三五"规划纲要明确提出"科学开展人工影响天气工作"。

　　为进一步提高西北区域人工影响天气的作业能力、管理水平和服务效益,全面推进人工影响天气科学、协调、安全发展,提高人工影响天气的科学性和有效性,开展人工增雨抗旱、防雹、森林灭火、防霜冻等研究,是近年来西北地区人工影响天气工作面临的紧迫性问题。西北区域人工影响天气中心从1996年开始,组织每年轮流召开一次学术研讨会,汇集了西北地区相关科技工作者和科技管理工作者人影业务技术的分析和总结,形成了比较丰富的研讨成果。为了提高西北人影科研水平,为各地有关部门更好地开展人工影响天气工作提供参考,利用研究论文,每年编辑出版《西北人影研究》。

　　本专集搜集整理了西北区域人工影响天气中心2017年在甘肃兰州召开的"西北区域人工影响天气工作经验交流及学术研讨会"上的论文。本专集分为5部分,内容涵盖了云物理降水、人工增雨和防雹技术研究、人影作业效果检验和评估、人影管理工作经验和方法以及人工影响天气相关技术应用研究等。

　　本专集第二辑由甘肃省人工影响天气办公室整理汇编。在整理编写过程中,得到中国气象局人工影响天气中心,陕西省人工影响天气办公室,新疆维吾尔自治区人工影响天气办公室,青海省人工影响天气办公室,宁夏回族自治区人影中心,内蒙古人影中心以及新疆生产建设兵团人影部门相关领导、专家、同行给予大力支持和帮助,在此一并致以衷心的感谢!

　　由于时间仓促,编者水平有限,难免会存在不少错漏之处,敬请各位读者批评指正。

《西北人影研究》编撰组

2018年10月

目 录

第三部分　人影作业效果与效益评估

第四部分　人影管理工作经验和方法

第五部分　人影相关技术及应用

第一部分　云物理降水

利用激光雨滴谱仪研究西安积层混合云的 *Z-R* 关系

王　瑾[1]　岳治国[1]　戴昌明[2]　潘留杰[2]

(1. 陕西省气象局人工影响天气办公室，西安 710014；2. 陕西省气象局气象台，西安 710014)

摘　要　利用 Parsivel 激光雨滴谱仪观测的西安地区 2013—2014 年 5—10 月积层混合云降水过程的雨滴谱资料和泾河雷达观测资料，结合自动观测站资料，对 65 个积层混合云降水过程的微物理参量进行分析，在对雨滴对雨强的贡献分析时发现，1～2 mm 的雨滴对积层混合云降水的贡献率占 50％以上；将雷达观测的回波强度与 Parsivel 观测计算的回波强度作以比较，结果表明：当 $20 \leqslant Z_{Par} < 30$ dBZ 时，二者的一致性较好，当 $Z_{Par} < 20$，雷达有低估回波强度的现象，低估 10.2 dBZ，而当 $Z_{Par} \geqslant 30$ dBZ 时，Z_{Par} 高于 Z_{rad}，雷达存在高估回波强度的情况，高估 13.2 dBZ；利用最小二乘法建立了西安地区积层混合云反射率因子 Z 和雨强 R 的关系，并拟合得到了经验公式为 $Z = AR^b$ 中的 A-b 关系，发现 A 与 b 呈负相关。

关键词　雨滴谱　积层混合云降水　*Z-R* 关系

1　引言

新一代天气雷达能估计扫描范围内各点的雨强，给出较大区域内的雨量分布和总雨量，且可及时取得大面积定量降水资料，因此，将雷达作为直接测量降水的工具对于工农业生产、天气预报、云雾降水物理研究、人工影响天气（以下全书简称"人影"）的效果检验以及防灾减灾有重要意义。雷达定量测量降水的方法有很多种，例如正交偏振法、标准目标法、衰减法和降水强度与雷达反射率因子关系法（简称 *Z-R* 关系）等，目前常用的是 *Z-R* 关系法。*Z-R* 关系是在对雨滴谱分布形式做了某种假设条件下得到的，通常采用的经验公式为 $Z = AR^b$（其中，Z 为雷达反射率因子，单位为 mm^6/m^{-3}；R 为降水率，单位为 mm/h）。Bent[1] 提出了利用雷达回波估测降水，并且系统地阐述了降水估测的不确定性；Marshall 等[2] 建立了 *Z-R* 的数学统计关系 $Z = 200R^{1.6}$，并指出适合的 *Z-R* 关系对雷达定量测量降水精度的提高至关重要。

雷达反射率因子 Z 在利用 *Z-R* 关系转化成降水率 R 时产生的误差是雷达降水估测的重要误差来源之一。对于不同地区、不同季节、不同云型，参数 A 的变化范围很大[3]，一般在几十到几百之间[4]，而参数 b 的变化不大[6-8]，仅在 1～3 之间变化[5]，因此，*Z-R* 关系中的参数 A 和 b 受很多因素的影响，利用雨滴谱直接估测反射率 Z 和降水率 R 可以建立 *Z-R* 关系，采用合适的 *Z-R* 关系可以提高雷达估测降水的精度[7-8]。

国内外许多气象学者对 *Z-R* 关系进行了调整及本地化试验，Stout 等(1968)[6] 和 Cataneo 等(1968)[7] 研究了不同天气形势下不同热力条件和不同降水类型的 *Z-R* 关系；Gorgucci 等 1995[8] 基于对雨滴谱和雷达回波资料，将多参数方法应用于估算 *Z-R* 关系；Rosenfeld 等(2003)[9] 讨论了在不同下垫面（海洋和陆地）下对流云、层状云和山地地形云降水的 *Z-R* 关系。自 20 世纪 80 年代以来，我国学者开展了许多基于 *Z-R* 关系估测降水方面的研究，例如何宽科等(2007)[10] 结合 2004—2005 年舟山雷达资料和雨滴谱资料拟合出适合舟山台风降水的

$Z-R$ 关系 $Z=70R^{1.38}$；濮江平等（2012）[11] 对南京对流性降水过程建立了 $Z-R$ 关系 $Z=319.08R^{1.43}$；冯雷等（2009）[12] 确定了沈阳、哈尔滨和河南观测到的层状云、积雨云和积层混合云的 $Z-R$ 关系；刘红燕等（2008）[13] 分析了北京 2004 年 45 次降水过程的 $Z-R$ 关系；庄薇等（2013）[14] 建立了适合青藏高原地区各类型降水的气候 $Z-R$ 关系，并对雷达估测的降水进行校准。结果表明：优化后的 $Z-R$ 关系估测降水量的误差小于优化前的估测误差。对于不同季节、不同降水类型（层状云、对流云、热带降水）和不同地区，$Z-R$ 关系会产生很大的差异，因此，$Z-R$ 关系的本地化还需深入分析，根据当地的地理环境、气候和降水类型的特点，重新确定 $Z-R$ 关系的经验公式中用于估测降水量的雷达参数，对于提高该地区的雷达估测降水精度有重要意义。

2 仪器及数据

2.1 仪器介绍

华创 Parsivel 激光雨滴谱仪是采用激光遥测技术对降水过程进行分析、记录的全自动监测设备，可对各种降水过程进行精确测量。Parsivel 激光雨滴谱仪的激光发射器发射一束 3 cm×18 cm 的水平光束，激光接收器可将检测到的光束转换为电信号。当激光束里没有降水粒子降落穿过时，接收器的输出电压为最大电压。当降水粒子穿过水平光束时以其相应的直径遮挡部分光束，导致接收器输出电压变化，可通过电压的大小来确定降水粒子的直径大小，降水粒子的下降速度则可根据电子信号持续时间计算。降水滴谱仪通过统计降水粒子在速度和粒径上的分布计算各种降雨类型的强度、总量，还可给出降水过程中雷达反射率等。激光雨滴谱仪布设在长安区气象局。

翻斗式自动雨量计的测量分辨率为 0.1 mm，当计量翻斗承受的降水量为 0.1 mm 时，计量翻斗把降水倾倒到计数翻斗，翻斗翻转时就输出一个脉冲信号，采集器自动采集存储 0.1 mm 降水量。翻斗式自动雨量计布设在长安区气象局。

观测雷达是位于陕西省西安泾河雷达站。

2.2 数据质量控制

所用资料来源于 2013—2014 年 5—10 月长安的自动站资料，雨滴谱资料和泾河多普勒雷达数据。结合卫星云图、雷达及云和天气现象的观测共同确定 2013—2014 年 5—10 月中共 65 次积层混合云降水。通过对雨滴谱资料进行质量控制，剔除不可用及缺测时段的数据，最后只留下自动站资料、雷达基数据以及雨滴谱资料均完整的降雨日，统计后共 37938 个样本。

2.3 雨滴谱资料检验

雨滴谱资料和自动站资料进行比较（图 1），65 个降雨日中自动站 37938 个样本的降雨总量 704.9 mm，平均降雨量为 1.1 mm/h。雨滴谱降雨总量 682.48 mm，平均降雨量 1.06 mm/h。雨滴谱降雨量和自动站降雨量的相关系数为 0.57。

2.4 雨滴谱反射率与雷达反射率的对应

由于雨滴谱的采样时间比较短为 60 s，而雷达体扫一周需要 6 min，为了保证两者在时间

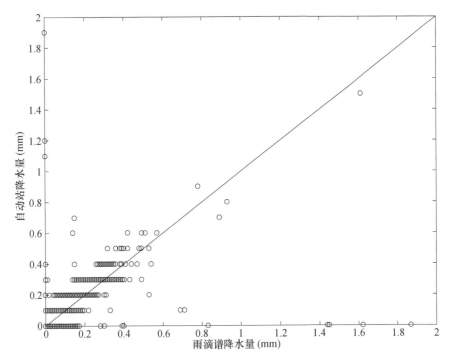

图 1　雨滴谱与自动站雨量对比

上的一致性,将雨滴谱数据按照 6 min 进行平均。

　　雨滴谱资料为点资料,可以代表该站位置上单点上的降水情况,而雷达数据是面资料,在比较雷达观测到的回波强度与 Parsivel 激光雨滴谱仪计算的回波强度时,应考虑到点资料和面资料的对应。另外,由于泾河站的多普勒雷达最低仰角观测到的回波强度(Z_{rad})和 Parsivel 激光雨滴谱仪(Z_{Par})有 23.3 m 的垂直距离,因此,选取点对点,多点空间平均等 6 种对应方式对 Z_{rad} 和 Z_{Par} 的相关系数进行计算。对 Z_{Par} 和 Z_{rad} 进行时间和空间上的对应,得到的样本数共 5656 个,不同对应方式下得到的雨滴谱反射率与雷达反射率的样本数不同,从表 1 可见,当选择雷达 0.5°仰角扫描,点对点和水平 9 点平均这两种对应方式得到的相关系数在 0.6 以上,数据控制后的样本数后者要多,为 4179 个。文中用雷达选取 0.5°仰角,对水平方向进行 9 点平均的 Z_{rad}。

表 1　雨滴谱反射率与雷达反射率的相关系数

雷达扫描仰角选取	对应方式	相关系数	数据控制后的样本数
0.5°仰角	点对点	0.603	3689
1.5°仰角	点对点	0.366	2885
0.5°仰角	水平 9 点平均	0.600	4179
1.5°仰角	水平 9 点平均	0.400	3364
0.5°,1.5°仰角	垂直 9 点平均	0.027	4527
0.5°,1.5°仰角	空间 27 点平均	0.300	4612

3 雨滴谱特征分析

3.1 微物理参量特征

为了讨论降水的物理特征,利用雨滴谱资料分别计算了微物理特征量数浓度 N（个/m³）、雨强 R（mm/h）、含水量 Q（g/m³）、雷达反射率因子 Z（mm⁶/m³）、有效半径 R_e（mm）、平均直径 D_{mean}（mm）、最大直径 D_{max}（mm）,以便进一步讨论降水的微观物理特征。

微观结构特征量的数学表达式如下:

$$Z = \sum N(D_i)D_i^6 \tag{1}$$

式中:$N(D_i)$ 为 D_i 的雨滴的空间数浓度,$V(D_i)$ 为 D_i 的雨滴的下落末速度。

统计 2013—2014 年 5—10 月中 65 次积层混合云降水过程的微物理参量的平均值,所有降水过程的 $\overline{N}$ 为 262.68 个/m³,$\overline{R}$ 为 1.45 mm/h,$\overline{Q}$ 为 0.4 g/m³,$\overline{Z}$ 为 245.01 mm⁶/m³,其中 2014 年 9 月 27—28 日的降水过程 $\overline{N}$ 最大,为 1083.45 m⁻³;$\overline{R}$、$\overline{Q}$、$\overline{R}_e$、$\overline{D}_{max}$ 和 $\overline{Z}$ 的最大值出现在 2014 年 6 月 17 日,分别为 5.14 mm/h、1.43 g/m³、0.82 mm、3.57 mm 和 4038.31 mm⁶/m³;2013 年 5 月 7 日 $\overline{R}$、$\overline{Q}$、$\overline{D}_{max}$ 和 $\overline{Z}$ 出现最小值,为 0.26 mm/h、0.07 g/m³、0.97 mm 和 8.34 mm⁶/m³。

图 2 和图 3 分别为 2013—2014 年所有降水过程和 5—10 月各个月份的各档直径雨滴对总雨滴数浓度和雨强的贡献。将雨滴分为直径 0~1 mm、1~2 mm、2~3 mm 和 3 mm 以上 4 个档。图 2 中 0~1 mm 降水粒子数占总降水数浓度的 88.63%,对雨强的贡献率为 32.84%,1~2 mm 降水粒子数占总降水数浓度的 11.02%,对雨强的贡献率为 50.29%,2 mm 以上降水粒子数占总降水数浓度的 0.35%,对雨强的贡献率为 16.82%。对雨强的贡献来说,小于 1 mm 的雨滴占总数浓度的绝大多数,但它对雨强的贡献并不一定很大,从图 2 和图 3 中可以看出,积层混合云贡献最大的是 1~2 mm 的雨滴,均接近 50%。2 mm 以上的雨滴占总数浓度的比例不超过 1%,可是对雨强的贡献率占到 10%~20%,可见大雨滴虽然所占比重很小,但大滴的尺度大,对雨强的贡献不能忽视。这与山东、江苏等地区对雨强贡献的研究结果[15-17]基本一致。

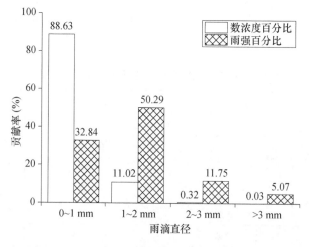

图 2 2013—2014 年 5—10 月各档直径雨滴对总数浓度和雨强的贡献

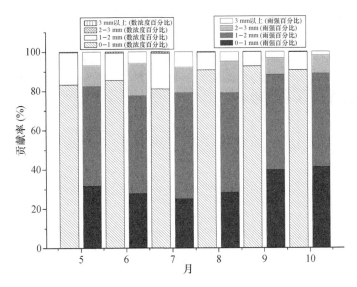

图 3　2013—2014 年各月份各档直径雨滴对总数浓度和雨强的贡献

3.2　各参数和雨强的关系

对 65 个积层混合云降水过程的 Q、Z、N 等物理参量随 R 的变化进行分析(图略),结果显示每个降水过程的 Q 随 R 变化呈现出很好的线性关系,图 4 为在双对数坐标上所有过程的 Q 随 R 的变化,可以看到,所有过程的 Q 与 R 线性相关,同时 Z、N 随 R 变化也大致呈线性相关,这个结果与李景鑫[16]和牛生杰[17]的结论一致。积层混合云由对流云和层状云组成,因此,积层混合云的雨强量级范围较大,从 10^{-2} 到 10^2,积云降水强度高,对总降水量的贡献也较大[18]。而雨滴数浓度量级从 10^{-1} 到 10^1,宫福久等发现层状云和积云混合云雨滴数浓度的量级分别为 10^2 和 $10^{3[19]}$。

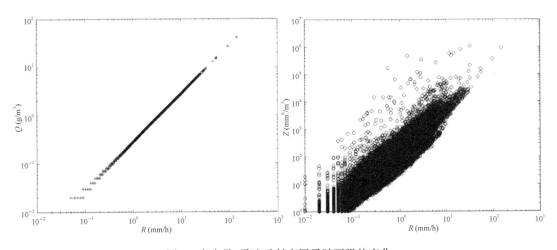

图 4　含水量、雷达反射率因子随雨强的变化

图 5 为 R_e、D_{max} 与 R 的关系,R_e 的最小值为 0.31 mm、最大值为 2.75 mm,D_{max} 最小值为 0.56 mm、最大值为 8.5 mm。降水主要集中在雨滴 $R_e \leqslant 1$ mm,$D_{max} \leqslant 5$ mm 范围内,R 随 R_e、

D_{max}的增大先增加后减少，当D_{max}为 3.75 mm，R出现峰值 34.1 mm/h；当雨滴$R_e>1$ mm，R随R_e的增大而减小，当$D_{max}>5$ mm，R随D_{max}的增大而增加，这表明R越大，大雨滴越多。当R_e为 1.11 mm，D_{max}为 8.5 mm，R出现最大值 145.87 mm/h，数浓度为 5439.32 个/m³，含水量为 40.52g/m³。从图 5 中可以看出雨滴D_{max}越大，R_e不一定最大；当R_e在 0.8 到 1.2 mm之间以及$D_{max}>5$ mm 时对R的贡献较大。

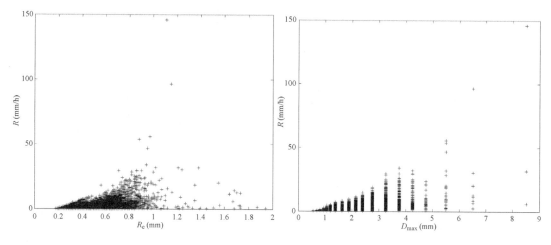

图 5　R随R_e、D_{max}的变化

4　雷达反射率因子关系对比分析

4.1　雷达反射率因子关系对比分析

图 6 为 65 个降雨日中雷达观测回波强度Z_{rad}和雨滴谱仪计算的回波强度Z_{Par}的比较，Z_{Par}与Z_{rad}的相关性较好，相关系数达 60%，从图 6 中可以看出，随着Z_{Par}的增大，Z_{Par}与Z_{rad}的差值逐渐增大。Z_{Par}的变化范围较大，而Z_{rad}主要集中在 10～30 dBZ。因此，将所有点按照Z_{Par}的大小分为 5 档，<10 dBZ、10～20 dBZ、20～30 dBZ、30～40 dBZ、$\geqslant40$ dBZ。由表 2 可知，随着Z_{Par}的增大，5 档的差值平均值分别为-14.2 dBZ、-6.2 dBZ、-0.9 dBZ、5.9 dBZ、20.6 dBZ，其中当 20 dBZ$\leqslant Z_{Par}<30$ dBZ 时，差值平均值最小，样本数为 1522 个，占总样本数的 36.42%；当 10 dBZ$\leqslant Z_{Par}<20$ dBZ 时，Z_{Par}平均值比Z_{rad}小 6.2 dBZ，样本数有 1550 个，占 37.09%。

表 2　雷达观测回波强度和雨滴谱仪计算回波强度的强度差异统计

Z_{Par}(dBZ)	$Z_{Par}-Z_{rad}$平均值(dBZ)	样本数(个)	占总样本数(%)
$Z_{Par}<10$	-14.2	844	20.19
$10\leqslant Z_{Par}<20$	-6.2	1550	37.09
$20\leqslant Z_{Par}<30$	-0.9	1522	36.42
$30\leqslant Z_{Par}<40$	5.9	249	5.96
$Z_{Par}\geqslant40$	20.6	14	0.34

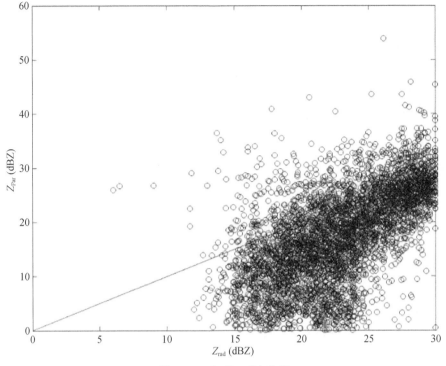

图 6　Z_{par} 与 Z_{rad} 对比分析

4.2　*Z-R* 关系

多年来许多气象工作者在不同地点用实测滴谱资料可直接计算出反射率和雨强,进而统计出 *Z-R* 关系,结果表明,其系数 *A* 和 *b* 值的变化范围很大。*Z-R* 关系不是固定的,它不仅随地区、季节以及不同降水类型而变,即使在同一次降水过程中,其 *A* 和 *b* 值也是变化的[20-23]。因此,对由美国夏季深对流云降水统计得到的新一代天气雷达的降水系列算法中 WSR-88D 中的 *Z-R* 关系在不同地区的应用进行本地化,采用适合的 *Z-R* 关系成为提高雷达定量测量降水精度的关键。

图 7 是通过最小二乘法拟合得到的长安 2013—2014 年 5—10 月的积层混合云 *Z-R* 关系。不同地区的积层混合云的 *Z-R* 关系虽然不尽相同[24-25],但 *Z-R* 关系的本地化对提高雷达定量测量降水精度有重要意义。

4.3　*A-b* 关系

图 8 是 5—10 月份的 *A-b* 关系,从图中可以看出 5—8 月的 *A* 与 *b* 表现出明显的线性关系,且 *A* 与 *b* 成反相关,拟合 5—8 月的 *A-b* 关系与 Makits 和金祺等的研究对此表明。5—8 月积层混合云中的对流降水偏多,而对 5—10 月份的 *A-b* 关系进行拟合得到积层混合云的*A-b*拟合公式与金祺等[27]观测到的层云降水 *A-b* 拟合关系相近,这表明 9—10 月的积层混合云主要以层云降水为主。

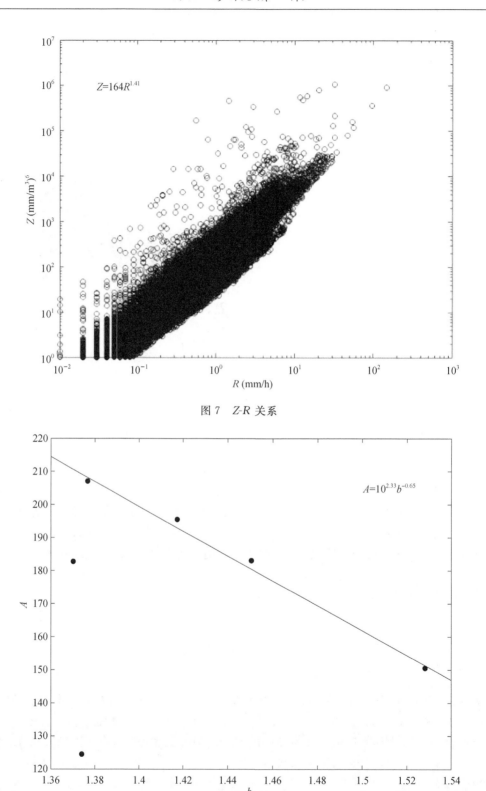

图 7　*Z-R* 关系

图 8　不同月份的 A 与 b 的关系

5 结果与讨论

本文利用 Parsivel 激光雨滴谱仪对 2013—2014 年 5—10 月西安地区共 65 个积层混合云降水过程进行观测,并对积层混合云降水资料分析,得出以下结论:

(1)通过对 65 个积层混合云的降水过程的微物理量进行统计,得出 65 个降水过程微物理量的平均值 $\overline{N}$ 为 262.68 个/m³, $\overline{R}$ 为 1.45 mm/h, $\overline{Q}$ 为 0.4 g/m³, $\overline{Z}$ 为 245.01 mm⁶/m³。积层混合云贡献最大的是 1~2 mm 的雨滴,均接近 50%。2 mm 以上的雨滴占总数浓度的比例不超过 1%,却对雨强的贡献占到 10%~20%,大雨滴虽然所占比重很小,但大滴的尺度大,对雨强的贡献不能忽视。

(2)雨强与含水量呈很好的线性关系,雷达反射率因子和数浓度随雨强的变化也大致呈线性相关。雨强随 R_e 和 D_{max} 的增大均呈先增大后减小的趋势,雨强在 R_e 为 1.11 mm, D_{max} 为 8.5 mm 出现最大值 145.87 mm/h。

(3)对雷达观测回波强度和雨滴谱计算的回波强度差异进行统计发现, Z_{rad} 与 Z_{Par} 有很好的一致性。对于西安地区 65 个降水过程,当 20 dBZ≤Z_{Par}<30 dBZ 时,二者的一致性较好,当 Z_{Par}<20 dBZ,雷达有低估回波强度的现象,低估 10.2 dBZ,而当 Z_{Par}≥30 dBZ 时, Z_{Par} 高于 Z_{rad},雷达存在高估回波强度的情况,高估 13.2 dBZ。

(4)对 Z-R 关系的 A 和 b 关系拟合得到,西安地区 5—8 月积层混合云中的对流降水偏多,9—10 月层云降水居多。利用 Parsivel 激光雨滴谱仪建立西安地区积层混合云的 Z-R 关系, Z-R 关系的本地化对提高本地雷达定量测量降水精度有重要意义。

参考文献

[1] Bent A E. Radar echoes from atmospheric phenomena[M]. Radiation Laboratory, Massachusetts Institute of Technology, 1943:173,10.

[2] Marshall J S, Palmer W M K. The distribution of raindrops with size[J]. Journal of meteorology, 1948, 5(4):165-166.

[3] Chumchean S, Sharma A, Seed A. Radar rainfall error variance and its impact on radar rainfall calibration[J]. Physics and Chemistry of the Earth, Parts A/B/C, 2003, 28(1):27-39.

[4] Battan L J. Radar observation of the atmosphere[M]. Chicago:The University of Chicago Press, 1973:324.

[5] Smith J A, Krajewski W F. A modeling study of rainfall rate - reflectivity relationships[J]. Water Resources Research, 1993, 29(8):2505-2514.

[6] Stout G E, Mueller E A. Survey of relationships between rainfall rate and radar reflectivity in the measurement of precipitation[J]. Journal of Applied Meteorology, 1968, 7(3):465-474.

[7] Cataneo R, Stout G E. Raindrop-size distributions in humid continental climates, and associated rainfall rate-radar reflectivity relationships[J]. Journal of Applied Meteorology, 1968, 7(5):901-907.

[8] Gorgucci E, Chandrasekar V, Scarchilli G. Radar and surface measurement of rainfall during CaPE:26 July 1991 case study[J]. Journal of Applied Meteorology, 1995, 34(7):1570-1577.

[9] Rosenfeld D, Ulbrich C W. Cloud microphysical properties, processes, and rainfall estimation opportunities[M]//Radar and Atmospheric Science:A Collection of Essays in Honor of David Atlas. American Meteorological Society, 2003:237-258.

[10] 何宽科,范其平,李开奇,等. 舟山地区台风降水 Z-R 关系研究及其应用[J]. 应用气象学报, 2007, 18(4):573-576.

[11] 濮江平,张昊,周晓,等. 对流性降水雨滴谱特征及其与雷达反射率因子的对比分析[J]. 气象科学, 2012,32(3):253-259.

[12] 冯雷,陈宝君. 利用 PMS 的 GBPP-100 型雨滴谱仪观测资料确定 Z-R 关系[J]. 气象科学,2009,29(2): 192-198.

[13] 刘红燕,陈洪滨,雷恒池,等. 利用 2004 年北京雨滴谱资料分析降水强度和雷达反射率因子的关系[J]. 气象学报,2008,66(1):125-129.

[14] 庄薇,刘黎平,王改利,等. 青藏高原复杂地形区雷达估测降水方法研究[J]. 高原气象,2013,32(5): 1224-1235,doi:10.7522/j.issn.1000-0534.2012.00118.

[15] 周黎明,王俊,龚佃利,等. 山东三类降水云雨滴谱分布特征的观测研究[J]. 大气科学学报,2014,37 (2):216-222.

[16] 李景鑫,牛生杰,王式功等. 积层混合云降水雨滴谱特征分析[J]. 兰州大学学报(自然科学版),2010,46 (6):56-61.

[17] 牛生杰,安夏兰,桑建人. 不同天气系统宁夏夏季雨谱分布参量特征的观测研究[J]. 高原气象,2002,21 (1):37-44.

[18] 洪延超,黄美元,吴玉霞. 梅雨锋云系中尺度回波结构及其与暴雨的关系[J]. 气象学报,1987,45(1): 56-64.

[19] 宫福久,刘吉成,李子华. 三类降水雨滴谱特征研究[J]. 1997,21(5):607-614.

[20] Atlas D,Williams C R. The anatomy of a continental tropical convective storm[J]. Journal of the atmospheric sciences,2003,60(1): 3-15.

[21] Nzeukou A,Sauvageot H,Ochou A D,et al. Raindrop size distribution and radar parameters at Cape Verde [J]. Journal of Applied Meteorology,2004,43(1): 90-105.

[22] Tokay A,Short D A. Evidence from tropical raindrop spectra of the origin of rain from stratiform versus convective clouds[J]. Journal of Applied Meteorology,1996,35(3): 355-371.

[23] 王建初,汤达章. 不同雨型的 Z-R 关系及几种误差讨论[J]. 南京气象学院学报,1981,2: 006.

[24] 晋立军,封秋娟,李军霞,等. 自动激光雨滴谱仪在雷达降水估测中的应用[J]. 气候与环境研究,2012, 17(6): 740-746.

[25] 冯雷,陈宝君. 利用 PMS 的 GBPP-100 型雨滴谱仪观测资料确定 Z-R 关系[J]. 气象科学,2009,29(2): 192-198.

[26] Maki M,Keenan T D,Sasaki Y,et al. Characteristics of the raindrop size distribution in tropical continental squall lines observed in Darwin,Australia [J]. Journal of Applied Meteorology,2001,40(8): 1393-1412.

[27] 金祺,袁野,刘慧娟,等. 江淮之间夏季雨滴谱特征分析[J]. 气象学报,2015,73(4): 778-788.

西安对流性降水雨滴谱特征分析

宋嘉尧　罗俊颉　梁　谷　左爱文

(陕西省人工影响天气办公室,西安 710014)

摘　要　为了研究关中地区对流性降水微物理特征的差异,本文对 Parsivel 激光降水粒子谱仪 2012 年夏季的观测结果进行统计分析。选取 2012 年 7 月 13 日和 30 日两个过程,分析了西安对流性降水雨滴谱时间演变特征、雨滴谱分布、平均直径、众数直径、优势直径、中数直径等参数特征,对对流性降水雨滴速度和直径的关系进行了讨论。

关键词　雨滴谱　对流性降水

1　引言

对流性降水的形成不仅涉及到云动力学,同时也涉及到云微物理的变化。通过对宏观动力场与云降水微观物理过程相互作用的研究,有助于对人工影响天气的科学认识有进一步的提高。雨滴谱观测是微观云降水物理研究的重要内容之一。研究雨滴谱的分布可以分析自然降水的微物理结构及其演变特征,对针对性地设计科学的播云方案,提高人工影响天气的科学作业水平有很重要的意义[1-2]。

我国从 20 世纪 60 年代就开展了雨滴谱的研究工作。早期采用色斑法测量雨滴的粒径,该方法获取的资料精度较高,但数据处理非常困难。90 年代以后,随着大气科学的发展与电子科学的进步,人们逐步利用新型的光电、声电雨滴谱测量仪器开展雨滴谱相关研究[2-4]。德国 OTT 公司生产的 Parsivel 激光降水粒子谱仪是以激光为基础的新一代高级光学粒子测量器及气象传感器,可同时测量降水中所有液体和固体粒子的尺度和速度。本文利用长安区气象站的 Parsivel 激光降水粒子谱仪在 2012 夏季观测的数据,分析了关中地区对流性降水雨滴谱特征,并对雨滴落速与粒径的关系进行了讨论。

2　资料来源

Parsivel 是一种基于现代激光技术的光学测量系统。它可以全面而可靠地测量降水强度从 0.001 mm/h 至 1200 mm/h 的各类型降水。粒径的测量范围为 0.2～25 mm,粒子速度范围为 0.2～20 m/s,分别有 32 个尺度档和 32 个速度档;每个采样样本中的粒子谱测量数据都有 32×32＝1024 个。在实际观测中,液态降水的直径范围为 0.2～5.8 mm[5],故本文中对于观测记录中直径大于 5.8 mm 的数据,认为由雨滴重叠造成的仪器观测误差,可在分析过程中予以剔除。2012 年 5 月,陕西省人影办在长安气象站布设了 Parsivel 激光雨滴谱仪,开展了对关中地区的雨滴谱观测,采样时间设为 1 min。2012 年 6—10 月,观测到了 10 次完整的降水过程。其中,由对流云系引起的对流性降水 2 次,分别为 7 月 13 日和 30 日。本文将利用这两日的雨滴谱资料进行分析。

3 天气背景

2012 年 7 月 13 日 08 时(北京时间,下同)500 hPa 高空图上(图略),欧亚中高纬度呈两槽一脊,贝加尔湖冷空气在巴尔喀什湖形成切断低压,陕西省中北部受脊前西北气流控制,14 时地面图上陕西省处于大范围低值区中,受上述系统影响,陕西省关中地区午后出现对流性降水。长安站降水时段为 16:57—19:52,累计降水 30.2 mm。从西安多普勒雷达组合反射率(37 号产品)回波图(图 1a)看,雨滴谱仪所在位置(黄色五角星号标注为雨滴谱所在地)正处于对流过程的雷达回波强中心点,回波最大强度分别在 65 dBZ 左右,剖面显示强回波顶在 10 km 左右(图 1b)。

2012 年 7 月 30 日,受切变和副高外围偏南暖湿气流的共同影响,陕西中南部地区出现对流性降水。长安站降水时段为 17:38—00:24,累计降水 13.5 mm。图 2a 为 30 日 19:01 西安多普勒雷达组合反射率回波,图 2b 为强中心的垂直剖面图,可以看到,对流云团沿西南—东北方向朝东移动,雨滴谱仪所在位置正好在对流云团东移路径上,雷达回波强度达 55 dBZ,强回波顶在 5 km 左右。

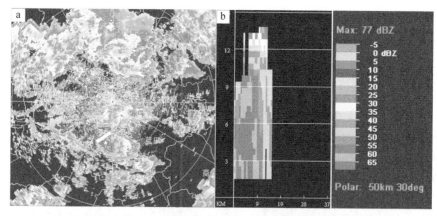

图 1　7 月 13 日 17:09 西安多普勒雷达回波

(图 a 为组合反射率回波(37 号产品),图 b 为沿着图 a 中粗斜线
位置的垂直剖面回波(50 号产品),五角星号标注为雨滴谱所在地)

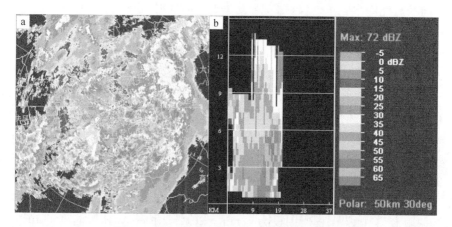

图 2　7 月 30 日 19:01 西安多普勒雷达回波

(图 a 为组合反射率回波(37 号产品),图 b 为沿着图 a 中粗斜线
位置的垂直剖面回波(50 号产品),五角星号标注为雨滴谱所在地)

4 结果分析

4.1 雨滴谱时间演变特征

图 3 是 2012 年 7 月 13 日对流性降水过程分钟雨滴数浓度及分钟平均直径的时间演变特征。由图 3 可知,7 月 13 日的降水过程集中在 16:59—18:23 这段时间。开始仪器观测到雨滴数浓度很小,缓慢增大至 500 个/m³ 后又突然降低,随后在 10 min 内陡然增大至 2000 个/m³ 以上,后又缓慢下降。说明此时对流云团正在快速发展,而其中的雨滴正处于快速碰并增长随后下落破碎的过程,相对雨滴数浓度,此次对流性过程的雨滴平均直径的变化较平稳,大粒子(分钟平均直径大于 1.0 mm)所占比例大,只有在降水临近结束时平均直径才突然下降至 0.5 mm 以下。

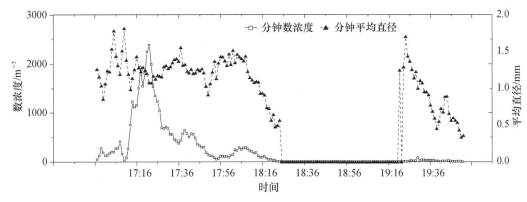

图 3　2012 年 7 月 13 日对流性降水雨滴分钟数浓度和分钟平均直径随时间演变图

图 4 是 2012 年 7 月 30 日对流性降水过程分钟雨滴数浓度及分钟平均直径的时间演变特征。可以看到此次降水过程并不连续,阵性降水特征明显,这与观测点与雷暴单体的相对位置及移动有关。相比 7 月 13 日的过程,此次降水持续时间较长,但强度较小,整个过程的雨滴数浓度在 20:00 时和 21:40 时出现了两次峰值,最大峰值仅为 800 个/m³。同时,此次过程雨滴平均直径相比 13 日过程略小,平均直径 0.5~1.0 mm 的雨滴所占比例大。结合两张图发现,对流性降水过程刚开始时,均有雨滴粒子较大但雨滴数浓度小的特点。随着降水过程的结束,雨滴分钟平均直径和分钟数浓度均会下降。在变化趋势上,雨滴直径会随分钟数浓度的大小有一定起伏,但并不明显。

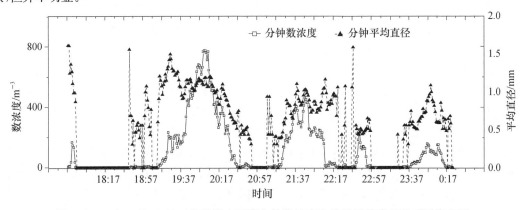

图 4　2012 年 7 月 30 日对流性降水雨滴分钟数浓度和分钟平均直径随时间演变图

4.2 雨滴谱分布及微物理特征

Mashall 和 Palmer[6]经过研究发现雨滴谱的分布一般呈指数分布（M-P 分布），表达式为

$$n=n_0 e^{-\lambda D} \tag{1}$$

式中：n_0 为常数，λ 为参数。此外，Takeuchi[7]，Ulbrich[8]也曾分别用 Γ 分布拟合实际雨滴谱（Γ 分布），表达式为

$$n=D^\mu n_0 e^{-\lambda D} \tag{2}$$

式中：n_0 为常数，λ，μ 为参数。在实际观测中，由于雨滴会受到风及大气湍流的影响发生破碎、蒸发和碰并，从而造成雨滴谱分布存在差异性，在对流性降水中差异尤其显著。图5是2次对流性降水过程的平均雨滴谱分布。图5给出了7月13日和7月30日两次降水雨滴谱拟合结果，实线为 M-P 分布拟合曲线，虚线为 Γ 分布拟合曲线。可以看出，对流云系地面降水的雨滴谱采用 Γ 分布进行拟合的结果较好，在大滴端较 M-P 分布有更好的精确度。表1为图5中两次雨滴谱分布拟合值。

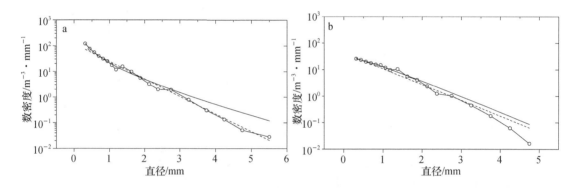

图5　实测雨滴谱分布及拟合谱分布（a：7 月 13 日，b：7 月 30 日）

（—○—为实测雨滴谱，实线为 M-P 分布拟合曲线，虚线为 Γ 分布拟合曲线）

表 1　雨滴谱分布拟合值

	M-P 分布	Γ 分布
7 月 13 日	$n=117.16\,e^{-1.57D}$	$n=45.81D^{-1.03}\,e^{-0.767D}$
7 月 30 日	$n=111.42\,e^{-2.447D}$	$n=54.16D^{0.26}\,e^{-1.447D}$

为了进一步揭示雨滴的尺度分布与降水之间的关系，图6给出了各档雨滴对数浓度对地面降水的贡献情况。四个档位分别为 0.2～0.5 mm、0.5～1.0 mm、1.0～2.0 mm 和 2.0～3.0 mm。可见，对流云降水中地面雨滴直径在 0.2 与 0.5 mm 之间的粒子偏少，仅占总数浓度的比例为 10%～15%，直径在 0.5 与 1.0 mm 之间的雨滴和 1.0 与 2.0 mm 之间的雨滴为地面降水的最主要贡献，二者所占比例约为 80%，粒径在 2.0 与 3.0 mm 之间的雨滴贡献约占 10%。

在雨滴谱特征分析中，对其直径的各种统计特征的研究是必不可少的[9]。表2给出了文中所列的雨滴直径特征量的计算方法，其中：D_m 为平均直径，D_{max} 为最大直径，D_d 为众数直径，D_v 为平均体积直径，D_p 为优势直径，D_{nd} 为中数直径，D_n 为中数体积直径，I 为雨强。根据数学表达式，计算出了两次对流性降水的微物理特征参量值，见表3。

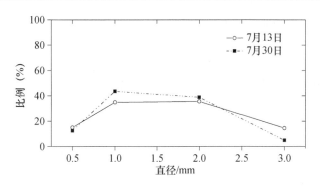

图 6　各档雨滴所占比例

表 2　几种降水微物理特征参量值的符号、定义

符号	物理意义	数学表达式	注释
D_m/mm	过程平均直径	$D_m = \sum\limits_{i=1}^{k} N_i(D_i)D_i / \sum\limits_{i=1}^{k} N_i(D_i)$	k 为参与统计的直径档数
D_{max}/mm	过程最大直径	降水过程中出现的最大直径	
D_d/mm	最大浓度直径	$N(D)$ 最大值所对应的直径	
D_v/mm	过程平均雨滴体积对应的直径	$D_v = \left[\sum\limits_{i=1}^{k} N_i(D_i)D_i{}^3 / \sum\limits_{i=1}^{k} N_i(D_i) \right]^{1/3}$	k 为参与统计的雨滴档数
D_p/mm	对含水量贡献最多的直径	$N(D)D^3$ 最大值所对应的直径	
D_{nd}/mm	半数雨滴的直径大于(或小于)该直径	$2\int_{D_{min}}^{D_{nd}} N(D)\mathrm{d}D = \int_{D_{nd}}^{D_{max}} N(D)\mathrm{d}D$	D_{min} 为参与统计的最小直径
D_n/mm	含水量的一半由大于(或小于)该直径的雨滴贡献	$2\int_{D_{min}}^{D_n} D^3 N(D)\mathrm{d}D = \int_{D_n}^{D_{max}} D^3 N(D)\mathrm{d}D$	D_{min} 为参与统计的最小直径

　　13 日降水过程虽然持续时间相对较短,样本个数相对较少,但平均粒子数浓度较大,8 个直径特征统计值中除了中数直径,其他值均大于 30 日的特征值,说明粒子尺度大,过程中大粒子所占比例多;而 30 日虽然降水持续时间较长,长安站实测雨量却较小,过程中中粒子所占比例多。这两次过程雨滴谱的平均体积直径均大于 1.15 mm,优势直径均大于 1.5 mm,平均体积直径均大于 1.2 mm,中数体积直径均大于 1.5 mm。与文献[10]中对流性降水雨滴谱特征较为一致,即认为雨滴谱的平均体积直径大于 1.20 mm 和中数体积直径大于 1.5 mm 的降水是对流云降水。

表 3　两次对流性降水的微物理特征参量值(单位:mm)

时间	D_m	D_{max}	D_d	D_v	D_p	D_{nd}	D_n
7 月 13 日	1.22	5.5	1.375	1.71	2.75	0.812	2.375
7 月 30 日	1.181	4.75	0.937	1.28	1.625	0.937	1.625

4.3　v-d 关系

　　Parsivel 激光雨滴谱仪可以探测到不同直径档(d)粒子的下落末速度(v)。这是人工模拟降雨跟自然降雨相似性研究的重要因子,同时也是滤纸观测法获取不到的数据。雨滴落速是在雨滴从高空竖直落到地面的过程中,受到重力和空气阻力的共同作用,雨滴在下落一段距离后就做匀速运动。根据雨滴谱观测到的速度与粒径大小,综合力学上雨滴下落速度计算原理,本文对二者间关系进行了拟合。

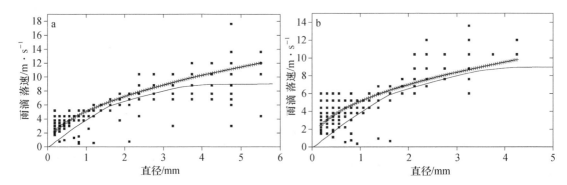

图7　对流性降水雨滴落速与粒径的关系(a:7月13日,b:7月30日)

(实线为Best的经验关系模拟曲线,+++线为拟合曲线)

图7是两次对流性降雨的v-d关系图。黑色实线为Best[11]根据Davies的实验数据给出的海平面正常大气条件下(1013 hPa,20 ℃)雨滴末速度同直径的经验关系模拟曲线,即

$$v=A_0\{1-\exp[-(D/a)^n]\} \tag{3}$$

式中:A_0,a和n都是常量。+++线为降水过程中所有雨滴实测下落速度同直径的拟合曲线。如图,大部分粒子主要分布在小尺度的区域内,且同Best经验关系偏差较大,可见Best经验关系的模拟值不适用于关中地区对流云降水的速度模拟。对实际降水的v-d进行拟合后发现,速度v同直径d具有一定的指数相关关系,即:$v=aD^b$。拟合度,即相关系数的平方R^2均大于0.8。由图可知两次对流性过程v-d关系的系数a和指数b相差不大,分别为:$v=5.16D^{0.43}$和$v=5.12D^{0.44}$。

5　结论

本文利用长安站Parsivel激光降水粒子谱仪的观测资料,对2012年夏季对流性降水的滴谱变化特征进行了分析讨论,初步得到如下结论:

(1)根据雨滴谱时间演变特征,可以得到对流云团中雨滴快速碰并增长随后下落破碎的过程。对流性降水过程刚开始时,均有雨滴粒子大但雨滴数密度小的特点。随着雨强峰值的到来,雨滴数密度也会出现峰值,随着降水过程的结束,分钟平均直径和雨滴数密度均会下降。

(2)对流性降水中雨滴谱分布同以往有明显差异,文中两次过程采用Γ分布拟合得较好,在大滴端较M-P分布有更好的精确度。

(3)对流云降水地面雨滴小粒子所占比例偏少,仅占总数浓度的比例为$10\%\sim15\%$,粒径在0.5 mm以及1.0 mm之间的粒子粒径(中粒子)以及1.0 mm和2.0 mm之间的粒子(大粒子)为雨强的最主要贡献,二者所占比例约为80%,超大粒子比例约占10%。

(4)两次过程雨滴谱的平均体积直径均大于1.15 mm,优势直径均大于1.5 mm,平均体积直径均大于1.2 mm,中数体积直径均大于1.5 mm。基本符合对流性降水的雨滴谱参量值特征。

（5）Best 根据实验数据给出的雨滴末速度同直径的经验关系模拟曲线并不适用于本个例的对流云降水。两次对流性过程速度同直径具有一定的指数相关关系，拟合度 R^2 均大于 0.8。分别为：$v=5.16D^{0.43}$ 和 $v=5.12D^{0.44}$。

参考文献

［1］李金辉，罗俊颉．稳定性层状云降雨量的估算研究［J］．陕西气象，2006(2)：1-4.

［2］牛生杰，安夏兰，桑建人．不同天气系统宁夏夏季降雨谱分布参量特征的观测研究［J］．高原气象，2002，21(2)：37-44.

［3］宫福久，刘吉成，李子华．三类降水云雨滴谱特征研究［J］．大气科学，1997，21(5)：607-614.

［4］李景鑫，牛生杰，王式功，等．积层混合云降水雨滴谱特征分析［J］．兰州大学学报(自然科学版)，2010，46(6)：56-61.

［5］R Gunn，G D Kinzer. The terminal velocity of fall for water droplets in stagnant air［J］. Meteorology，1949，6：243-248.

［6］Marshall J S，Palmer W M. The distribution of raindrops with size［J］. J Meteor，1948(5)：165-166.

［7］Takeuchi D M. Characterization of raindrop size distribution［C］. Preprints of Conference on Cloud Physics and Atmospheric Electricity，Issaquah，Amer Meteor Soc，1978：154-161.

［8］Ulbrich C W. Effect of size distribution variations on precipitation parameters determined by dua-l measurementtechniques［C］. Preprint of 20th Conference on Radar Meteor，Boston，Amer Meteor Soc，1981. 276-281.

［9］罗俊颉，樊鹏，李金辉，等．陕西春季层状云降水雨滴谱部分特征［G］//樊鹏．陕甘宁人工增雨技术开发研究．北京：气象出版社，2002：123-127.

［10］刘红燕，雷恒池．基于地面雨滴谱资料分析层状云和对流云降水的特征［J］．大气科学，2006，30(4)：693-702.

［11］Best，A C，Empirical formulae for the terminal velocity of water drops falling through the atmosphere［J］. Quart J RoyMeteorSoc，1950，76：302-311.

陇中黄土高原秋季层状云微物理结构及适播性个例分析

王研峰[1]　黄武斌[2]　和翠英[3]　黄　山[1]

（1. 甘肃省人工影响天气办公室,兰州 730020；

2. 兰州中心气象台,兰州 730020；3. 云南省红河州蒙自市气象局,红河 661100）

摘　要　利用陇中黄土高原地区一次机载 PMS 粒子测量系统的云探测资料,研究了该地区秋季典型层状云系的微物理特征,并讨论了层状冷云适宜催化作业的指标。结果表明:(1)层状云系由高层云和层积云组成,在 0 ℃层和 −3～−4 ℃层,云粒子浓度与液态含水量存在极大值;(2)小云粒子和大云粒子浓度分别主要由 3.5～10 μm、50～200 μm 粒径段的粒子浓度决定,最大值超过 100 个/cm³、100 个/L,与平均直径分别呈正相关和反相关,并且小云粒子高浓度区对应高液态含水量区;(3)不同高度和过冷水含量区小云粒子谱均为单峰型,大云粒子谱均为混合型;(4)此次层状冷云适宜催化作业的指标有:云系处于发展期,云高为 5.5～6.3 km,温度为 −6～−2.8 ℃,LWC≥0.05g/m³,小云粒子和大云粒子浓度分别在 3.5～15 μm、150～200 μm 粒径段各自有 10¹ 个/cm³、10¹ 个/L 量级的高值区。

关键词　陇中黄土高原　层状云系　微物理结构　适播性

1　引言

陇中黄土高原位于黄土高原西部、甘肃省中东部,包含兰州、白银、天水、定西、临夏州以及平凉的静宁、庄浪县,属于半干旱气候区,面积占黄土高原总面积的 1/5 左右,海拔为 1200～2500 m[1],下垫面以山地丘陵为主。近年来,随着全球气候变暖,陇中黄土高原严重的水土流失、植被破坏及自然灾害频发使其生态环境十分脆弱[2]。降水是影响陇中黄土高原地区生态安全的重要因素[3],夏秋季层状云降水显得更为重要,而层状云的物理结构与降水关系密切[4],因此层状云物理结构及降水机制的研究非常重要,是合理开发云水资源、改善生态环境的关键。

多年来,层状云结构及降水机制的研究在国内外广泛开展。如 Grant 等[5]提出了播云温度窗的概念,指出云顶温度处于 −10～−24 ℃时具有可播性;Rosenfeld 等[6]利用云顶温度和有效半径分析云垂直结构及降水形成过程;Vali 等[7]采用云探测时过冷水含量>0.05g/m³ 和冰晶浓度<0.1 个/L 的航线占总探测航线的百分比大小作为增雨潜力的指标;封秋娟等[8]分析表明层状降水云系液态含水量变化范围为 0～0.42g/m³,适宜人工增雨作业温度区间为 −11.4～−7 ℃、−4.4～0 ℃;陈英英等[9]利用卫星产品研究了层状云结构参数与地面降水的关系;周毓荃等[10]研究得出当层状云光学厚度>17 时,降水概率较大,随着光学厚度增加,地面雨强呈增大趋势。

自 20 世纪 80 年代引进 PMS 系统后,国内持续开展了北方层状云的微物理研究。如李仑格等[11]研究表明青藏高原东部春季层状云中平均液态水含量为 0.05 g/m³,平均冰晶浓度为 28.75 个/L,云滴尺度宽,浓度小;李照荣等[12]探讨了甘肃层状云系的云微物理特征以及逆温对它们的影响;王黎俊等[13-14]研究了三江源地区秋季典型层状云的微物理特性,结果表明层云中值直径在 3.5~18.5 μm 之间的云粒子为液相,>21.5 μm 的为冰相,在过冷水含量>0.01 g/m³的高过冷水区,随着液态云粒子浓度降低,冰相含水量增大,过冷水含量越高催化效应越明显;孙玉稳等[15]研究表明当云层高度为 4582 m,云内平均含水量≥0.1g/m³,对应温度为 −8.0 ℃,小云粒子浓度为 236.5 个/cm³时适宜河北地区秋季催化作业。

为增加降水量改善陇中黄土高原地区的生态环境,甘肃省自 1991 年恢复飞机人工增雨作业。北方黄土高原地区层状云结构及降水机制研究虽取得了一些成果,但在陇中黄土高原地区对层状云定量化的研究较少,同时该地区云结构复杂,人工增雨催化最佳潜力区判定困难[16]。因此,研究陇中黄土高原地区层状云微物理结构及适播性,才能准确地揭示层状云催化相应机制,使人工增雨作业更科学[17]。虽然在陇中黄土高原地区实施了多架次的飞行探测,但由于天气及其对飞行安全的影响和航线设计的复杂性,2007 年 8 月 29 日取得了较为理想的探测资料。

本文利用陇中黄土高原地区 2007 年 8 月 29 日飞机探测资料,研究了秋季典型层状云微物理结构特征和增雨指标,以期提高当地人工增雨的科学性和有效性,对全球变暖背景下陇中黄土高原地区生态环境的改善提供一定的帮助。

2 仪器和观测资料

2.1 仪器简介

探测所用仪器为中国科学院大气物理研究所引进美国 PMS 粒子测量系统、温湿仪、GPS 定位仪。PMS 系统安装在运-12 飞机机翼两侧,在观测试验前对各探头都进行了标定,该系统主要安装探头为:前向散射粒子谱探头(FSSP-100,简称 FSSP)、二维光阵云滴谱探头(OAP-2D-C,简称 2DC)和二维光阵雨滴谱探头(OAP-2D-P,简称 2DP),各探测仪器采样频率为 1 s⁻¹。因云中未出现降水粒子,2DP 探头未观测到资料;FSSP 用于测量尺度较小的云粒子,测量范围为 2~47 μm,各通道间隔为 3 μm,中值直径 $D_i = 3.5~45.5$ μm($i = 1, \cdots, 15$);2DC 用于测量大的云滴,测量范围为 25~800 μm,第 1~14 通道分辨率为 50 μm,第 15 通道分辨率为 75 μm,中值直径 $D_j = 50~762.5$($j = 1, \cdots, 15$)。

2.2 资料处理及云的界定

FSSP 粒子(简称小云粒子)浓度 N_1、平均直径 D_1、液态含水量 LWC 的计算方法如下[18]:

$$N_1 = \sum_{i=1}^{n} N(D_i) \cdot \Delta D_i \tag{1}$$

$$D_1 = \frac{\sum_{i=1}^{n} D_i \cdot N(D_i) \cdot \Delta D_i}{N} \tag{2}$$

$$LWC = \frac{\pi}{6} \times 10^{-6} \cdot \rho \sum_{i=1}^{n} D_i^3 \cdot N(D_i) \cdot \Delta D_i \tag{3}$$

式中:D_i 为 i 通道粒子的中值直径(单位:μm);$N(D_i)$ 为单位体积内 i 通道粒子的数浓度(单位:个·cm⁻³·μm⁻¹),$i = 1$;ΔD_i 为测量通道间隔;$\rho = 1$g/cm³ 为液态水密度;LWC 由 FSSP 观

测的数据计算所得(单位:g/m³),将 FSSP 量程内所观测到的云粒子假定为球形液滴[14]。

2DC 粒子(简称大云粒子)浓度 N_2(单位:个/L)和直径 D_2(单位:μm),依据式(1)和式(2)处理。

云的阈值界定:当 $N_1 > 10$ 个/cm³ 时判定出现云[12,19]。

2.3 飞行探测概况

从地面至 6300 m 左右高度飞机探测采用盘旋上升、下降和平飞的方法进行垂直和水平探测。图 1 为飞机飞行的探测过程,可以看出,飞机主要在永登和靖远附近进行盘旋垂直探测,航线是中川—永登—靖远—景泰—中川,飞机于 08:31(北京时)从中川机场起飞,到达永登上空 6271 m(B 点时),温度降至 $-5.8\ ℃$;到永登附近 4587 m(C 点)开始平飞,温度为 1.57 ℃;09:48(D 点)开始第二次垂直探测,温度为 1.24 ℃;到达靖远上空(E 点)6 207 m,温度降至 $-6.01\ ℃$;10:12(F 点)准备返航平飞,温度为 0.54 ℃;10:37(G 点)准备下降;11:01 落地。根据宏观观测记录,云系的垂直配置为 2 层,下层为层积云,较松散,云底高约为 2000 m,云顶高约为 4500 m,上层为高层云,高度约为 5000~6300 m。

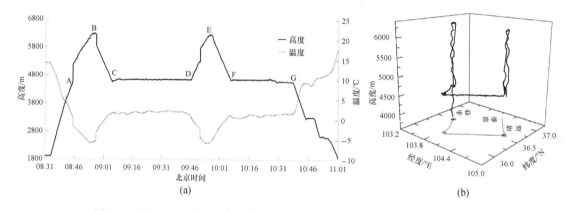

图 1　飞机探测过程中高度和温度随时间的变化(a)及飞机飞行 GPS 轨迹(b)

3　天气背景

2007 年 8 月 29—30 日,受冷锋和短波槽天气系统影响,陇中黄土高原地区出现了一次降水过程。29 日 08 时,从 500 hPa(图 2a)环流场来看,亚欧中高纬度地区为多波动环流型,新疆北部有一短波槽东移。低纬度地区被副热带高压(以下简称副高)控制,且西太平洋副高中心位于我国南部地区,水汽沿副高边缘输送至内陆地区;700 hPa(图 2b)新疆地区有低涡东移,同时蒙古东部地区有短波槽,河套地区至四川、西藏东南部有一低压带;地面图上(图 2 c)内蒙古至新疆地区有冷锋南下,同时东海及四川地区有地面低压,生成冷暖峰南下影响我国南部地区。29 日 20 时,500 hPa(图略)新疆地区的短波槽向东南移动至甘肃南部地区,同时新疆原地又生成新的短波槽东移,而位于我国南部的西太平洋副高范围有所减小,冷暖空气交汇于甘肃河东及四川地区;700 hPa 上(图略)河套地区的低涡明显减弱东移,且分裂为 2 个短波槽,受东部高压的阻挡,移动缓慢;地面上(图略)我国北部冷锋减弱,北方大部受地面高压控制,位于东海及四川地区的低压进一步发展并且南压。

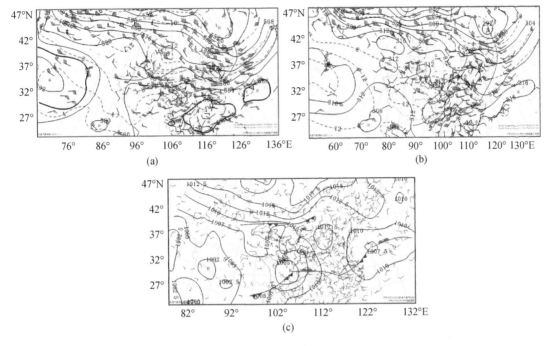

图2 2007年8月29日08:00天气图
(a)500 hPa环流场,(b)700 hPa环流场,(c)地面形势场

4 云微物理量结构特征

4.1 云微物理量的垂直分布

图3为云微物理量的垂直分布,可以看出,层积云和高层云中间存在无云区。0℃层高度在5004 m处(图3a),温度随高度增加递减,不存在逆温层,有利于水汽向上输送和云系的进一步发展,高层云为冷云,层积云为暖云。层积云中有浓度较低、直径较小的云粒子,N_1在10个/cm³量级左右变化,D_1在10 μm左右变化;高层云中有浓度较高、直径较小的云粒子,N_2主要集中在10~90个/cm³,0℃附近和−3~−4℃层存在极大值,分别为70.8个/cm³、82.4个/cm³,D_2在15 μm左右变化,比层积云大,说明高层云云粒子在增长(图3b)。高层云LWC主要为0.05~0.15g/m³,与小云粒子浓度变化一致,说明LWC主要取决于较小云滴数浓度,LWC在0℃层附近和−3~−4℃层存在极大值,分别为0.11g/m³、0.26g/m³,其原因可能是干空气卷入云顶导致云滴蒸发、含水量减少[20],并且存在冰晶;层积云中LWC在0.005g/m³左右变化(图3d)。2DC观测到层积云中几乎没有大云滴,高层云中N_2随高度增加缓慢增大,6263 m达到最大,为188个/L(图3e),D_2在200 μm左右变化(图3f)。飞机垂直探测阶段云系处于发展期。

将本次陇中黄土高原层状云FSSP和2DC的观测值与中国北方其他地区相同或类似云型的探测结果做比较(表1),可见该地区FSSP所测浓度N_1除比1994年宁夏观测结果偏大外,较其他地区均偏低,D_1高于其他地区,液态含水量LWC与北方其他地区较为接近;2DC云粒子浓度N_2较北方大部分地区偏大,D_2高于其他地区,说明云粒子谱较宽,有明显的地区特征。

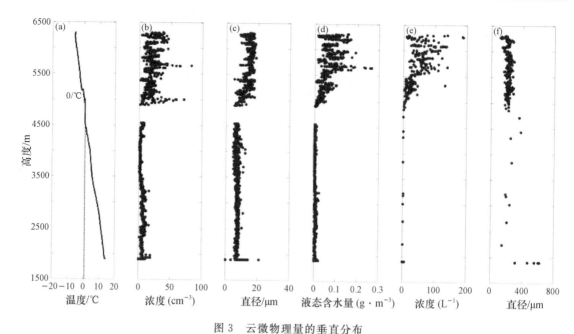

图3　云微物理量的垂直分布

(a)温度,(b)FSSP粒子浓度,(c)FSSP粒子直径,(d)LWC,(e)2DC粒子浓度,(f)2DC粒

表1　陇中黄土高原地区层状云系与中国北方其他地区相同云系的微物理量统计值[14,21-23]

地区	观测时间	N_1 （个/cm³）	$N_{1\,max}$ （个/cm³）	D_1 （μm）	LWC （g/m³）	LWC_{max} （g/m³）	N_2 （个/L）	$N_{2\,max}$ （个/L）	D_2 （μm）
山东	2008年10月	280	888	4.5	—	0.18	—	406	—
北京	2003年9月	63.3	183	7.22	0.117	0.193	0.366	3.78	195.50
宁夏	1994年6月	12.6	676	6.85	—	0.179	—	—	—
三江源地区	2003年10月	148	312	8.6	0.078	0.201	37.6	299.5	57.6
陇中黄土高原	2007年8月	30	82.4	15	0.1	0.26	50	188	200

4.2　云微物理量的水平分布

图4为平飞和穿云探测时(08:40—10:25)FSSP和2DC观测的粒子浓度、直径、瞬时谱、LWC及温度,由于原始数据起伏较大,给出每10 s的平均值。从图4a看出,FSSP粒子浓度N_1和直径D_1在平飞和穿云探测过程时水平分布差异大,N_1的高值区和低值区相差2～3个数量级,最大值超过100个/cm³,D_1在10～30 μm之间变化,且N_1与D_1呈明显的正相关;结合图4b,当$N_1>10$个/cm³时,LWC存在明显的高值区,说明N_1高值区对应高液态含水量区;从图4 c看出,高含水量区与低含水量区FSSP瞬时谱分布差异明显,高含水量区云滴尺度大,N_1高值区对应瞬时谱高值区集中在3.5～10 μm,说明N_1主要由3.5～10 μm的较小粒子决定;2DC所测大云粒子浓度N_2和直径D_2在平飞和穿云探测过程存在明显的高、低值区,高值区和低值区相差2～3个数量级,N_2最大值超过100个/L,且N_2与D_2呈明显的反相关。N_2高值区对应瞬时谱高值区集中在50～200 μm,说明N_2主要由50～200 μm的较小粒子决定(图4d,图4e)。

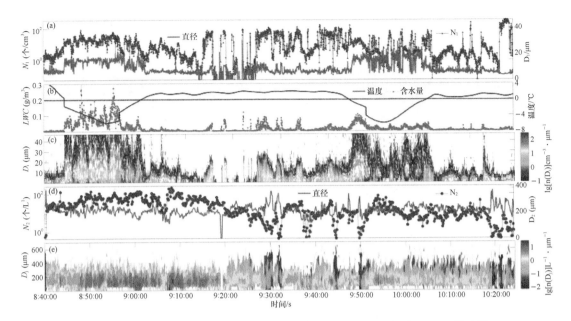

图4 平飞和穿云探测时FSSP浓度N_1和直径D_1(a)、LWC和温度(b)、FSSP瞬时谱(c)、
2DC浓度N_2和直径D_2(d)、2DC瞬时谱(e)随时间的水平分布

4.3 云粒子谱垂直分布

云粒子谱形态是多变的、多样的,不同类型的云在滴谱特征上也有明显的差异,同一云体各处云滴谱差异较大。层状云的云粒子在各高度层上表现出不同谱型,同高度上的谱型相似[24]。

图5为过冷水区不同高度云粒子谱分布,选取高层云中下部(5 200 m)、中部(5 600 m)、中上部(6 100 m)的云滴谱进行比较。由图5a可见,不同高度FSSP谱型为单峰型,峰值出现在9.5 μm处,数浓度量级为$10^{-2} \sim 10^1$个/cm³,在3.5~18.5 μm较小粒径段,谱分布基本相同,而在18.5~45.5 μm粒径段,云的中上部云滴谱宽最大、中下部次之、中部最小,说明云的中上部存在较大的云滴且在增长,同时本次层状云降水过程存在干层,上层云中部分大云滴在下落过程中蒸发,且一定程度上阻碍了上层冷云中冰雪晶粒子下落至低层暖云,造成中下层云滴以小云滴为主且云滴谱较窄[25-26]。由图5b看出,2DC粒子谱型为混合型,云中下部为单峰型,峰值出现在150 μm处,云的中部和中上部为双峰型,峰值出现在150 μm和700 μm处,云的中上部数浓度量级为$10^{-2} \sim 10^2$个/L,中部和中下部为$10^{-2} \sim 10^1$个/L。在50~300 μm粒径段,随着高度增加,云滴谱宽变宽,在300~762.5 μm粒径段,谱分布基本相同。

图6为不同过冷水含量(C_{LW})区间粒子谱的分布,选取$C_{LW} \geqslant 0.1$g/m³、0.1g/m³$> C_{LW} \geqslant 0.05$g/m³、0.05g/m³$> C_{LW} > 10^{-4}$g/m³的云区的粒子谱进行比较。由图6a可见,不同过冷水含量区间FSSP谱型均为单峰型,峰值出现在9.5 μm处,随着过冷水含量增大,粒子谱加宽,这说明云中过冷水含量越丰富,凝结形成较多的云滴,云滴之间的碰并效率较高。当$C_{LW} < 0.05$g/m³时,数浓度量级为$10^{-2} \sim 10^1$个/cm³,当$C_{LW} > 0.05$g/m³时,数浓度量级为$10^{-1} \sim 10^1$个cm³。由图6b可见,2DC粒子谱型为混合型,数浓度量级集中在$10^{-2} \sim 10^1$个/L,当$C_{LW} \geqslant 0.1$g/m³时,谱型为单峰型,峰值出现在150 μm处,当$C_{LW} < 0.1$g/m³时,谱型为双峰型。当

$C_{LW}>0.05g/m^3$ 时，谱分布基本相同，当 $10^{-4}g/m^3<C_{LW}<0.05g/m^3$ 时，粒子谱变窄。

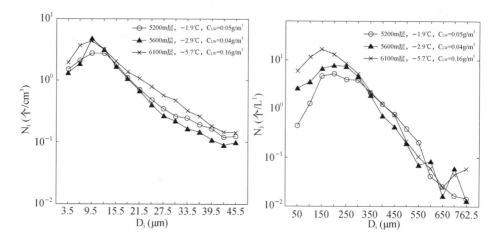

图 5　过冷水区不同高度 FSSP(a)、2DC(b)平均粒子谱分布

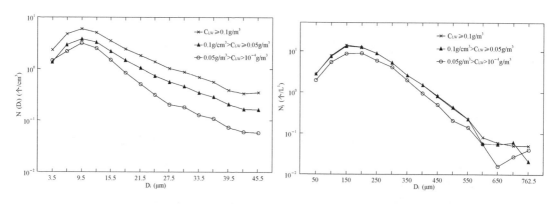

图 6　不同过冷水含量区间 FSSP(a)、2DC(b)平均粒子谱分布

5　云粒子谱特征及适播性探讨

　　从云物理学角度考虑，人工增雨的适播性是指由云系中云滴和冰晶的浓度来确定是否对该云层进行作业[27]，陶树旺等[28]研究提出当小云粒子浓度≥20 个/cm³ 的云区才具有一定的可播性，其中大云粒子浓度<20 个/L 时，可确定为强可播区，否则为可播区（表2）。利用该判定方法确定陇中黄土高原地区适宜层状冷云人工增雨的可播性条件，选取飞机 2 次穿云探测层状冷云典型阶段的资料对可播性进行分析。

表 2　层状冷云人工增雨可播度判别指标[28]

N_1	≥20 个/cm³	<20 个/cm³
$N_2<20$ 个/L	强可播	不可播
$N_2≥20$ 个/L	可播	不可播

　　图 7 为第一次穿云探测（A－C 段）层状冷云典型阶段 FSSP 和 2DC 观测的粒子浓度、直径、瞬时谱、液态水含量、温度及高度。可以看出，粒子直径 D_1 几乎都在 14 μm 左右，N_1 和 N_2

变化起伏较大,云系处于发展期[29]。在高度为 5.5～6.3 km,温度为 -6～-2.8 ℃,LWC≥0.05g/m³ 时,出现了 $N_1>20$ 个/cm³ 的较多云区(图7a),处于可播区,与之相对应,FSSP 粒子数浓度在 $3.5≤D_i≤15$ μm 较小粒径段有 10^1 个/cm³ 量级的高值区,在中值直径 $D_i≥25$ μm 以上,粒子数浓度明显减少,为 $10^0～10^{-1}$ 量级(图7 c),2DC 粒子数浓度在 $150≤D_j≤200$ μm 粒径段有最小为 10^1 个/L 量级的高值区,在中值直径 $D_j≥300$ μm 以上,云粒子不连续分布(图7e)。2DC 所测大云粒子浓度明显较高,$N_2<20$ 个/L 的值很少,且与之相对应的 $N_1<20$ 个/cm³。依据层状冷云人工增雨可播性判别指标,适宜催化作业的云区为可播区,结合图2,此次探测的层状云符合 Bergeron 提出的催化云和供给云相互作用导致降水的概念,催化云和供应云层中间夹着无云区,在垂直方向上分离[30],云体存在冰雪晶,催化作业引入人工冰晶,冰晶自动转化和凝华增长向下层云供应的雪和冰晶通过凝华和雪的撞冻长大对雨滴的形成有较大贡献[31-34]。

图8为第二次穿云探测($D-F$ 段)层状冷云典型阶段 FSSP 和 2DC 观测的粒子浓度、直径、瞬时谱、液态水含量、温度及高度。可以看出,云高度为 4.7～6.3 km,温度为 -6.1～0 ℃,在此温度和高度区间,N_1 和 N_2 值明显较低且变化平稳,分别在 5 个/cm³、10 个/L 左右变化,$N_2<20$ 个/L 的云区占很大比例,与之相对应 $N_1>20$ 个/cm³ 的云区所占比例很小,基本无可播区。结合图7讨论,A 区(图8)LWC≥0.05g/m³,与之相对应,冷云高度为 5.0～5.2 km,温度为 -2.1～0 ℃,可能云高度较低和温度较高导致此云区基本无可播区,其余阶段 LWC<0.05g/m³,最小值为 0.000g/m³,表明此处云体没有第一阶段探测的发展旺盛,处于成熟甚至消散阶段[27],依据层状冷云人工增雨可播性判别指标可知此阶段探测大多云区不适宜催化作业。当零星云区 $N_1>20$ 个/cm³(图8a)时出现 $N_2<20$ 个/L(图8b),为强可播区,与之相对应,LWC 跃增,FSSP 粒子浓度在 $3.5≤D_i≤10$ μm 较小粒径段有 10^1 个/cm³ 量级的高值区(图8c),2DC 粒子浓度在 $150≤D_j≤200$ μm 粒径段有 10^1 个/L 量级的高值区(图8e)。

第一次和第二次穿云探测 FSSP 所测云滴数浓度与云滴平均直径相关性都不明显,2DC 所测云滴数浓度与云滴平均直径分别呈反相关、弱的反相关,两者相关性不一致,其原因为飞机穿越云不同部位探测[8]。

综上讨论可知,陇中黄土高原此次层状冷云适宜催化作业的指标为:云层高度为 5.5～6.3 km,温度为 -6～-2.8 ℃,LWC≥0.05 g/m³,小云粒子和大云粒子浓度分别在 $3.5≤D_i≤15$ μm 较小粒径段最小有 10^1 个/cm³ 量级的高值区,大云粒子浓度在 $150≤D_j≤200$ μm 粒径段有 10^1 个/L 量级的高值区,云层呈上下分布,配置较好,云系处于发展期,孙玉稳等[15] 在河北地区研究得出云系处于发展期有利于冷云催化作业。

6 结论

(1)冷锋和短波槽天气系统下形成的层状云系由高层云和层积云组成,降水粒子主要在高层云中增长。在 0 ℃ 层附近和 -3～-4 ℃ 层,小云粒子浓度 N_1 与 LWC 存在极大值,N_1 分别为 70.8 个/cm³、82.4 个/cm³,LWC 分别为 0.11g/m³、0.26g/m³。

(2)云粒子浓度和直径水平分布差异大,高值区和低值区相差 2～3 个数量级,小云粒子和大云粒子浓度分别主要由中值直径在 3.5～10 μm、50～200 μm 区间的云粒子浓度决定,最大值超过 100 个/cm³、100 个/L,与平均直径分别呈正相关和反相关,平均直径为 10～30 μm、100～400 μm,并且小云粒子高浓度区对应高液态含水量区。与中国北方其他地区层状云的

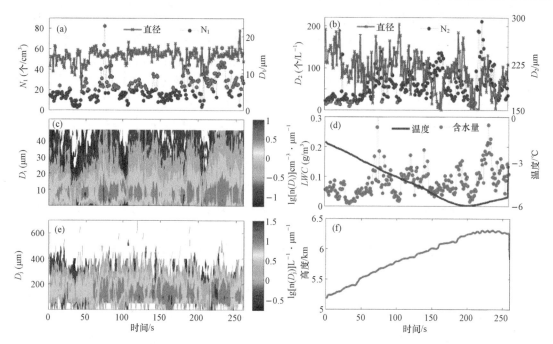

图7 第一次穿云探测阶段的 FSSP 浓度 N_1（红色三角形为 $N_1 \geqslant 20$ 个/cm^3）和直径 D_1(a)、2DC 浓度 N_2（红色三角形为 $N_2 < 20$ 个/L）和直径 D_2(b)、FSSP 瞬时谱(c)、LWC 和温度(d)、2DC 瞬时谱(e)及高度(f)随时间的分布

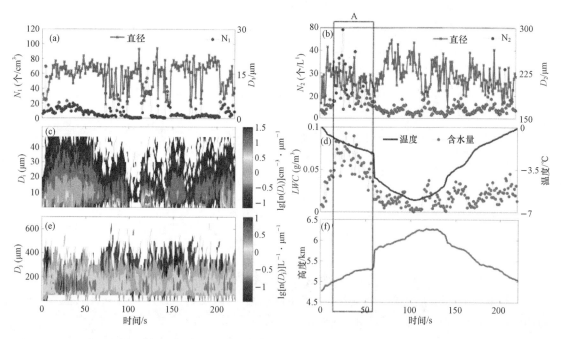

图8 第二次穿云探测阶段的 FSSP 浓度 N_1（红色三角形为 $N_1 \geqslant 20$ 个/cm^3）和直径 D_1(a)、2DC 浓度 N_2（红色三角形为 $N_2 < $个/20L）和直径 D_2(b)、FSSP 瞬时谱(c)、LWC 和温度(d)、2DC 瞬时谱(e)及高度(f)随时间的分布

观测结果比较表明:陇中黄土高原云粒子浓度偏大,云粒子谱较宽,有明显的地区特征。

(3)陇中黄土高原地区不同高度小云粒子谱为单峰型,云滴谱宽中上部最大、中下部次之、中部最小。大云粒子谱为混合型,云中下部为单峰型,中部和中上部为双峰型。不同过冷水含量区间小云粒子谱型为单峰型,随着过冷水含量增大,粒子谱加宽,大云粒子谱型为混合型。

(4)此次层状冷云适宜催化作业的指标为:云高度为 5.5～6.3 km,温度为 $-6\sim-2.8$ ℃,$LWC\geqslant0.05$ g/m³,小云粒子浓度和大云粒子浓度分别在 $3.5\leqslant D_i\leqslant15$ μm、$150\leqslant D_j\leqslant200$ μm 较小粒径段各自有 10^1 个/cm³、10^1 个/L 量级的高值区,云层呈上下分布,配置较好,云系处于发展期。

本文的观测分析结论是初步的,对该地区秋季典型层状云系微物理特性及可播性的研究结论仍需做大量的个例分析。

参考文献

[1] 杨启国,杨兴国,马鹏里,等.陇中黄土高原冬季地表辐射和能量平衡特征[J].地球科学进展,2005,20(9):1012-1020.

[2] 王俊,徐进章.半干旱地区发展集水型生态农业模式研究[J].中国生态农业学报,2005,13(4):207-209.

[3] 张志强,孙成权,王学定,等.陇中黄土高原丘陵区生态建设与可持续发展[J].水土保持通报,1999,19(5):54-58.

[4] 洪延超.层状云结构和降水机制研究及人工增雨问题讨论[J].气候与环境研究,2012,17(6):937-950.

[5] Grant L O,Elliott R E. The cloud seeding temperature window[J]. Journal of Applied Meteorology,1974,13(3):355-363.

[6] Rosenfeld D,Gutman G. Retrieving microphysical properties near the tops of potential rain clouds by multi-spectral analysis of AVHRR data[J]. Atmos Res,1994(34):259-283.

[7] Vali G,Koening L R,Yoksas T C. Estimate of precipitation enhancement potential for Duero basin of Spain [J]. J Appl Meteor,1988(27):829－850.

[8] 封秋娟,李培仁,侯团结,等.山西春季一次层状冷云的微物理结构特征[J].大气科学学报,2014,37(4):449-456.

[9] 陈英英,唐仁茂,周毓荃,等.FY-2C/D卫星微物理特性参数产品在地面降水分析中的应用[J].气象,2009,35(2):15-18.

[10] 周毓荃,蔡淼,欧建军,等.云特征参数与降水相关性的研究[J].大气科学学报,2011,34(6):641-652.

[11] 李仑格,德力格尔.高原东部春季降水云层的微物理特征分析[J].高原气象,2001,20(2):191-196.

[12] 李照荣,李荣庆,李宝梓.兰州地区秋季层状云垂直微物理特征分析[J].高原气象,2003,22(6):583-589.

[13] 王黎俊,银燕,姚展予,等.三江源地区秋季一次层积云飞机人工增雨催化试验的微物理响应[J].气象学报,2013,71(5):925-939.

[14] 王黎俊,银燕,李仑格,等.三江源地区秋季典型多层层状云系的飞机观测分析[J].大气科学,2013,37(5):1038-1058,

[15] 孙玉稳,李宝东,刘伟,等.河北秋季层状云物理结构及适播性分析[J].高原气象,2015,34(1):237-250.

[16] 孙鸿娉,李培仁,闫世明,等.黄土高原层状云系发展阶段的云物理特征及降水机制分析[J].中国农学通报,2015,31(18):179-193

[17] 洪延超,李宏宇.一次锋面层状云云系结构、降水机制及人工增雨条件研究[J].高原气象,2011,30(5):1308-1323.

[18] Miles N L,Verlinde J,Clothiaux E E. Cloud droplet size distributions in low-level stratiform clouds [J]. J Atmos Sci,2000(57)：295-311.

[19] 张瑜,银燕,石立新,等.2007 年秋季河北地区云微物理结构的飞机探测分析[J]. 高原气象,2012,31(2):530-537.

[20] 廖飞佳,张建新,黄钢. 新疆冬季层状云微物理结构初探[J]. 新疆气象,1996,5(19):31-34.

[21] 张佃国,郭学良,龚佃利,等. 山东省 1989 - 2008 年 23 架次飞机云微物理结构观测试验结果[J]. 气象学报,2011,69(1):195 - 207.

[22] 范烨,郭学良,张佃国,等. 北京及周边地区 2004 年 8,9 月层积云结构及谱分析飞机探测研究[J]. 大气科学,2010,34(6):1187 - 1200.

[23] 樊曙先. 层状云微物理结构演变特征的个例研究[J]. 宁夏大学学报(自然科学版),2000,21(2):179-182.

[24] 樊鹏,余兴. 陕甘宁人工增雨技术开发研究[M]. 北京:气象出版社,2003:101-108.

[25] 周黎明,王庆,龚佃利,等.2015 年春季山东一场转折性降水微物理特征分析[J]. 干旱气象,2016,34(4):678-684.

[26] 秦彦硕,刘世玺,范根昌,等. 华北地区春季一次层状云的微物理特征及可播性分析[J]. 干旱气象,2015,33(3):481-489.

[27] 刘健,李茂仑,蒋彤,等. 吉林省春季降水性层状云基本结构及降水潜力的初步研究[J]. 气象科学,2005,25(6):609-616.

[28] 陶树旺,刘卫国,李念童,等. 层状冷云人工增雨可播性实时识别技术研究[J]. 应用气象学报,2001,12(增刊):14-22.

[29] 王秀娟,李培仁,赵震,等. 一次层状云系结构和降水机制的观测与数值模拟[J]. 气候与环境研究,2013,18(3):311 - 328,

[30] 游来光,马培民,胡志晋. 北京层状云人工降水试验研究[J]. 气象科技,2002,30(增刊):19-63.

[31] 顾震潮. 云雾降水物理基础[M]. 北京:科学出版社,1980:173-179.

[32] 金德镇,雷恒池,郑娇恒,等. 液态 CO_2 人工引晶后云微物理和降水变化的观测分析[J]. 大气科学,2007,31(1):99-108.

[33] 于丽娟,姚展予. 一次层状云飞机播云试验的云微物理特征及响应分析[J]. 气象,2009,35(10):8-25.

[34] 李德俊,唐仁茂,江鸿,等. 武汉一次对流云火箭人工增雨作业的综合观测分析[J]. 干旱气象,2016,34(2):362-369.

宁夏一次降水过程人影模式系统云和降水预报产品检验分析

马思敏

（1. 宁夏气象灾害防御技术中心，银川 750002）

摘 要 应用中国气象局人工影响天气中心研发的 GRAPES-CAMS 模式对宁夏 2016 年 8 月 24—25 日降水过程预报产品，如云系的发展演变特征、云系的宏观特征、云垂直结构和云性质、降水场及其演变进行检验分析。检验结果表明：GRAPES-CAMS 模式预报宁夏此次混合云系的发展演变趋势、移向与实况基本一致，但预报混合云系的移动速度比实况慢，导致云带整体位置偏西；预报云的云顶高度偏低，云顶温度偏高；预报降水演变与实况相当，但对于北部降水预报范围和量都偏大，相反对于南部降水预报范围偏小，24 h 的降水强度比实况小一个等级。该模式能够较好地模拟出宁夏混合云系的位置、范围及发展演变特征，可作为宁夏人工增雨条件决策的重要依据，对于科学开展人工影响天气作业指挥有一定指导意义。

关键词 GRAPES-CAMS 模式 检验

1 引言

干旱是我国最主要的自然之一，据统计，自然灾害中 85％是气象灾害，而干旱灾害又占气象灾害的 50％左右。现代人工影响天气始于 1946 年，目前我国使用飞机、火箭和高炮开展的人工增雨的范围和规模已居世界首位[1]。云模式于 1959 年开始出现，随后云模式的发展经历了从 0 维到 3 维、时间定常及时间非定常的演变过程，现在已发展成详细的双参数总体水模式和分档模式[2]。云降水数值模式可以通过模拟相同云况下播撒催化剂与否效果差异来检验播云效果，也可在对比区检验播云后的潜在效果，许多学者在研究增雨、防雹催化效果、催化时间窗口、最佳催化位置等方面都运用了降水数值模式，并取得了非常重要的理论发展[3-6]。

云降水模式与中尺度模式动力框架进行耦合后，可以提高模式对热动力过程和云降水过程的模拟能力，提高预报结果准确性。国家气象中心研发了一套双参数云微物理显示方案，并将其与 GRAPES 中尺度数值模式实现动力框架协调，完成了云方案和中尺度模式的耦合，形成了人工增雨云系模式系统并实现业务化运行[7]。随后中国气象局人影中心利用 CAMS 云方案与 GRAPES 耦合，形成了 GRAPES-CAMS 模式。模式自 2007 年以来一直自动化运行[8-9]。模式以 T213 资料为初始场，采用 15 km 分辨率的一套网格，每天提供 48 h 预报时效的人工影响天气微物理量场和降水预报。模拟结果结合中央气象台的降水预报，分析和预报具有人工影响天气催化潜力的区域和时段。模式能较好地预报云的微物理量场和天气形势场，可作为云系人工增雨条件决策的重要参考依据[10]。

2 天气过程概况

如图 1 所示，2016 年 8 月 24 日 08 时至 25 日 08 时，宁夏大部出现降水天气，中卫市南部和固原市大部出现大雨以上量级，其中，中卫市南部、固原市西部和南部的部分乡镇出现暴雨到大暴雨。23 日 20 时,500 hPa 亚洲中高纬为两槽一脊型,500 hPa 上贝加尔湖至巴尔克什湖有一横槽,受台风影响,副热带高压 588(dagpm)线北抬至 40°N 左右,冷暖空气交绥形成锋区,此时宁夏受副热带高压控制,处在副高西北缘,水汽输送条件较好,且存在不稳定能量。24日 08 时至 25 日 08 时,500 hPa 贝加尔湖至巴尔克什湖的横槽主体东移,锋区进一步南压,副高 588(dagpm)线南退至 38°N 左右,压在银川石嘴山一带,宁夏处于副高外围西南部高湿高能区,700 hPa 高原东部有低涡,冷空气南下在河套西侧形成温度槽,而且此温度槽在河套地区加强滞留,与 700 hPa 低涡共同影响宁夏南部山区出现暴雨。

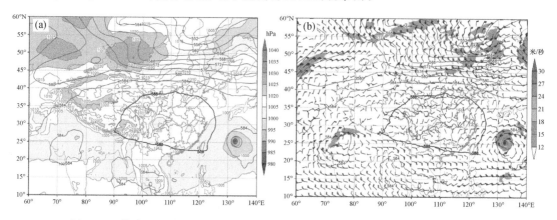

图 1   EC 模式 2016 年 8 月 24 日 08 时 500 hPa 形势场(a)和 700 hPa 风场(b)实况

3   模拟结果定性分析

3.1   云系的发展演变特征检验

选取此次过程三个时刻的预报产品与实况进行对比,即降水初期(24 日 08—20 时)、降水加强(25 日 02 时)、降水结束(25 日 08 时)。针对云系的位置、覆盖范围、移动方向及移动速度、云系性质等,对比 GRAPES_CAMS 预报云带产品和卫星云黑体亮温,定性检验预报的云系宏观发展演变特征。24 日 20 时,实况显示云带自西向东移动,逐渐影响宁夏,云带大值区在甘肃定西一带,模式预报出了在宁夏南部山区有一云带区,与实况黑体亮温低值区相比位置偏北,云带大值区在甘肃临潭一带,云带大值区较实况偏西,云带覆盖范围及移向与实况较为一致;25 日 02 时,实况显示随着云系东移北抬,云层变厚,云系前部在逐渐消散,黑体亮温最低可达−70 ℃,云系发展旺盛,模式预报的比实况的云带位置略偏西,云带覆盖范围较实况偏小;25 日 08 时,云系逐渐移出宁夏;08 时,云带逐渐减弱,移出宁夏,模拟结果较实况相比云带移出宁夏时间较为滞后。

模式预报此次过程混合云系的发展演变趋势、移向与实况比较一致,云系均自西南向东北方向移动,但预报云系的整体移动速度比实况慢,导致预报云系的位置比实况偏西。

3.2   云系宏观特征检验

通过对比典型时刻的 GRAPES_CAMS 预报云顶温度/高度产品和反演的云顶温度/高度,检验云系宏观特征。卫星反演云顶温度/高度显示,宁夏地区混合云系的云顶温度范围为

−60～5 ℃,云顶高度范围为 3～14 km,且随着云系的发展,云顶温度越低,云顶高度越高。模式预报云顶温度/高度特征和实况较为一致,预报云顶温度在−50～5 ℃,云顶高度 3～12 km,较实况云顶温度偏高,云顶高度偏低。

3.3 云垂直结构和性质检验

通过对比 24 日 20 时雷达回波垂直剖面和对应位置的云垂直结构剖面(图 2),发现实况显示此时回波垂直发展旺盛,回波顶高为 4～11 km,强度大于 30 dBZ 的回波位于 2～6 km。模式预报结果显示云系发展深厚,云顶高度为 3～12 km,水凝物含量大值区为 4～6 km,与实况回波大值区相对应。GRAPES-CAMS 预报此次过程的垂直分布特征、云顶高度、水凝物含量大值区与实况回波垂直分布特征、回波顶高、较强雷达回波强度出现的高度范围比较接近。

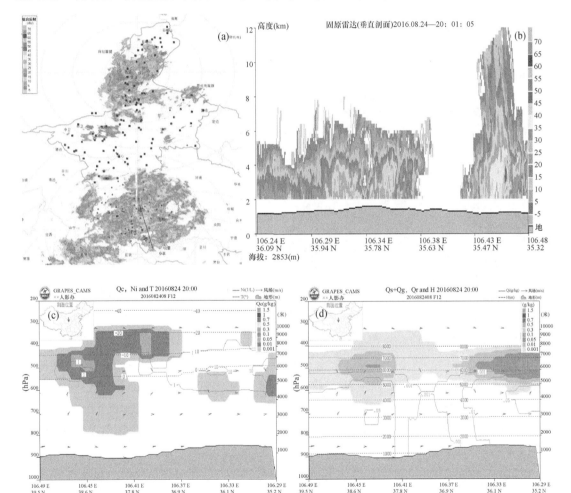

图 2　2016 年 8 月 24 日 20 时雷达回波(a)、沿图 a 斜线的雷达剖面图(b)与模式
预报云垂直结构(c,d)对比(c:填色阴影为云水,实线为冰晶,虚线为等温线;
d:填色阴影为雪+霰,实线为雨,虚线为等高线)

3.4 降水场及演变检验

图3给出了2016年8月24日08时至25日08时地面24 h降水的实况和预报结果。从预报的24 h地面累积降水量可以看到,24日08时至25日08时宁夏大部出现降水天气,24 h降水量为10 mm,且雨强中心位于固原南部和银川市,与实况降水相比,预报量级整体偏小,银川市强降水中心位置与实况不符。24日08—14时降水开始发生,预报与实况较一致,但预报量级较实况偏小,且南部降水落区位置偏北,北部降水落区预报与实况不符;24日14—20时雨带东移影响我区大部地区,预报的降水量级偏小且降水范围偏小;24日20时至25日02时雨带继续东移,预报的降水量级偏小且降水范围偏小,但强降水中心位置偏西南;25日08—14时,预报降水趋于结束,与实况较为一致(图略)。

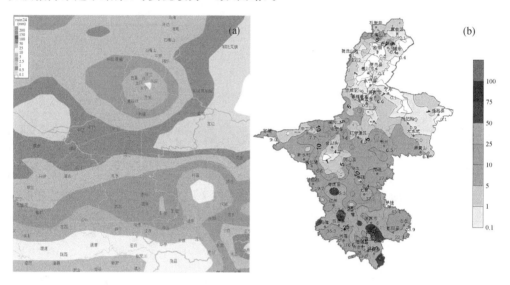

图3　2016年8月24日08时至25日28时地面24 h降水量(a:预报;b:实况)

4 结论

针对受副高外围高湿高能区配合低空切变线影响的2016年8月24—25日降水过程,综合云和降水预报产品的云系发展演变特征、云系宏观特征、降水场及其演变检验分析,GRAPES_CAMS模式较好地预报了宁夏地区此次云降水过程。在云的性质、云系的发展演变趋势方面的预报效果较好,而此次过程降水云系的移速、云顶高度、云顶温度及降水量级与观测结果还有一定的差距。

(1)此次天气过程是500 hPa贝加尔湖至巴尔喀什湖的横槽与副热带高压形成的锋区,配合700 hPa高原东部有低涡和河套西侧形成的温度槽共同作用下形成的。

(2)预报宁夏此次混合云系的发展演变趋势、移向与实况基本一致,但预报混合云系的移动速度比实况慢,导致云带整体位置偏西。

(3)预报云的云顶高度偏低,云顶温度偏高。

(4)预报降水演变与实况相当,但对于北部降水预报范围和量级都偏大,相反,对于南部降水预报范围偏小,24 h的降水强度比实况小一个等级。

（5）该模式能够较好地模拟出宁夏混合云系的位置、范围及发展演变特征，可作为宁夏人工增雨条件决策的重要依据，对于科学开展人工影响天气作业指挥有一定指导意义。

参考文献

[1] 张良,王式功,尚可政,等. 中国人工增雨研究进展[J]. 干旱气象,2006,24(4):73-81

[2] 盛裴轩,毛节泰,李建国,等. 大气物理学[M]. 北京:北京大学出版社,2003.

[3] Cotton W R. Testing, implementation, and evolution of seeding concepts—A review[J]. Meteorological Monographs,1986(21):139-150.

[4] Bruintjes R T. A review of cloud seeding experiments to enhance precipitation and some new prospects[J]. Bull Amer Meteor Soc,1999(80): 805-820.

[5] 美国国家科学院国家研究理事会. 美国人工影响天气研究和作业现状与未来发展专业委员会[M]. 郑国光,等,译. 人工影响天气研究中的关键问题. 北京:气象出版社,2005.

[6] Orville H D. A review of cloud modeling in weather modification[J]. Bull Amer Meteor Soc,1996(77): 1535-1555.

[7] 章建成,刘奇俊. GRAPES模式不同云物理方案对短期气候模拟的影响[J]. 气象,2006,32(7):3-12.

[8] 孙晶,楼小凤,胡志晋,等. CAMS复杂云微物理方案与GRAPES模式耦合的数值试验[J]. 应用气象学报,2008,19(3):315-325.

[9] Lou X F,Shi Y Q,Sun J,et al. Cloud-resolving model for weathermodification in China[J]. Chin Sci Bull,2012(57): 1055-1061.

[10] 马占山,刘奇俊,秦琰琰,等. 利用TRMM卫星资料对人工增雨云系模式云微观场预报能力的检验[J]. 气象学报,2009,67(2):260-271.

一次大雪天气过程云水特征分析

穆建华

（宁夏人工影响天气中心，银川 750002）

摘　要　云水宏微观特征是开展人工影响天气作业重要物理依据，直接决定了催化作业的成效。2017 年 2 月 20 日至 21 日，宁夏出现了一次全区性大雪过程，局地暴雪，宁夏人影中心开展了大规模增雪作业。本文利用中国气象局 Grapes_CAMS 模式产品，对此次过程云水宏微观特征进行了分析。结果表明：Grapes_CAMS 模式较好地模拟了此次降雪过程，此次降雪过程云中液态水含量很低，云水主要以固态形式存在，其中以雪和冰晶为主，雪和冰晶含量最大均为 100 个/L 左右，其中冰晶大值区略高于雪大值区。

关键词　大雪天气过程　Grapes_CAMS 模式　云水宏微观特征

1　天气过程及人影作业情况概述

受南下冷空气和偏南暖湿气流影响，宁夏迎来一次适宜开展人工增雪作业的天气过程，宁夏人影中心抓住有利时机，在全区范围开展了大规模增雪作业，累计开展增雪作业 74 点次，发射火箭弹 492 枚。配合增雪作业，20 日 14 时至 21 日 08 时全区出现了明显降雪天气，全区大部地区达大雪，部分地区达暴雪。累计降水量全区普遍为 2.0～22.5 mm，其中，石嘴山市 4.0～13.5 mm，银川市 5.0～22.5 mm，吴忠市 7.3～21.1 mm，中卫市 2.3～8.5 mm，固原市 6.6～11.5 mm。大于 10 mm 的主要集中在贺兰山沿山银川段、银川和吴忠两市大部、石嘴山市南部、固原市东部，最大降水出现在贺兰山，达 22.5 mm；积雪深度普遍为 3～10 cm，最大出现在盐池，达 13.2 cm。中北部地区降雪主要出现在 20 日 15—23 时，南部山区降雪主要出现在 20 日 21 时至 21 日 06 时（图 1）。

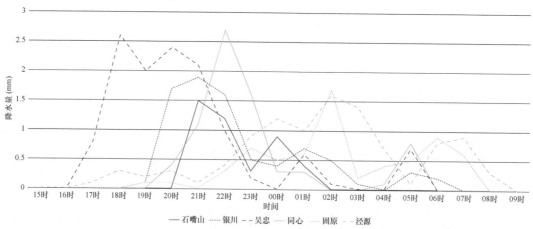

图 1　2 月 20 日 15 时至 21 日 09 时全区降水量时序图

2 Grapes_CAMS 模式介绍

本文利用中国气象局人工影响天气中心下发的 Grapes_CAMS 模式云宏观、微观预报产品和降水量预报产品,对此次全区性降雪过程进行了模拟分析。GRAPES 人工影响天气模式中使用的是中国气象科学研究院(CAMS)复杂微物理方案。GRAPES 人工影响天气模式在中国气象局人工影响天气中心于 2007 年 7 月投入使用。在国家气象信息中心 IBMl600 服务器上每日定时启动,进行并行计算。模式顶层高度 35 km,水平格距为0.25°,格点数为 301×181,整个计算范围为:15°—60°N,65°—140°E。模式的背景场使用国家气象中心 T213 预报场,其格距为 0.5625°,时间间隔为 6 h,垂直方向共 17 层。模式积分时间 48 h,积分步长取 60 s。

3 模式模拟结果验证

利用中国气象局人工影响天气中心下发的 Grapes_CAMS 模式 19 日 20 时起报的模式产品,对此次降雪天气过程宏微观云水特征进行了分析。本次过程于 20 日午后开始,一直持续到 21 日上午,为了验证模式模拟预报的可参考性,以模拟预报降水量和云带作为检验量进行了检验,结果表明,19 日 20 时起报的模式产品较好地模拟了此次降雪过程,其模拟结果可用。因此本文分析采用了 19 日 20 时起报的预报产品。

3.1 降水预报检验

从图 2 可以看出,19 日 20 时起报的模式预报产品,预报出了此次全区性降水过程,同时对 10 mm 以上降水落区的预报基本与实况降水一致,其中对贺兰山沿山的降水预报偏小,对固原市大于 10 mm 的降水预报范围较实况略大,其余地区降水量级预报与实况一致。因此,19 日 20 时起报的预报产品对此次降水过程的模拟有一定的参考性。

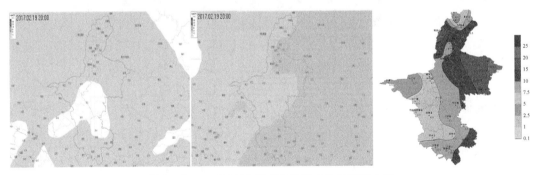

图 2 Grapes-CAMS 模式预报降水和实况降水图

(左图为 19 日 20 时至 20 日 20 时降水量预报,中图为 20 日 20 时
至 21 日 20 时降水量预报,右图为 20 日 08 时至 21 日 08 是实况降水量分布)

3.2 云带预报检验

对比 20 日 08 时至 21 日 08 时模式预报的云带(图 3)和实况红外云图(图 4),模式预报的云带形状及走向与同时次红外云图形状和走向基本一致,并且较强云带所处的位置也基本一致,说明模式对本次过程的模拟预报有较好的参考性。

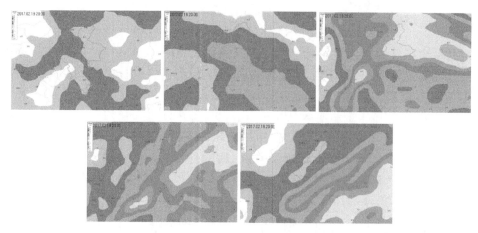

图 3　20 日 08 时至 21 日 08 时云带模拟

（从左至右、从上到下分别为 20 日 08 时、14 时、20 时以及 21 日 02 时、08 时）

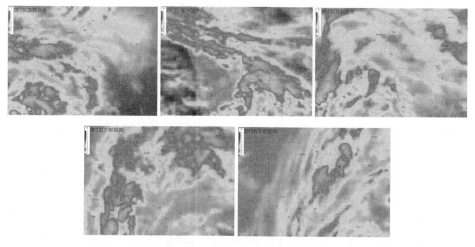

图 4　20 日 08 时至 21 日 08 时红外云图

（从左至右、从上到下分别为 20 日 08 时、14 时、20 时以及 21 日 02 时、08 时）

4　云水宏微观特征模拟分析

4.1　云宏观特征分析

从图 3、图 5 可以看出，此次降雪过程，垂直累积液态水含量和垂直累积过冷水含量均较低，全区大部都为 0.01～0.2 mm，部分地区含量为 0 mm；从云带分布可以看出，数值明显高于液态水和过冷水，全区大部均在 0.5 mm 以上，最大达到 3 mm；说明大气中液态水含量很低，主要以固态水为主，这是因为此次过程发生时间为 2 月底，处于冬末，宁夏地区大气温度处于很低的水平，大部分云水以固态形式存在于大气中。

分析各层总水成物场，可以看出总水成物主要集中在 700—400 hPa 高度，全区大部在 0.1 g/kg 以上，其中宁夏北部和东部在 0.3 g/kg 以上，最大达到 0.7 g/kg；从模式剖面图可以看出，雪和霰的含量明显高于云水，云水在垂直方向分布零散且值较低，大部分在 0.05 g/kg 以下,而雪霰的分布自北向南、从地面一直到近200 hPa高度均连续分布,数值大部分在0.05g/kg,最大达到0.7g/kg,在位于降雪量大值区的中北部地区,从850 hPa一直到近300 hPa,有大片数值高于0.3g/kg的雪霰分布区存在,而降雪量较小的南部地区其含量基本在0.05～0.3g/kg,且分布不连续。

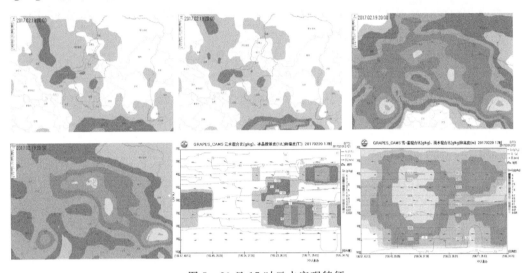

图5　20日17时云水宏观特征

（从左到右,从上到下依次为垂直累积液态水、垂直累积过冷水、总水成物以及模式垂直剖面）

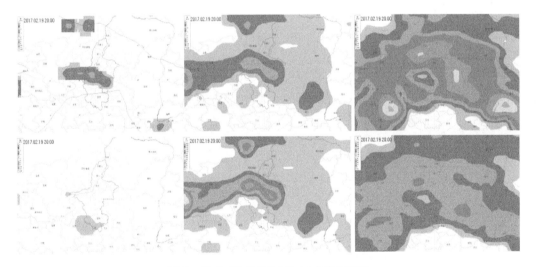

图6　20日17时500 hPa云水微观特征

（从左至右,上至下,依次为云水混合比、冰晶混合比、雪混合比、霰混合比、冰晶数浓度、雪数浓度）

4.2　云微观特征分析

从模式模拟的云微观物理量场(图6)来看,此次过程云水混合比、和霰混合比明显小于冰晶混合比和雪混合比,说明大气中水主要以冰晶和雪的形态存在,结合模式剖面(图5),其中雪霰混合比数值较大,并且以雪为主,霰含量很少。通过各高度层物理量的分布来看,冰晶主要存在于700—200 hPa之间,在300 hPa附近含量最大,该层温度低于−40 ℃,冰晶数浓度最大超过 100 个/L,雪粒垂直分布范围与冰晶一致,但最大值出现在 400 hPa 附近,该层温度 −30 ℃左右,雪数浓度,达到 80～110 个/L,与冰晶数浓度相当。

5　小结

(1)模式预报降水量和实况降水分布基本一致,云带预报和红外云图云带分布也基本一致,模式较好地模拟了此次降雪过程。

(2)垂直累积液态水和垂直累积过冷水含量均很低,云带数值远高于液态水和过冷水含量,云水主要以固态形式存在。

(3)从云微观物理场分析,云水主要以雪和冰晶形态存在于云中,其中冰晶主要在中高层,雪大值区略低于冰晶大值区,冰晶数浓度和雪数浓度相当,基本在 100 个/L。

宁夏人影作业对降水特征分布影响分析

周积强　黄艳红　穆建华　柳佳俊

（宁夏气象灾害防御技术中心,银川 750002）

摘　要　本文简要分析了宁夏降水分布特征和变化趋势。介绍了宁夏人影作业发展历程,分析了 2004—2015 年增雨作业情况。利用宁夏 1990—2015 年 24 个气象站日降水资料,从逐月降水量、降水日、月雨型占比三方面对比分析了人影作业对宁夏降水分布的影响。结果表明:人影作业对大部分月份增加了降水量、降水日数。小雨、中雨出现的概率得到增加,大雨和暴雨出现的概率得到减少。

关键词　人影作业　降水量　对比

1　引言

自 1946 年现代人工影响天气开创以来,基于人类对水资源开发利用以及减轻由恶劣天气引发的自然灾害的强烈需求,促进了人工影响天气学科的发展。人工影响天气分为无意识和有意识两类。如工业活动、城市化发展、植被破坏、森林砍伐等导致地球天气、气候变化为无意识人工影响天气。有意识的一般称为人工影响天气,是建立在科学认识的基础上利用自然天气过程达到趋利避害的目的。

现代人工影响天气是建立在云形成基本原理的基础开展的。主要通过飞机、火箭、高炮、地面烟炉等手段,实现增(消)雨(雪)、防雹、消雾、防霜等的目的。几十年来,围绕"适当时机、适当方位、适当剂量"我国在开展人工影响天气业务工作的同时进行了一系列观测和实验研究,在云和降水物理过程和降水机制研究、云的微物理结构、云水资源和人工增雨潜力评估、催化条件预测、催化剂和催化技术等方面取得了显著进展[1]。其中作业效果评估是不可缺少的重要环节,也是用于各级领导决策的重要依据。由于云和降水自然变率大,预报预测技术限制等原因,人工增雨效果检验一直是个世界性难题。对于人工降水而言,效果评估就是要使用科学合理的方法找出作业后的实测降水量和自然发展云的降水量之间的差值[2]。目前国内外常用的人工降水检验效果的方法有统计检验、物理检验和数值模式检验[3]。统计检验方法是以地面降水量为统计变量进行检验的。

宁夏从 2003 年开展系统性的大规模人影作业。本文对宁夏降水分布特征和变化趋势进行简要分析。介绍了宁夏人影作业发展历程和作业概况,并对增雨作业进行逐年、月统计分析。使用 1990—2015 年宁夏 24 个国家基准站日降水资料,以 2002 年为界,使用统计方法对前后 13 年宁夏降水情况进行对比,从月降水量分布特征、月降水日数分布特征、月雨型占比三个方面,对比分析了宁夏人影作业对降水特征分布影响。结果表明:从逐月降水量分布特征对比发现,人影作业后对宁夏降水逐月分布产生了增长影响,但统计结果并不明显反映。逐月降水日数分布特征对比发现,人影作业增加了降水日数,大部分月降水日数据得到增加。从逐月雨型占比分布特征对比发现,小雨、中雨出现的概率得到增加,大雨和暴雨出现的概率得到减少。

2 宁夏降水分布特征概况

宁夏深居内陆,处于黄土高原、蒙古高原和青藏高原的交汇地带,全年大部分时间受西风环流的支配,北方大陆气团控制的时间很长,大陆性气候表现十分典型,冬冷夏热、干旱少雨。1959—2001 年的月降水数据发现:20 世纪 60—80 年代宁夏降水有较明显的干旱趋势,但90 年代降水较 80 年代有所增加[4]。1951—2005 年宁夏秋季降水呈下降趋势[5]。1961—2005年近 45 年来,降水总体呈减少趋势[6]。1962—2011 年宁夏 50 年平均降水量为 277.4 mm,2000 年以后降水量大体在均值以下变动。宁夏北部地区,多年年均降水量在 200 mm 左右。中部干旱区,多年平均降水量为 200~400 mm。南部山区,多年平均降水量在 400 mm 以上。近 50 年来降水量与降水日数呈减少趋势,而降水强度呈微弱的增加趋势。宁夏多年年降水量、降水日数波动较大,总体呈减少趋势。但降水强度微弱增加[7]。综合多项研究结果,得出宁夏降水分布南多北少,从南部山区、中部干旱带到北部川区依次降低。2010 年以前近 50 年以来降水总体呈减少趋势。

3 宁夏人影作业情况

3.1 人影工作发展历程

20 世纪 60 年代开始,宁夏人工影响天气工作逐步由政府主导并组织开展,发展历程大致可分为五个阶段。依次是土炮防雹阶段(1960 年前);防雹作业发展阶段(1960—1974 年);作业手段和技术成熟阶段(1974—1987 年);业务体系和组织机构完善阶段(1988—2002 年);空地立体联合作业阶段(2003—今)。建成了宁夏新一代火箭防雹增雨作业系统,地面人工防雹和增雨规模不断扩大,作业目的由原来单纯的南部山区防雹作业调整为全区防雹、增雨(增雪)作业,作业时间由原来夏季延长到全年,基本形成地面高炮、火箭和空中飞机作业的空地立体联合作业体系。人工影响天气作为宁夏抗旱减灾的重要手段,在增加水资源、防雹减灾、生态环境建设、降低森林火险等级等方面做出了重要贡献[8]。

3.2 人影作业逐年、月分布

因 2003 年作业数据不完整,故使用 2004—2015 年数据进行统计。火箭和飞机增雨作业分别按照作业发射数量和作业范围进行统计。图 1 为逐年作业分布情况,其中飞机作业 2007年达到最大,为 99.5 万 km²。变化情况相对稳定在 60 万 km² 附近。除 2012 年有少量减少外,火箭增雨总体趋势逐年增加。2015 年作业量 2004 年的 13 倍以上。

图 2 为逐月作业分布情况。将 2004—2015 年作业信息按月累加进行逐月统计。其中飞机作业时间为 4—10 月,其中 5 月份达到最大,7—9 月作业情况基本相当。火箭增雨全年均有作业,5 月份达到最大,3—6 月份作业量远大于其他月份。因宁夏春旱情况严重,增雨需求和大量作业均集中在这一时段。

4 数据资料和统计方法

为了资料完整性(贺兰山站、彭阳站资料不全,沙湖建站时间短,部分台站 2016 年数据录入不完整),选取宁夏 24 个国家站 1990—2015 年 1—12 月降水量资料。本文年、月、季降水日

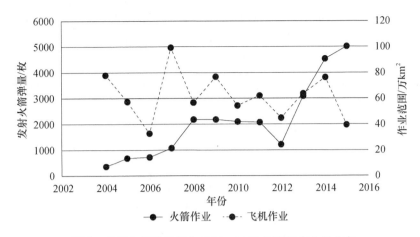

图 1　宁夏人影增雨作业 2004—2015 年逐年作业量分布

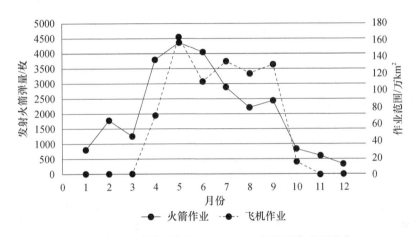

图 2　宁夏人影增雨作业 2004—2015 年逐月作业量分布

定义为日降水量≥0.1 mm 日数的总和。采用全国统一的降水强度等级划分标准,按照 24 小时降水总量判断降水雨型。降水统计日界为北京时 20 时。

　　因宁夏人工影响天气业务从 2003 年开始空地立体联合作业,以 2003 年为界前后各 13 年日降水数据进行统计对比分析。利用 CIMISS 数据统计接口,使用中国地面月值资料,统计逐月降水量分布、降水日数和降水强度。有研究表明人影作业不会对区域间的降水相关系数产生影响[9],因此本文不再对降水各站相关系数进行分析。

5　降水特征分布影响

　　1990—2002 年和 2003—2015 年为人影作业前后的两个时间段,分析人影作业对逐月降水量、逐月降水日数、逐月雨型占比分布特征的影响。认为 1990—2002 年该阶段为人工影响天气作业前,2003—2015 年该阶段为作业后。

5.1　逐月降水量分布特征对比

　　从图 3 可以看出,宁夏降水主要集中在夏季,7 月、8 月、9 月雨量相对较大,夏季降水远大于其他季节,月差异较大。从 1990—2002 年与 2003—2015 年相对比来看,1 月、2 月、4 月、

9—12月份月平均降水量人影系统作业以后月降水分布大于作业前。5—7月份逐月降水分布人影作业前大于作业后，且7月、8月差异明显。总体来看，人影作业后对宁夏降水逐月分布产生了增长影响，但统计结果并不明显反映。

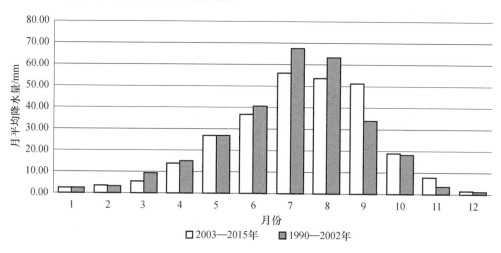

图3　宁夏1990—2002年与2003—2015年逐月平均降水分布

5.2　逐月降水日数分布特征对比

分别将1990—2002年与2003—2015年两阶段24个台站按月份统计降水日总和。统计结果如表1所示(略)，其中灰色区域为1990—2002年降水日统计结果。作业前后两阶段总降水日数除海原、同心、西吉、六盘山以外，其他台站均反映出作业后降水日数得到增加。按月份来看1月、2月、6月、9—12月作业后月降水有明显增加。4月、5月、7月作业前后降水日数变化不明显。3月、8月作业前降水日数大于作业后。综上所述，从总降水日数来看，人影作业对宁夏绝大部分地区产生了积极影响，增加了降水日数。从月份降水日数来看，有7个月能看出人影作业增加了月降水日数。有3个月无法看出是否有明显变化。有2个月人影作业减少了月降水日数。

5.3　逐月雨型占比分布特征对比

研究表明人影作业会对雨型自然概率分布产生影响。表2(略)为宁夏1990—2002年与2003—2015年分类降水等级概率逐月分布统计结果。从作业前后对比来看，小雨、中雨出现的概率得到增加，大雨和暴雨出现的概率得到减少。全年小雨出现的概率均达到90%以上。按月份来看，小雨出现概率增加的月份为1月、3月、7月、8月、10月、11月，相持平的是2月份，降低的是4月、6月、9月、12月。中雨出现概率增加的月份是4月、5月、6月、9月、10月、11月、12月，相持平的是2月份，降低的是1月、3月、7月、8月。大雨出现概率增加的月份是9月份，相持平的是1—4月、10—12月，降低的是5—8月。

6　结论

宁夏地域偏小，人工影响天气作业点几乎遍布宁夏整个区域，并全年开展增雨、增雪和防雹作业，作业方式为高炮、火箭和飞机。每次有适宜过程出现，有条件的作业点几乎都进行作业。从逐月降水量分布特征对比发现,人影作业后对宁夏降水逐月分布产生了增长影响,但统计结果并不明显反映。逐月降水日数分布特征对比发现,人影作业增加了降水日数,大部分月降水日数据得到增加。从逐月雨型占比分布特征对比发现,小雨、中雨出现的概率得到增加,大雨和暴雨出现的概率得到减少。

参考文献

[1] 郑国光,郭学良. 人工影响天气科学技术现状及发展趋势[J]. 中国工程科学,2012,(9):20-27.

[2] 徐冬英,张中波,唐林,等. 几种人工增雨效果检验方法分析[J]. 气象研究与应用,2015,(1):105-107.

[3] 刘晴. 人工增雨效果统计检验方案优选及个例分析[D]. 北京:中国气象科学研究院,2013.

[4] 信忠保,谢志仁,王文. 宁夏降水变化及其与 ENSO 事件的关系[J]. 地理科学,2005(1):49-55.

[5] 陈豫英,陈楠,王式功,等. 近55年宁夏秋季降水的时空变化特征及其大尺度环流背景[J]. 干旱区地理,2009(1):9-16.

[6] 陈豫英,陈楠,郑广芬,等. 近45a宁夏气温、降水及植被指数的变化分析[J]. 自然资源学报,2008(4):626-634.

[7] 李菲,张明军,李小飞,等. 1962—2011 年来宁夏不同等级降水的变化特征[J]. 生态学杂志,2013(8):2154-2162.

[8] 常倬林,崔洋,翟涛,等. 新形势下提高宁夏人工影响天气为农服务能力的思考[J]. 宁夏农林科技,2014(9):59-61.

[9] 靳瑞军,王婉,宋薇,等. 天津市降水特征及人影作业影响分析[J]. 气象,2011(1):92-98.

基于 CERES 的宁夏空中云水资源特征及其增雨潜力研究

常倬林[1] 崔 洋[1] 张 武[2] 田 磊[1] 翟 涛[1]

(1. 宁夏气象防灾减灾重点实验室,银川 750002;

2. 半干旱气候变化教育部重点实验室,兰州大学大气科学学院,兰州 730000)

摘 要 利用 2009—2014 年 NASA 地球观测系统(EOS)云与地球辐射能量系统（CERES）云资料和气象站降水资料,对宁夏北部引黄灌区、中部干旱带及南部山区三个具有不同地形、地貌、气候特征的地区云水资源及增雨潜力特征进行了对比研究。结果表明:宁夏地区大气可降水量在空间分布上呈现从东南向西北方向递减,从季节变化看表现出随夏秋春冬依次递减的特征。在东亚季风和贺兰山地形的共同影响下,全年总云量和低云量在南部山区最大,北部川区最小。云光学厚度与水云粒子半径及冰云等效直径呈显著的负相关关系,其中中部干旱带相关关系最强是开展人工增雨效果最显著的地区。随着全年四季天气气候变化,宁夏人工增雨主要潜力区会逐渐由春季的贺兰山沿山、中部干旱带地区,移动到夏季的银川以南同心以北和固原西南部地区,秋季缩减到海原、西吉一带。

关键词 CERES 云水资源 人工增雨 开发潜力

1 引言

宁夏地处黄土高原、蒙古高原和青藏高原的交汇地带[1],干旱少雨,北部年降水量只有 160～300 mm,南部山区年降水量 400～600 mm。干旱、冰雹作为宁夏的主要气象灾害,所造成的成灾面积占全区自然灾害成灾面积的 61.2%[2]。研究也表明,人工影响天气工作,不仅是农业抗旱和防雹的需要,更是合理开发空中云水资源、缓解水资源短缺和改善生态环境的重要手段。云作为人工影响天气催化作业的主要对象,总云量、高云量、低云量、云水路径、云的光学厚度、云滴有效半径、整层大气可降水量等则是人工增雨作业条件选择的重要参考依据,开发空中水汽资源是干旱半干旱地区低成本增加水资源最有效的手段。美国在其西部山区进行的地形云人工增雨试验也表明,开发空中云水资源,可使半干旱地区山区的季节降水量增加 10%～15%[3]。而深入了解和掌握空中云水资源分布及时空变化规律及特征,则是影响干旱半干旱地区人工影响天气工作效益高低的关键因素之一。

国内,廉毅等[4]、黄荣辉等[5]利用国际计划"夏季季风试验"期间的观测资料和 ECMWF 数值分析资料,对夏季东亚季风区水汽含量和水汽输送特征进行了系统的研究;张强等[6-8]、陈勇航等[9-12]、李照荣等[13]、王宝鉴等[14]利用多源资料对西北地区、祁连山区的云水资源分布特征进行了分析研究,探讨了云特性参量对云辐射强迫的影响;黄建平[15]等利用微波辐射仪观测资料,分析了兰州地区液态云水路径和降水量的变化特征;俞亚勋等[16]利用探空站以及美国 NCEP/NCAR 月平均再分析网格点资料,对甘肃省河东地区空中水资源时空分布进行了分析,初步了解了该地区空中水汽条件的分布状况;程炳岩等[17,18]运用 29 年各月逐日各时次探空资料以及标准网格点高空资料对河南省空中水资源的分布进行了研究,向亮等[19]利用正交分解、突变性检验等方法分析了河北省降水的时空分布;周晓丽等[20]利用风云卫星资料对天山山区暴雨云进行了研究,邱学兴等[21]、王洪强等[22]、阿丽亚·拜都热拉等[23]利用 CERES 资料对新疆山区低层云特性、低层冰云云水资源、总云量的时空变化等进行了研究,为新疆地区云水资源的开发利用提供了依据;陈豫英等[24]、纳丽[25]对宁夏地区可利用降水、降水集中度和集中期的年际变化特征进行了分析,但是对宁夏地区更精细化的空中云水资源变化特点,尤其是月尺度上空中水资源的变化情况,以及产生变化的主要原因鲜有报道。NASA"云与地球辐射能量系统(Clouds and the Earth's Radiant Energy System,CERES)"资料空间分辨率高、针对性强、采用先进的反演方法确保云特性参数的准确性,非常适合用来研究中小尺度区域、不同地形条件下的云水资源的相关特征,而在气候变化、极端干旱事件多发的背景下,利用该资料对宁夏地区三个具有不同地形、地貌、气候特征的区域的精细化的云水资源的研究成为了宁夏地区主动应对气候变化对水资源的影响的迫切需求。

本文利用 CERES 和站点观测资料,对宁夏北部引黄灌区、中部干旱带及南部山区三个具有不同地形、地貌、气候特征的地区大气云水资源及其人工增雨潜力的月际、及季节变化和空间分布特征进行分析,研究有助于深入了解和掌握宁夏地区空中云水资源的时空变化分布特征,对增强和提升宁夏地区空中云水资源的开发利用效率具有重要的科学理论和现实指导意义。

2 资料和方法

本文使用资料为 NASA 地球观测系统(EOS)云与地球辐射能量系统(CERES)2009 年6 月至 2014 年 6 月的 CERES SSF Terra MODIS Edition3A 云资料与宁夏自动站降水资料。SSF 是研究云、气溶胶和辐射对气候作用的产品。SSF 中对于云微物理性质的反演算法主要是采用 VISST 技术,利用红外辐射确定云的有效温度,可见光波段的反射率确定云的光学厚度,近红外波段(3.7 μm)用来确定云的有效粒子半径。

在云水资源开发潜力的计算主要使用公式(1)

$$L = 100 - \frac{w}{p_w} \times 100\% \tag{1}$$

式中,L 表示某个站点某个月的增雨潜力,w 表示统计时段内某个站点总降雨量,p_w 表示统计时段内某站点大气可降水量。

在资料处理过程中,本文首先读取整个宁夏范围大气可降水量、总云量、低云量、云光学厚度、水云粒子半径、冰云等效直径等数据进行平均处理后再插值到 0.1° × 0.1°的格点上,经过计算得出月平均值。同时,依据宁夏的地理、地形和气候特征,结合农牧业分布及生态环境状况,将宁夏划分为三个区域:(1)北部川区,主要为河套平原地带(包括石嘴山、惠农、平罗、贺兰、银川、永宁、中卫、中宁、青铜峡等地);(2)中部干旱带,主要为风蚀沙化草原区(包括同心、盐池、灵武等地);(3)南部山区,主要为黄土丘陵区。针对三个不同特征区域云特性进行具体分析。

3 结果分析

3.1 宁夏大气可降水量时空分布特征

图 1 为宁夏地区大气可降水量分季节多年平均的空间分布图,总体上看,宁夏地区空中大

气可降水量的分布主要受大气环流和下垫面地理因子等影响,具有明显的地域及季节变化特征。从空间分布来看,宁夏地区大气可降水量总体上南部高于中部,中部高于北部,东部高于西部,整体上呈现出从东南向西北方向递减的特征,这与宁夏年降水量的空间分布趋势相一致,也充分表明了大气可降水量对水资源分布的支配作用。这可能是由于宁夏南部山区位于东亚季风水汽输送带的边缘,同时受到地形抬升作用的影响,中部干旱带及北部川区由于所处纬度较高受到东亚季风的影响减弱,且受到贺兰山大地形的阻挡,水汽很难到达。分季节来看,宁夏地区大气可降水量在夏季最大,均值在 20.7~26.7 mm,秋季次之,均值在 9.3~14.1 mm,春季再次之,均值在 6.3~10.8 mm,冬季最小,均值在 2.8~4.7 mm,且各区域大气可降水量的差异在冬季最小,秋季、春季次之,夏季最大。即地理因子的影响在冬季最小,秋季、春季次之、夏季最大。这与宁夏降水量的变化特征趋于一致,可能与季风活动情况有关。夏季是四季中大气可降水量最多的季节,这与夏季高温、含水量增加有关。冬季寒冷、干燥,春秋季处于丰水期和枯水期过渡期,春季暖湿气流开始加强,但冷空气活动仍很频繁。秋季,冷空气开始活动,但还较弱,这在很大程度上决定了宁夏大气可降水量的季节分布特征。

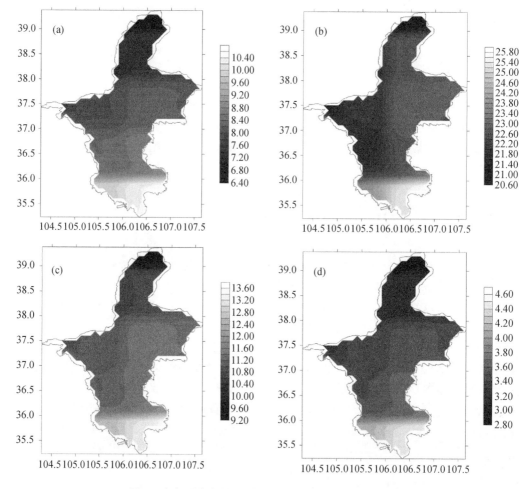

图 1　大气可降水量(mm)分季节多年平均的空间分布
(a)春季,(b)夏季,(c)秋季,(d)冬季

从宁夏多年平均整层大气可降水量的逐月变化(图 2)来看,宁夏三个区域大气可降水量的变化基本一致,都呈现出单峰型的变化特征,从 1 月到 7 月大气可降水量逐月增加,7 月开始到 12 月大气可降水量逐月减少。7 月大气可降水量值最大,在北部川区、中部干旱带和南部山区分别达到 24.3 mm、25.9 mm 和 27.3 mm,其次是 8 月份,在三个区域基本上达到了 20 mm 以上,而 1 月大气可降水量在三个区域最小,分别仅为 2.5 mm、3.0 mm 和 3.4 mm。不同的是,整体上看,北部川区与中部干旱带大气可降水量的差异较中部干旱带与南部山区的差异要大,即大气环流对大气可降水量的影响较下垫面地理因子的影响更大。冬季三个区域大气可降水量的差异最小。大气可降水量的逐月变化率能够反映空中水汽增减变化特征,总体上看,宁夏地区大气可降水量在 1—7 月份是增长期,8—12 月份大气可降水量逐月减少。北部川区大气可降水量变化率逐月波动最大,中部干旱带和南部山区逐月波动较小,这可能与北部川区贺兰山大地形的影响有关。中部干旱带和南部山区大气可降水量的增长率在 5 月份最大,分别为 55.3% 和 54.4%,在 3 月份增长率最小为 19%,北部川区大气可降水量的增长率在 6 月份最大,为 74.4%,3 月份最小,为 16.5%。9—10 月,中部干旱带和南部山区大气可降水量的减少率小于北部川区,而 8 月、11 月和 12 月正好相反,中部干旱带和南部山区大气可降水量的减少率在 11 月份最大,分别为 47% 和 46.7%,在 1 月份减少率最小分别为 5.8% 和 2.8%,北部川区大气可降水量的减少率在 10 月份最大,为 50.9%,8 月份最小,为 7.6%。

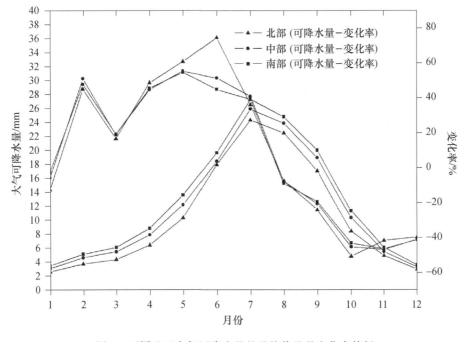

图 2　不同地区大气可降水量的月均值及月变化率特征

3.2　宁夏总云量与低云量分布特征

为了更直观地了解宁夏三个不同区域云性质的变化,对北部、中部和南部山区各区的所有格点的总云量值、低云量取平均后,再对每个月取年平均,结果如表 1 所示。

表 1　宁夏不同地区总云量和低云量的月均值(%)

月份	总云量			低云量		
	北部	中部	南部	北部	中部	南部
1 月	26.319	34.532	38.349	23.527	29.871	32.141
2 月	41.439	52.940	60.782	34.603	42.603	46.821
3 月	50.612	59.552	61.811	42.279	49.621	50.172
4 月	45.271	52.806	58.235	33.327	39.375	44.673
5 月	49.407	59.502	64.219	34.897	42.122	47.516
6 月	51.317	55.442	62.155	36.613	40.179	45.168
7 月	55.788	64.361	70.928	37.787	45.905	55.147
8 月	50.989	57.143	63.921	36.426	43.285	52.080
9 月	54.649	66.344	73.538	41.396	51.402	58.891
10 月	34.476	47.130	57.610	25.950	35.354	46.271
11 月	30.121	38.912	46.756	23.606	30.526	38.249
12 月	30.978	36.071	40.790	24.493	29.211	33.954

从表 1 来看,宁夏地区总云量和低云量值在南部山区(均值为 73.5)高于中部地区(均值为 66.3),中部地区高于北部川区(均值为 55.8)。总云量在北部、中部和南部山区月平均值的范围分别为 26.3%~55.8%、34.5%~66.3%、38.3%~73.5%,宁夏地区总云量的最高最低值之间相差达到 47.2%,低云量在北部、中部和南部山区的月平均值的范围分别为 23.5%~42.3%、29.2%~51.4%、32.1%~58.9%,最高与最低值的差别达到 35.4%。上述空间分布的原因可能是北部川区水汽供给条件差,加上地势相对平坦,缺乏形成上升气流的条件,难以形成云,而南部山区可以得到其以东和以南方向传来的水汽,具有形成云的条件。从月季变化来看,中南部地区最大值在 9 月,北部地区出现在 7 月,低云量的最大值在三个区域都出现在 9 月,总云量低云量的最小值都出现在 1 月,1—3 月三个地区的总云量都呈增长的趋势,4—7 月呈现些微的增长,9 月以后,总云量急剧减少,低云量的变化趋势与总云量基本相近,1—3 月、4—7 月呈增长的趋势,9 月以后开始减少,但减少的幅度要小于总云量减少。这可能是由于宁夏地区处于季风区的西北边缘,春夏秋季都会出现多云量,冬季来自中亚的水汽到达宁夏的机会较少,因此云量较少。

3.3　云光学厚度、水云粒子半径和冰云等效直径时空变化及相互关系

对 CERES 资料反演的云光学厚度、水云粒子半径、冰云等效直径资料进行平均插值处理,对宁夏地区三个不同区域内值进行区域平均处理后进行月平均处理,结果如图 4 所示。陈勇航等[9]曾指出西北地区东部(包括陕西、宁夏、甘肃河西走廊东段以东、青海东部一带)云光学厚度在整个西北区域月均值最大,总光学厚度区域平均为 10.8。图 3(a)表示宁夏地区云光学厚度在三个不同区域月均值的变化,由图 3 可见,总体上看,宁夏地区云光学厚度月均值大约为 9.16,其中,宁夏南部山区云光学厚度月均值最大,大约为 14,其次为中部地区 10.7,云光学厚度最小区域为北部,均值约为 7.8。这同样与南部山区受东亚季风环流影响且地势较高,北部相对地势较低受到西风环流影响及贺兰山阻挡作用有关。从季节变化来看,夏秋季宁

夏地区云光学厚度较大,冬春季较小,且秋季云光学厚度在北部、中部和南部山区三个区域的差异最大,冬季这种区域差异最小。这可能与夏季地面蒸发、对流强度等区域变化较大有关。从月变化来看,各区域月平均值大约为 4.6～19.4,其中 9 月云光学厚度值最大,1 月云光学厚度值最小,从 1 月开始到 12 月云光学厚度总体呈现出先增大后减小的变化趋势。

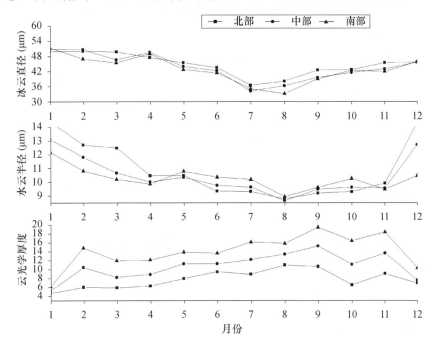

图 3 云光学厚度、水云粒子半径及冰云等效直径的月变化

宁夏全区水云粒子半径和冰云等效直径均值分别为 10.5 和 43.7,从区域分布来看,冰云等效直径(1 月除外)在北部大于中部地区,中部地区大于南部山区,水云粒子半径的区域变化较冰云等效直径的变化复杂,在 5—10 月南部山区水云粒子半径大于中北部,11 月至翌年 4 月北部水云粒子半径大于中南部。这可能与南部山区地势较高且受到东南季风的影响在 5—10 月更为明显,而北部贺兰山地形的抬升作用及西风环流影响在 11 月至翌年 4 月影响起主要作用有关。特别要注意的是在 12 月至翌年 3 月冰云等效直径在宁夏北部中部及南部差异较大,而水云的有效半径在这三个区域差异则较小,说明在 12 月至翌年 3 月地形对低云的影响较大,对高云的影响较小。在其他月份,云滴粒子的半径(直径)整体上看在中南部的差异较小,与北部的差异较大,说明贺兰山大地形的阻挡抬升作用较地势高度本身的影响在云滴粒子半径(直径)的变化上要小。从月变化来看,云滴粒子半径(直径)随着月变化基本上呈现出了先减小后增大的变化趋势,不同的是冰云等效直径在 7 月出现了谷值,而水云粒子半径的谷值出现在 8 月,云滴粒子半径(直径)在 1 月、12 月较大,7—9 月最小。

云光学厚度、云滴半径(直径)的变化及其相互关系从一定程度上可以了解气溶胶的间接效应对气候变化的影响。气溶胶作为云凝结核(CNN)可以通过改变云滴的半径(直径)云滴的浓度进而影响云的光学厚度,云的生消的过程和降水的效应,间接地影响地-气系统的能量收支。段皎等[26]等曾通过对云滴有效半径与云光学厚度的相关关系的研究指出气溶胶的间接气候效应可能在夏季最强,长江以南地区和青藏高原地区可能是气溶胶间接气候效应比较显著的地区。从宁夏地区云光学厚度与水云粒子半径及冰云等效直径的相关关系看（表2），宁夏地区云光学厚度与水云粒子半径及冰云等效直径在北部、中部和南部都呈负相关关系，这与段皎[26]等得到的在中国西部冰云等效直径与冰云光学厚度之间呈正相关，中国大部分地区水云的光学厚度与水云粒子半径呈负相关有一定的差异。从区域相关来看，云光学厚度与水云粒子半径及冰云等效直径的相关在宁夏中北部地区要高于南部山区，也显示了两者之间在中北部地区更紧密的联系，这可能暗示云滴半径（直径）的变化对云光学厚度的影响可能在中北部地区高于南部山区，也就是说，气溶胶通过影响云滴半径（直径）改变云光学厚度的作用（气溶胶的间接效应）在中北部地区高于南部山区，即宁夏中北部地区（特别是中部地区）可能是气溶胶间接气候效应比较显著的地区，也可能是宁夏地区开展人工增雨效果最显著的区域。

表2　云光学厚度与水云粒子半径、冰云等效直径相关关系

云光学厚度	全区	北部	中部	南部
水云粒子半径	−0.811	−0.765	−0.823	−0.741
冰云等效直径	−0.771	−.767	−0.723	−0.699

3.4　春夏秋三季宁夏云水资源人工增雨潜力时空分布特征

针对宁夏人影作业的主要三个季节春季、夏季和秋季计算各站点的人工增雨潜力，结果如图4所示，由图4可见，宁夏地区春夏秋三季人工增雨潜力分别为55%～75%，60%～80%，43%～79%。总体来看，夏季宁夏地区人工增雨潜力高于春秋两季，春季，大部地区增雨潜力略高于秋季。即宁夏地区开展人工增雨作业的最佳季节是在夏季，其次是春季和秋季。具体来看，春季宁夏中北部地区增雨潜力高于南部山区，北部川区西部增雨潜力高于东部，中部干旱带增雨潜力由西南方向向东北方向递减，南部山区东部增雨潜力高于西部。春季，增雨潜力较高的地区主要位于贺兰山沿山、中卫、同心一段。夏秋季，中南部地区增雨潜力明显高于北部地区。中南部地区增雨潜力由西向东递减。其中，夏季，人工增雨潜力较高区域位于银川以南同心以北及固原西南部地区；秋季，人工增雨潜力较高地区位于海原、西吉一带。即春季，宁夏中北部地区较南部山区更适合开展人工增雨作业，夏秋季，中南部地区较北部地区更适合开展人工增雨作业。

4　结果与讨论

（1）宁夏地区大气可降水量呈现出从东南向西北方向递减的特征，其值在夏季最大，秋季次之，春季再次之，冬季最小，且各区域大气可降水量的差异在冬季最小，秋季、春季次之，夏季最大。这主要是由于宁夏南部山区位于东亚季风水汽输送带的边缘，同时地势较中北部高，中部干旱带及北部川区由于所处纬度较高受到东亚季风的影响减弱，且受到贺兰山大地形的阻挡，水汽很难到达。

（2）宁夏地区总云量和低云量在南部山区高于中部干旱带，中部干旱带高于北部川区，高云量和低云量的最大值出现在7月、9月，最小值出现在1月。这是由于北部川区水汽供给条件差，加上地势相对平坦，缺乏形成上升气流的条件，难以形成云，而南部山区可以得到其以东和以南方向传来的水汽，具有形成云的条件。宁夏地区处于季风区的西北边缘，9月也会多云量，冬季来自中亚的水汽到达宁夏的机会较少，因此云量较少。

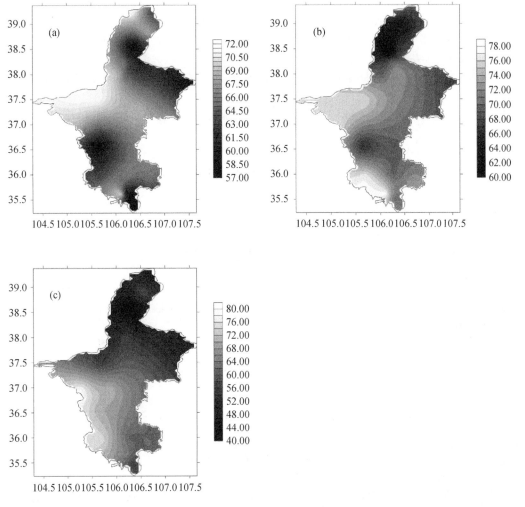

图4 春、夏、秋季宁夏人工增雨潜力分布(a)春季,(b)夏季,(c)秋季

（3）宁夏地区云光学厚度、水云粒子半径和冰云等效直径均值分别为9.16、10.5和43.7,在宁夏中北部地区(特别是中部地区)云滴半径(直径)的变化对云光学厚度变化的贡献要高于南部山区,宁夏中北部地区可能是气溶胶间接气候效应比较显著的地区,即中北部地区可能是宁夏地区开展人工增雨效果最显著的区域。建议加大在中北部地区特别是中部地区的作业力度。

（4）根据宁夏地区人工增雨潜力的季节及区域分布,相对于春秋季,建议在夏季应加大人工增雨的作业力度,建议春季,人工增雨重点作业区应放在贺兰山沿山、中部干旱带,夏季主要在银川以南同心以北及固原西南部地区开展人工影响天气,而秋季人工增雨的主要作业区应放在宁夏的海原西吉一带。

参考文献

[1] 胡文东,陈晓光,李艳春,等. 宁夏月、季、年降水量正态性分析[J]. 中国沙漠,2006,26(6):963-968.

[2] 武艳娟,李玉娥,刘运通,等. 宁夏气象灾害变化及其对粮食产量的影响[J]. 中国农业气象,2008,29(4):491-495

[3] 姚展予. 关于云降水物理和人工影响天气领域发展趋势及国际合作策略的思考[J]. 气象科技合作动态,

2009(1):10-17.

[4] 廉毅．中国和东亚大气中的水汽含量和输送（根据夏季风实验）[J]．气象科技,1997(3):61-63.

[5] 黄荣辉,张振洲,黄刚,等．夏季东亚季风区水汽输送特征及其与南亚季风区水汽输送的差别[J]．大气科学,1998,22(4):460-469.

[6] 张强,孙昭萱,陈丽华,等．祁连山空中云水资源开发利用研究综述[J]．干旱区地理,2009,32(3):381-390.

[7] 张杰,张强,田文寿,等．祁连山区云光学特征的遥感反演与云水资源的分布特征分析[J]．冰川冻土,2006,28(5):722-727.

[8] 张强,张杰,孙国武,等．祁连山山区空中水汽分布特征研究[J]．气象学报,2007,65(4):633-643.

[9] 陈勇航,黄建平,陈长和,等．西北地区空中云水资源的时空分布特征[J]．高原气象,2005,24(6):905-912.

[10] 陈勇航,毛晓琴,黄建平,等．西北典型地域条件下云量的对比分析[J]．气候与环境研究,2009,14(1):77-84.

[11] CHEN Yonghang,PENG Kuanjun,HUANG Jianping,et al. Seasonal and regional variability of cloud liquid water path in northwestern China derived from MODIS/CERES observations[J]. International Journal of Remote Sensing,2010,31(4):1037-1042.

[12] CHEN Yonghang,BAI Hongtao,HUANG Jianping,et al. Seasonal variability of cloud optical depth over Northwestern China derived from CERES/MODIS satellite measurements[J]. Chinese Optics Letters,2008,6(6):454-457.

[13] 樊鹏,余兴．陕甘宁人工增雨技术开发研究[M]//李照荣,陈添宇,庞朝云,等．西北地区水汽时空分布特征．北京:气象出版社,2003:285-289.

[14] 王宝鉴,黄玉霞,陶健红,等．西北地区大气水汽的区域分布特征及其变化[J]．冰川冻土,2006(28):15-21

[15] 黄建平,何敏,阎虹如,等．利用地基微波辐射计反演兰州地区液态云水路径和可降水量的初步研究[J]．大气科学,2010,34(3):548-558.

[16] 樊鹏,余兴．陕甘宁人工增雨技术开发研究[M]//俞亚勋,陈添宇,赵建华．甘肃省河东地区空中水汽资源初步分析．北京:气象出版社,2003:296-303.

[17] 程炳岩,张永亮,霍锐．河南省空中水汽输送气候研究[C]//人工影响天气优化技术研究．北京:气象出版社,2000:30-32.

[18] 程炳岩,张永亮,霍锐．河南省人工增雨潜力气候研究[C]//人工影响天气优化技术研究．北京:气象出版社,2000:33-35.

[19] 向亮,郝立生,安月改,等．51河北省降水时空分布及变化特征[J]．干旱区地理,2014,37(1):56-65.

[20] 周晓丽,胡列群,马丽云,等．基于FY3A资料的天山山区暴雨云相态分析[J]．干旱区地理,2014(37):667-675.

[21] 邱学兴,张萍,陈勇航,等．基于CERES资料的山区低层云特性时空变化研究[J]．兰州大学学报(自然科学版),2012,48(3):46-51.

[22] 王洪强,陈勇航,彭宽军,等．基于Aqua卫星总云量资料分析山区云水资源[J]．自然资源学报,2011,26(1):89-96

[23] 阿丽亚·拜都热拉,邱学兴,陈勇航,等．新疆山区低层冰云云水资源初探[J]．资源科学,2011,33(9):1727-1734.

[24] 陈豫英,冯建民,陈楠,等．西北地区东部可利用降水的时空变化特征[J]．干旱区地理,2012,35(1):56-66.

[25] 纳丽,李欣,朱晓炜,等．宁夏近50a降水集中度和集中期特征分析[J]．干旱区地理,2012,35(5):724-729.

[26] 段皎,刘煜．中国地区云光学厚度和云滴有效半径变化趋势[J]．气象科技,2011,39(4):408-416.

高海拔地区气溶胶和云微物理特征分析

王启花

（青海省人工影响天气办公室，西宁 810001）

摘 要 利用 2011 年和 2013 年三江源地区飞机观测获得的气溶胶、云和降水粒子数据，对该地区不同降水系统的气溶胶、云和降水微物理特征进行分析。结果表明，三江源地区不稳定降水系统在不同高度存在逆温层，且气溶胶粒子、云粒子和降水粒子浓度均比稳定降水系统的高，有效直径和中值体积直径也要比稳定降水系统大。不稳定降水系统小于 50 μm 的粒子谱更宽，而稳定降水系统大于 50 μm 的粒子谱较宽。以飞机起降期间观测的垂直特征分析表明气溶胶和 CCN 浓度随高度递减，而云和降水粒子的浓度有明显差异。

关键词 气溶胶 云微物理 稳定 不稳定

1 引言

大气气溶胶促进水的相变作用影响云雾微物理特征，是影响地气系统辐射平衡和水循环的最重要因素之一，一方面，气溶胶粒子可以吸收和散射太阳辐射，影响辐射收支平衡；另一方面，气溶胶粒子通过充当云雾凝结核，改变云雾微物理特征，气溶胶粒子的空间分布对云和降水具有重要的作用[1-2]。

早在 20 世纪 60 年代，国外就开展了大气气溶胶粒子的飞机探测，国内在 70 年代末期逐步开展大气气溶胶粒子的飞机观测试验。1979 年在长春[3]和 1982 年在北京[4]进行的飞机探测试验发现气溶胶粒子主要集中在 5 km 以下的大气中，粒子数浓度随高度增加呈指数减小。1985 年游来光[5]等在"北方层状云人工降水试验研究"中对气溶胶和云微物理进行了观测试验，表明；1984 年 8 月在山东半岛南部沿海地区进行的飞机观测试验表明沿海地区的 CCN 浓度随高度的降低不如内陆明显[6]；杨军等[7]1996 和 1997 年在辽宁的观测表明气溶胶粒子谱为多峰分布，且在混合层上下位置粒子数浓度具有不同的分布特征；马新成等[8]2005 年和 2006 年对北京春季气溶胶飞机探测分析表明气溶胶垂直分布特征与气象条件有关；范烨等[9]对北京及周边地区气溶胶飞行观测资料研究表明气溶胶数浓度阴天最大，晴空最小，气溶胶粒子谱呈单峰分布，气溶胶在逆温层底存在明显的积累；2008 年郝立生等[10]在衡水湖观测表明湖区及周边地区比城市和城镇上空气溶胶粒子小；李军霞[11]和李义宇[12]分别对山西和华北地区气溶胶理化特征和云微物理特征进行了飞机观测；2008 年居丽玲等[13]对石家庄一次冷锋过境气溶胶、云和降水粒子分布特征观测表明冷锋过境时产生降水的前后气溶胶粒子分布差异较大。

虽然气溶胶垂直分布特征已经做了大量工作，但是由于受设备和经费限制，此类观测研究还很缺乏，而且，大气气溶胶不仅垂直分布具有不均匀性，其物理特性在时空分布上也是复杂多样的，因此气溶胶的垂直分布特征的分析有必要针对不同区域展开。三江源地区气溶胶垂直分布特征的研究分析对该地区人工增雨工作具有重要的参考价值，为模式模拟提供数据支撑,对催化剂播撒落区和播撒量的确定有重要意义,对未来人影过程中探测播撒一体化的实现提供有力的依据。

2 观测和分析方法

2.1 观测地点及背景

三江源地区位于青海省南部,平均海拔3500～4800 m,是长江、黄河、澜沧江的发源地,被誉为"中华水塔"。该地区水汽充沛,但极少部分水汽可以转化为降水,因此,该地区具有很高的人工增雨潜力,同时开发利用水资源对改善生态环境具有很大的意义。

2.2 飞机飞行方案及仪器介绍

本研究以运-8为观测平台,搭载美国产DMT(Droplet Measurement Technologies)公司的粒子测量系统。2011年和2013年在青海三江源和黄河上游地区实施了飞机观测试验。DMT观测系统包括PCAPS-100X(大气气溶胶探头)、CCN-200(云凝结核计数器)、CAS(云粒子探头)、CIP(云粒子图像探头)、PIP(降水粒子图像探头)、AIMMS-20(飞机综合气象要素测量系统)、LWC-100(热线液态水含量探头)、SPP-200、CAS等。本研究主要用到的仪器有SPP-200、CAS、CIP、PIP、AIMMS-20。

2.3 飞行资料

本研究选取的资料是2011年和2013年三江源地区飞机观测获得的,将飞机观测期间的降水系统分为稳定和不稳定降水系统,具体分类如表1所示。

表1 2011年和2013年飞机飞行作业情况

年份	日期	飞行路线	天气系统	降水情况	天气类型划分
2011	08.02	格尔木—玛沁—久治—河南—玛曲—碌曲—泽库—同德—兴海—格尔木	高空500 hPa为低涡系统。后期低涡向东南移动,受西北气流控制	黄南、果洛及玉树大部有小到中雨	比较稳定的低涡降水系统
	08.15	格尔木—伍道梁—沱沱河—曲麻莱—杂多—清水河—玛多—格尔木	高空500 hPa为副热带高压西伸后在高原东部形成闭合高脊,后期环流减弱,西南气流控制区域增大	果洛南部有小雨	不稳定性气流控制,易发展对流云系统
	09.16	格尔木—察尔汗—诺木洪—兴海—泽库—碌曲—若尔盖—玛曲—久治—河南—甘德—同德—贵南—香日德—格尔木	全省大部均受西南气流控制		不稳定性气流控制,易发展对流云系统
2013	09.01	格尔木—曲麻莱—称多—清水河—格尔木	高空500 hPa为西南暖湿气流与西北气流交汇区,后期西北气流控制整个区域	玉树大部、黄南及果洛有中雨	稳定性降水系统

续表

年份	日期	飞行路线	天气系统	降水情况	天气类型划分
2013	09.04	格尔木—玛沁—泽库—河 南—果 洛—久 治—玉树—曲麻莱—格尔木	高空 500 hPa 为南支槽控制,后期槽东移过程中由槽后的西北气流控制大部分地区	玉树南部、海南、黄南和果洛有中雨	稳定性降水系统
	09.06	格尔木—玛沁—泽库—河 南—甘 德—玛 曲—久治—果 洛—玉 树—曲 麻莱—格尔木	高空 500 hPa 青海南部受弱脊控制	玉树中东部、果洛、海南、黄南有小到中雨	不稳定性气流控制,易发展对流云系统
	09.23	格尔木—玛沁—泽库—河 南—甘 德—玛 曲—久治—果 洛—玉 树—曲 麻莱—格尔木	高空 500 hPa 青海北部受西风气流控制,而南部有弱槽,后期槽东移后受西风气流控制	玉树中东部、果洛、黄南有小到中雨	稳定性降水系统

3 结果和讨论

3.1 气象要素

温度可以从多方面对气溶胶谱的分布产生影响,温度的垂直变化可以形成对流,使边界层以下的气溶胶混合[14];相对湿度对具有吸湿性和溶解性的气溶胶粒子的尺度有影响,随着相对湿度的增大,粒子的尺度也增大;液水含量是空气中含水量的直接反映,液水含量越多,活化的粒子多,并且粒子的尺度也越大,因此,在气溶胶的分析中对气象要素的研究是很有必要的。

图 1 是观测期间气象要素分布图,温度随高度降低。不稳定降水系统 3 次观测表明在不同高度均有逆温层存在:8 月 15 日在 5800 m 附近和 6600 m 附近存在逆温层;9 月 16 日在5900 m 附近和 6800 m 附近存在逆温层;9 月 6 日在 5800 m 和 7300 m 附近存在逆温层。相对湿度随高度的变化与温度刚好相反,而液水含量随高度有明显的增大,低层较小,高层较大。

3.2 气溶胶及云粒子垂直分布

为了了解气溶胶及云粒子分布特征,首先对气溶胶及云粒子垂直分布进行分析,得到垂直方向上粒子的分布状态。图 2 分别是不同降水系统不同类型的粒子浓度(a,b)、不同粒子有效直径(c,d)及中值体积直径(e,f)垂直分布图。从图 a 和 b 可以看出各类型粒子浓度高层均略高于低层,这是由于一方面飞机从格尔木起飞,该地区较为清洁,气溶胶和 CCN(云凝结核)浓度较小,而高层有大量远距离传输来的粒子,导致高层粒子浓度高于低层;另一方面,高层湿度和液水含量较大,有利于粒子增长,而 CAS、CIP、PIP 观测到 CCN、云粒子和降水粒子多为粒径较大的粒子,因此在高层粒子浓度较大。不稳定降水系统气溶胶粒子、云粒子和降水粒子浓度均比稳定降水系统的高,不稳定降水系统粒子浓度与液水含量随高度的变化趋势相似,且在存在逆温层的高度层有利于粒子堆积,因此,粒子浓度较高。从图 c、d、e、f 可以看出,各种仪器观测到的粒子的有效直径和体积中值直径与粒子浓度的分布存在很大的差异,粒子有效直径和中值体积直径随高度的分布与相对湿度分布特征基本相同,且不稳定降水系统有效直径和中值体积直径也要比稳定降水系统大。

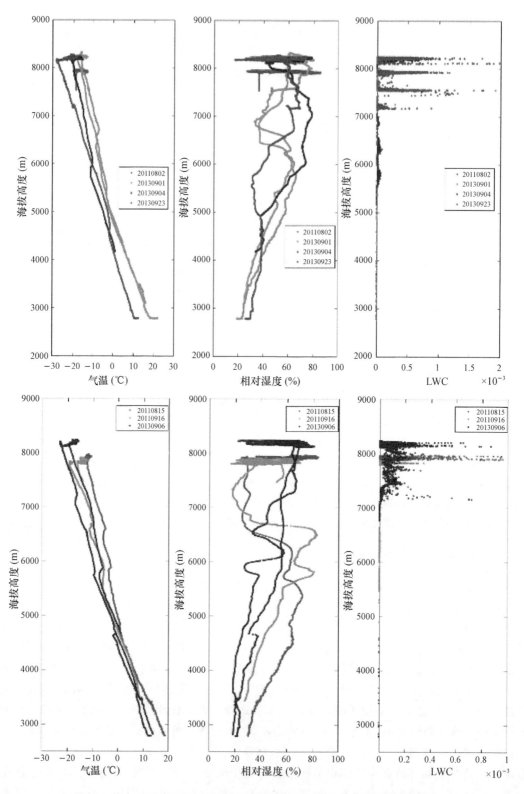

图 1　稳定(a)(上 3 张)和不稳定(b)(下 3 张)降水系统气象要素分布图

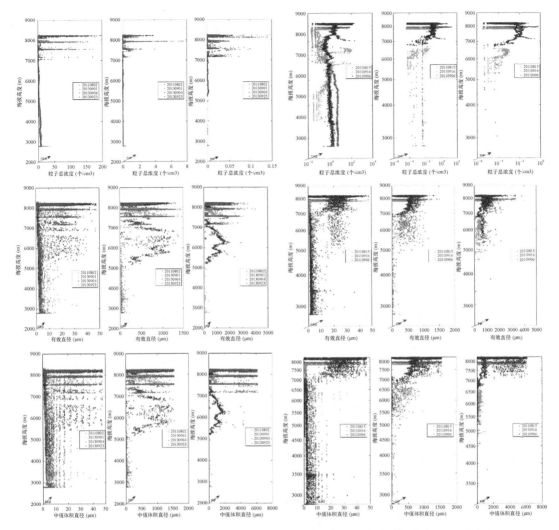

图 2　稳定（a、c、e）（左列 3 张）和不稳定（b、d、f）（右列 3 张）降水系统下不同类型粒子总浓度（a、b）、
有效直径（c、d）、中值体积直径（e、f）垂直分布特征

3.3　气溶胶与云雾微物理特征

　　气溶胶和云粒子不仅浓度在垂直分布存在差异，在空间上也存在差异，且粒子谱分布也有很明显的差异。图 3a 和图 3b 分别是稳定降水系统和不稳定降水系统不同仪器观测的气溶胶、云粒子和降水粒子浓度随飞机轨迹分布图。图中从箭头部分依次向外和向内分别是SPP、CAS、CIP、PIP 观测得到的气溶胶粒子、云粒子和降水粒子，从图中可以看出，稳定降水系统时粒子更趋向大粒子，CIP 和 PIP 观测到的云粒子和降水粒子稳定降水系统比不稳定降水系统浓度高且粒径更大，而不稳定降水系统 SPP 和 CAS 观测到的粒径小于 $50\ \mu m$ 的气溶胶和云粒子浓度更大，尤其在不稳定云系附近，小粒子浓度很大且粒径更小。因此，在不稳定降水系统时小于 $50\ \mu m$ 的粒子谱更宽，而稳定降水系统时大于 $50\ \mu m$ 的粒子谱更宽。

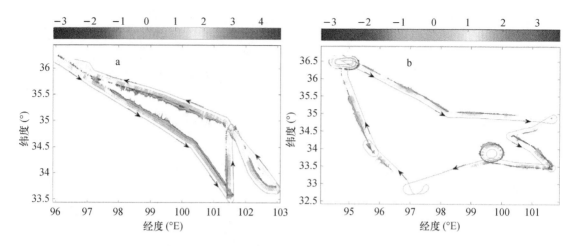

图 3　稳定（a）和不稳定（b）降水系统下不同类型粒子分布特征

4　结论

　　（1）不稳定降水系统 3 次过程在不同高度均有逆温层存在；相对湿度随高度的变化与温度刚好相反，而液水含量随高度有明显的增大，低层较小，高层较大。

　　（2）高层湿度和液水含量较大，有利于粒子增长，使得 CAS、CIP、PIP 观测到 CCN、云粒子和降水粒子浓度较大，从而高层粒子浓度较大。不稳定降水系统时，气溶胶粒子、云粒子和降水粒子浓度均比稳定降水系统时的高，而且有效直径和中值体积直径也要比稳定降水系统时大。

　　（3）不稳定降水系统时小于 50 μm 的粒子谱更宽，而稳定降水系统时大于 50 μm 的粒子谱更宽。

参考文献

[1] GUO X L,FU D H,ZHENG G G. 2007. Modeling study on optimal convective cloud seeding in rain augmentation[J]. J Korean Meteor Soc,43(3)：273-284.

[2] 吴奕霄,银燕,顾雪松等 . 2014. 南京北郊大气气溶胶的吸湿性观测研究[J]. 中国环境科学,34(8)：1938-1949.

[3] 游荣高,任丽新,朱文琴 . 华北山区大气气溶胶浓度及其尺度谱分布的研究[J]. 重庆环境科学,1991(6)：13-17.

[4] 何绍钦 . 西安市一次晴空气溶胶粒子的观测分析[J]. 气象,1987,13(5):19-22.

[5] 游来光,马培民,胡志晋 . 北方层状云人工降水试验研究[J]. 气象科技,2002(30):19-63.

[6] 樊曙先,安夏兰 . 贺兰山地区云凝结核浓度的测量及分析[J]. 中国沙漠,2000(3):339-340.

[7] 杨军,周德平,宫福久,等 . 辽宁地区大气气溶胶粒子的垂直分布特征[J]. 大气科学学报,2000,23(2)：196-203.

[8] 马新成,张蔷,嵇磊,等 . 北京春季不同天气条件下气溶胶垂直分布特征[C]//中国气象学会年会大气成分与天气气候及环境变化分会场 . 2009;1126-1133.

[9] 范烨,郭学良,李宏宇,等 . 北京地区 2004 年 8、9 月间大气气溶胶和小云粒子分布特征[C]//全国云降水物理和人工影响天气科学会议 . 2005.

[10] 郝立生,闵锦忠,段英,等 . 衡水湖湿地气溶胶分布的飞机观测[J]. 大气科学学报,2008,31(1)：

109-115.

[11] 李军霞,银燕,李培仁,等.山西夏季气溶胶空间分布飞机观测研究[J].中国环境科学,2014,34(8):
　　　1950-1959.

[12] 李义宇.华北夏季气溶胶与云微物理特征的飞机观测研究[D].南京:南京信息工程大学,2015.

[13] 居丽玲,牛生杰,段英,等.石家庄地区一次秋季冷锋云系垂直微物理结构的观测研究[J].高原气象,
　　　2011,30(5):1324-1336.

[14] LI W J,ZHANG D Z,SHAO L Y,et al. Individual particle analysis of aerosols collected under haze and
　　　non-haze conditions at a high-elevation mountain site in the North China plain[J]. Atmos Chem Phys,
　　　2011,11(22):22385-22415.

WRF 模式产品在新疆人影业务中的应用

王智敏　热苏力·阿不拉　史莲梅　徐文霞

(新疆维吾尔自治区人工影响天气办公室,乌鲁木齐 830002)

摘　要　中国气象局人工影响天气中心研发了云降水显式预报系统,该系统以中尺度天气数值模式 WRF(V3.5)为动力框架,耦合中国气象局人工影响天气中心研发的云降水显式方案(CAMS 云分辨方案),可发布云宏观场、云微观场、云垂直剖面和降水场等 4 大类预报产品,本文利用 Grads 软件编程对模式中的西北西部(代号 WNWC,33.2°—50.1°N,69.7°—98.0°E)区域的二进制产品进行了本地化处理解析,生成了适合新疆本地使用的人工影响天气模式图形产品,并且利用部分模式产品和实况资料进行了对比分析。发现卫星红外云图与模式产品中的云带产品较为一致,便于分析新疆地区云团的发展演变特征,底层耦合了新疆地区地形特征的垂直剖面场产品对云团的垂直方向的发展有较好的指示作用,模式产品的业务应用可以更好地指导新疆区的人影工作。

关键词　模式产品　本地化　卫星云图　业务检验　新疆

1　引言

近年来,在全球气候变暖的背景下,极端天气气候事件频发,干旱,冰雹等事件频率、强度和影响范围具有增加趋势,随着新疆经济社会的发展,灾害影响程度日趋加剧。作为应对这一局面的手段之一的人工影响天气业务在新疆已开展多年,在改善新疆生态环境、预防和减少自然灾害方面取得了较好的效果。所以,利用国家级人影模式产品,深入研究新疆地区不同天气系统下云系的宏、微观物理结构特征,了解云中水汽分布规律及其降水机制,完善相关概念模型,对科学实施人工影响天气作业具有重要意义。

2　模式介绍

中国气象局人影中心开发的人工影响天气模式系统[1],包括 MM5_CAMS、GRAPES_CAMS 和 WRF 三套模式。MM5_CAMS 模式是以非静力平衡中尺度 MM5v3 动力框架为基础,GRAPES_CAMS 模式是以我国自主研发的新一代数值预报模式 GRAPES 动力框架为基础,本文所用的中尺度数值模式 WRF(Weather Research and Forecasting Model)是新一代可压缩、非静力、欧拉方程通量形式的、地形追随垂直坐标的高分辨率中尺度预报模式和资料同化系统,具有研究和预报功能等广泛的应用范围。WRF 模式是由美国国家大气研究中心、国家大气海洋局的预报系统实验室、国家大气环境研究中心和俄克拉荷马大学的暴雨分析预报中心等多个部门共同研发的。该模式重点考虑从云尺度到天气尺度等重要天气的预报,提供了一个研究和业务数值天气预报的通用框架既可用于分辨率在 1~10 km 的系统模拟,又可用于分辨率较低的业务预报。模式支持多网格嵌套,易于定位于不同地理位置,物理过程全面,具有三维资料同化功能,对天气尺度、中尺度的天气系统具有很好的模拟效果。

这 3 套模式分别耦合了中国气象科学研究院研制的云降水显式方案(CAMS),其核心部分 CAMS 云降水显式方案的研究始于 1979 年,经过几十年的不懈开发和完善,2000 年研制形成先进的双参数混合相云降水显式方案[2]。该方案将水成物分为 6 类,分别为水汽、云水、雨水、冰晶、雪和霰,显式预报各种水成物的比质量和数浓度,采用准隐式计算格式,确保计算稳定、正定和守恒。人影数值模式系统近十年的发展和改进,为重点干旱地区及跨区域增雨作业、森林草原灭火增雨作业、重大社会活动消减雨作业等提供了强有力的技术支撑[3]。

新疆维吾尔自治区人工影响天气办公室目前主要是利用 WRF_CAMS 产品[4],模式的起报时间为 08 时和 20 时,每 1 小时发布一次预报产品,预报时效是 48 小时,预报范围为西北区域西部(33.2°—50.1°N,69.7°—98.0°E),指导产品包括降水场预报、垂直剖面场预报、云微物理场预报和云宏观场预报共四类。

3 模式产品本地化应用

人工影响天气模式产品包括短时临近降水天气预报、云宏观、云微物理场预报产品不仅内容丰富而且预报时次密集,为人影决策指挥提供了客观化作业指导指标,在使用前要对以格点场数据存放文件,进行数据分解和本地化处理,然后针对得到的各种应用结果指导新疆人影业务工作[5]。

新疆人影业务人员利用气象台人影潜势预报产品和人影模式产品进行人影作业指导意见的编写以及人影作业小结的撰写,人影业务模式产品的应用也是对新疆人工影响天气指挥体系中预测预警功能的重要技术补充和完善,为指挥人员短时天气预警提供了有利的依据,使人影指挥决策工作更加客观化、科学化。

中国气象局人影业务模式产品新疆的本地化应用主要包括:数据分解和本地化处理、数据显示及初步的业务检验三部分工作。

3.1 数据分解和本地化处理

WRF-CAMS 人影模式产品空间分辨率为 3 km,南北方向 546 个格点,东西方向 480 个格点,通过 CMACAST 分发,降水场和垂直剖面场包含经纬向风速、温度、垂直速度、总降水量等 18 项物理量从 1000 hPa 至 200 hPa 等压面共 19 层预报结果;云微物理场产品包含云水含量、雨滴数浓度、冰晶数浓度等 18 项物理量从 1000 hPa 至 200 hPa 等压面共 19 层预报结果;云宏观场包含云顶温度、过冷积分云水含量、过冷云顶温度产品等。本文从中选取西北区域西部(33.2°—50.1°N,69.7°—98.0°E)本地区域进行数据处理分析,如图 1 和图 2 所示。

3.2 模式数据显示

在人影指挥平台下编写显示及应用软件,以图形和等值线方式直观显示各类分解及本地化处理后的预报产品,并利用降水和垂直剖面场、云微物理场、云宏观场预报产品做客观因子指导人影业务工作,表 1 为模式产品中文名称和英文简写汇总表。

cband (mm) at 20160802 09：00

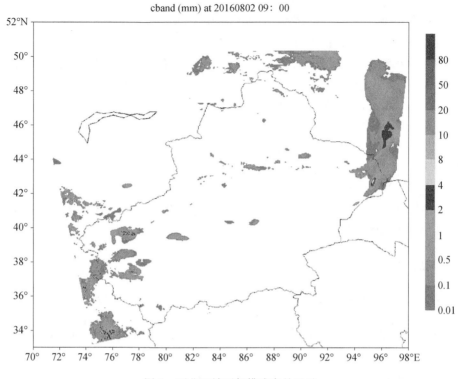

图1 西北区域西部模式产品显示

mdbz (dBz) at 20160802 09：00

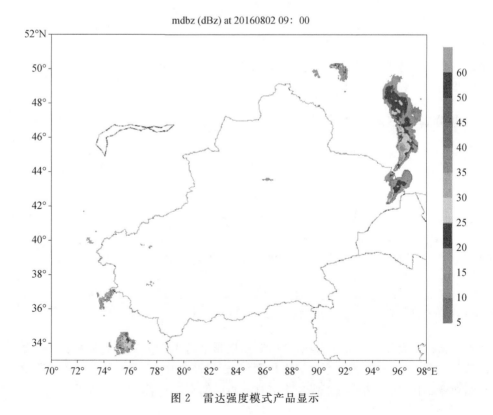

图2 雷达强度模式产品显示

表 1 模式产品中文名称和英文简写汇总表

	Cband	云带(mm)
	VIL	垂直累积液态水(mm)
	VISL	垂直累积过冷水(mm)
	Ttop	云顶温度(℃)
	Ztop	云顶高度(km)
云宏观场	Qt	总水成物场(g/kg)+风场+温度场
	ZBom	云底高度(km)
	TBom	云底温度(℃)
	dbz	反射率(dBZ)
	MD	垂直最大反射率(dBZ)
	Rh	相对湿度(%)
	Qc	云水比含水量(g/kg)
	Qr	雨水比含水量(g/kg)
	Qr	冰晶比含水量(g/kg)
	Qs	雪比含水量(g/kg)
云微观场	Qg	霰比含水量(g/kg)
	Ni	冰晶数浓度(个/m³)
	Nr	雨滴数浓度(个/m³)
	Ns	雪数浓度(个/m³)
	Ng	霰数浓度(个/m³)
垂直结构场	Qc,Ni,T	垂直剖面
	Qs+ Qg,Qr,H	垂直剖面
	Rain	逐小时降水
降水场	Rain3	3 小时降水
	Rain12	12 小时间隔降水
	Rain24	24 小时降水

3.3 初步的业务检验

2017 年 8 月 17 日 08 时至 18 日 09 时,受西西伯利亚低槽系统影响,北疆大部、天山山区、哈密、南疆西部山区、阿克苏北部、巴州部分地区等地有 248 站降雨量超过 6 mm;伊犁、博州、塔城、昌吉、乌鲁木齐、巴州北部、哈密等地有 78 站超过 12 mm;托里、温泉、昌吉市、哈密、阿克陶、和静境内 8 站超过 24 mm。最大降雨中心位于托里县哈拉盖特,降雨量为 38.3 mm(出现在 8 月 17 日 16 时至 18 日 03 时);其次是哈密农十三师黄田农场巴格达什连队,降雨量为 33.9 mm;最大小时雨强为英吉沙龙浦乡 5 村站 19.5 m,出现在 8 月 18 日 00—01 时。首府乌鲁木齐降雨量 6.0 mm。上述地区人影部门抓住有利时机,进行了多次人工增水作业,取得了较好的增水效果。从图 3 中可以看出卫星红外云图与模式产品中的云带结果较为一致,部分地区数值量级上存在偏差。模式中云宏观产品的模拟结果对于新疆的人工影响天气作业具有一定的指导意义。图4为模式产品垂直剖面场（沿43°N剖面），其底层耦合了新疆地区的地形特征，剖面图给出了冰晶比含水量、雨水比含水量和霰比含水量的具体数值大小并给出了其大值区分布区域以及云层厚度、云层高度等信息，通过这些产品特征的分析，可以看出模式产品对云团垂直有较好的指示作用，为新疆地区的人影作业指挥提供参考。

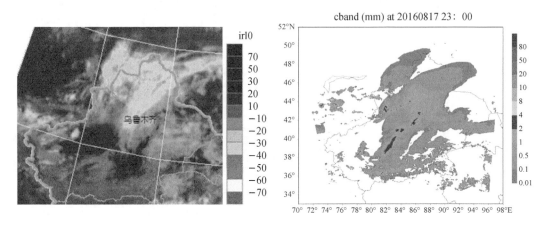

图3 2017年8月17日卫星云图与模式产品对比

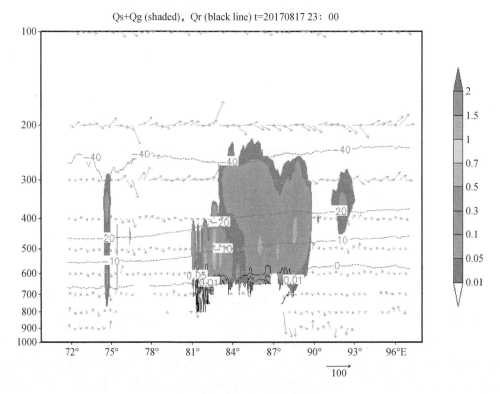

图4 模式沿43°N剖面场显示

4 结论

本文对国家级人工影响天气模式产品进行了数据分解和本地化处理，得到的各种应用结果指导新疆人影业务工作。新疆的本地化应用主要包括:数据分解和本地化处理、数据显示及初步的业务检验三部分工作。利用模式产品对 2017 年 8 月 17 日北疆层状云降水天气进行了分析。发现卫星红外云图与模式产品中的云带产品结果较为一致,对于新疆的人工影响天气作业具有一定的指导意义。模式产品的垂直剖面场底层耦合了新疆地区的地形特征,剖面图给出了冰晶比含水量、雨水比含水量和霰比含水量的具体量级并给出了其大值区分布区域以及云层厚度、云层高度等信息,通过这些产品特征的分析,为新疆地区人影作业提供参考。

参考文献

[1] 孙晶,史月琴,蔡淼,等. 南方三类云系云结构预报和增雨作业条件分析[J]. 气象,2015(11):1356-1366.

[2] 刘丽君,张瑞波,张正国. 广西人工影响天气云系模式预报效果检验[J]. 气象研究与应用,2009(4):49-51.

[3] 张正国,邹光源,马占山,等. 广西人工影响天气模式预报系统[J]. 气象研究与应用,2009(S1):3-44.

[4] 史月琴,楼小凤,陶玥,等. 人工影响天气数值模式简介及其在准业务保障中的应用[C]//第十五届全国云降水与人工影响天气科学会议,长春,2008.

[5] 李爱华,袁野,李建邦,等. 国家级人工影响天气指导产品可预报性分析[C]//第十五届全国云降水与人工影响天气科学会议,长春,2008.

内蒙古中部地区云气候学特征及降水云垂直结构特征分析

苏立娟　郑旭程　王　凯　于水燕

（内蒙古气象科学研究所，呼和浩特 010051）

摘　要　本文利用 2013 年内蒙古中部地区呼和浩特、东胜、临河、乌拉特中旗四个高空观测站的 L 波段探空秒数据，采用相对湿度阈值法，进行云垂直结构气候学特征分析以及降水云系的垂直结构分析。结果表明：呼和浩特地区平均云底高度为 2680 m，平均云顶高度为 6433 m，平均云厚为 3753 m。在全年中有 60.2% 的时间是无云天气。在有云时候，单层云约占 24.1%，多层云中以双层云居多占多层云数的 64.9%。云底高度低于 2.5 km、云层厚度在 3.5 km 以上、云顶高度高于 5.0 km 且连续无夹层是降水云系的垂直结构特征。

关键词　L 波段探空秒数据　云垂直结构　降水云

1　引言

形态各异、尺度不一的云，覆盖着全球 50% 以上的天空。云的水平分布和垂直结构特征，无论是对天气、气候还是人工影响天气都十分重要。对于天气和气候的变化，云不仅是指示器，而且是调节器。云在形成过程中释放的潜热对上升运动及云自身的发展与维持有极大的作用。一方面，云通过吸收和发射长波辐射、反射和散射短波辐射调节着地气系统的能量平衡，另一方面，云通过降水过程参与大气中的水循环，进而调节大气的温度、湿度等的分配过程。由于云能影响大气的动力和热力过程，同时能改变大气中的水循环，因此，云对天气和气候都有着重要的影响。云与辐射之间复杂的相互作用，对天气变化过程有重要的影响，对气候变化的影响更不容忽视。云和辐射的相互作用，是气候变化研究中的热点和难点。Wang[1] 等通过研究发现云的垂直结构特征对大气循环的作用比水平分布更加重要，并总结出了三个重要的云垂直结构特征参数：云顶高度、云层数以及多层云之间的夹层厚度。以往的研究对云的水平分布，云总量的关注度比较高，随着探测技术的发展和遥感反演技术的提高，近年来对云的研究重点逐步转向云宏观和微观物理特性的众多参数中，对云垂直结构的进一步理解就是重点之一。

大量的实验和观测证实，云的垂直结构能够显著地影响大气环流。不同的天气系统也具有不同的云结构特征。而降水云的垂直结构能够反映降水云团的动力和热力结构特征，以及云团中降水的微物理特征。因此获得云的垂直结构特征及其在时空上的变化对于研究全球气候变化、选择人工影响天气作业条件有着重要意义。

国内对于云垂直结构的研究多采用云雷达资料，但由于受仪器限制，不能广泛地布网，只能对单点观测。而 CloudSat 虽然能够大范围的观测，但是受其轨道限制不能对一个地方进行连续观测，而且其观测也有一定的盲区。所以需要一种能够广泛布网，而且又能对云的垂直结构能够持续探测的仪器和方法，广泛布网的无线电探空获得的对空中温湿的探测，对了解云的垂直结构很有帮助。因此，本文利用我国气象业务布网的 L 波段探空秒数据对云的气候学特征及降水云垂直结构特征进行分析。

2 仪器及数据资料介绍

本文利用我国气象业务布网的L波段探空秒数据、地面观测数据等资料。L波段高空气象探测系统是我国自行研制具有独立知识产权的高空气象探测系统之一,由GFE(L)1型二次测风雷达和GTS1型数字探空仪配合组成,能够连续自动测定高空气温、湿度、气压、风向和风速等气象要素,具有高分辨率和实时采集的能力。

L波段高空探测系统采样周期为1.2 s(因此其数据也称为探空秒数据),每分钟的采样频率约为50次,按照每分钟400 m升速率,L波段高空探测系统的空间垂直分辨率为8 m,具有高分辨率和实时采集的能力,其性能与以往探空仪相比,得到了很大的提高。它主要包括从地表到30 km高空的,气温、湿度、气压和风向风速数据。因此,可以利用L波段探空系统进行云垂直结构的分析。

本文使用了2013年内蒙古中部地区呼和浩特、东胜、临河、乌拉特中旗四个高空观测站的L波段探空秒数据,地面观测站的降水量及卫星云图等资料。

3 计算方法

目前利用探空数据分析云垂直结构应用最多也最成熟的方法主要是相对湿度阈值法[2]。1995年Wang和Rossow[1]认为当探空仪器穿过云层的时候,湿度的变化和云层的变化有很大的关系,于是Wang[1]等根据一年的地面和探空观测对云底高度范围内的相对湿度做频率统计,得到在地面人工观测云底高度范围内湿度的频率分布,发现相对湿度87%处在一个显著变化的频率上,相对湿度小于84%的只占所有个例的25%,因此,以84%~87%作为阈值判断云层,改进了Poore[3]的方法,通过对相对湿度取阈值来判断云层垂直结构。

采用相对湿度阈值法分析云垂直结构的主要算法包括:(1)换算相对湿度,气温低于0 ℃时,要按照冰面饱和水汽压去计算相对湿度,即利用实际水汽压除以冰面的饱和水汽压得到新的相对湿度(RH-ice);(2)云层中相对湿度最大值要大于87%,最小值要不小于84%;(3)在云层边界云底和云顶时相对湿度的跳变要大于3%,且在云顶有负的跳变,在云底有正的跳变。除此以外,由沿用了蔡淼[4]改进的内容,即:(4)云夹层小于300 m,并且夹层内最小相对湿度大于80%时该夹层视为云层内;(5)云层厚度小于80 m时,该层云视为湿层;(6)云底高度按照地面人工观测的高度确定。

4 研究结果

4.1 云垂直结构气候学统计分析

云在天气和气候系统中扮演着重要而复杂的角色,云的物理特性的垂直结构特征及其分布等直接影响云—辐射特性,对气候变化起着关键的作用。利用2013年1月到2013年12月的呼和浩特站的L波段探空资料,采用相对湿度阈值法,进行云垂直结构特征分析。包括,云底高度,云顶高度,云层厚度的频率分布;多层云的出现频率分布及特征分析;高中低云的特征分析;云垂直结构的季节、地域变化等。

4.1.1 云高度和云厚度特征

利用呼和浩特站 2013 年共 365 份探空样本资料,分别统计得出:平均云底高度为 2680 m,平均云顶高度为 6433 m,平均云厚为 3753 m,去除夹层的云厚为 2546 m。图 1 给出了云底高度、云顶高度和云层厚度的随月份的分布情况。可以看到:1—4 月,云底和云顶高度均较高,云厚的分布约为 2000 m 左右;5—8 月,云底普遍较低,约为 1500 m 左右,云顶高度较高,可达 8000 m 以上,云厚约为 6000 m 左右,主要由于夏季对流发展比较旺盛;9—12 月云底和云顶高度均有所升高,云厚约为 2000 m 左右。

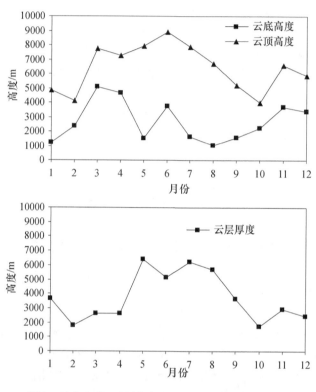

图 1 云底高度、云顶高度和云层厚度随月份的变化

4.1.2 多层云的结构特征

图 2 为多层云的分布特征,由图 2 可知,全年中呼和浩特无云时候占多数,60.2% 是无云天气;在有云时候,单层云约占 24.1%,多层云中以双层云居多占 64.9%,三层云以上(包括三层云)出现的次数较少,仅有 5.2%。单层云出现时其平均云底高度为 2714 m,云顶高度 4769 m,云厚 2364 m。从单层云到多层云厚度逐渐增加(单层 2047 m,双层 2769 m,三层 3743 m),云底降低,云顶升高。多层云出现时,高层的云厚比低层要厚,三层云的夹层比双层云厚。从多层云出现的频率随月份变化看出,4 月至 9 月,即春末至秋初多层云出现的频率较高,主要与对流天气的发展密切相关,其中 1 月、11 月和 12 月频率较高,可能与样本数较小有关。

4.1.3 高中低云的结构特征

根据云底高度和厚度的不同,将云分为以下四类:(1)低云,云底高度低于 2.5 km,云厚小于 6 km;(2)中云,云底高度为 2.5~6 km;(3)高云,云底高度高于 6 km;(4)深对流云,云底高度低于 2.5 km,云厚大于 6 km。这四类云出现的频率(图 3)分别为 42.8%,29.1%,25.9% 和 2.2%。可见从低云到中云到高云出现的频率逐渐减小,深对流云出现的次数很少仅有 2.2%。低云平均云底高度为 1156 m,且较薄仅有 1226 m,中高云比低云略厚,其中中云为 1896 m,高云为 2060 m。深对流云很厚,有 16.5 km,且云顶高,最高可达到 17210 m。

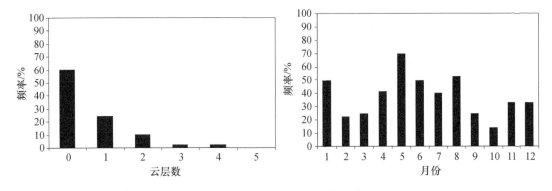

图 2　多层云的分布与特征

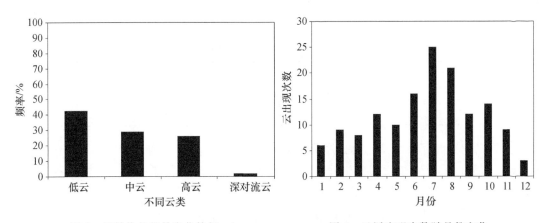

图 3　云结构的月份变化特征　　　　图 4　云层出现次数随月份变化

云结构的变化和月份有一定的关系,图 4 给出了呼和浩特云层出现次数随月份变化的情况。由图 4 可以看出,云层出现次数随月份变化较大,其中 6 月,7 月,8 月三个月出现云的次数较多,均在 15 次/月以上,7 月份更是高达 25 次。其他月份出现云层的次数则较少,特别是在冬季的 12 月份和 1 月份,云层出现次数基本在 5 次左右。可以看出呼和浩特夏季的云层发展还是非常旺盛的,但冬季相对较少。

4.2　典型降水云的垂直结构特征

降水云和非降水云具有不同的云垂直结构特征,根据人工观测时是否有降水,将内蒙古中部地区的呼和浩特、东胜、临河、乌拉特中旗 4 个站点的降水云和非降水云进行统计,得出降水云和非降水云的垂直结构特征。

4.2.1　个例的挑选

根据 2013 年 3—10 月的自动站小时雨量数据,首先将呼和浩特、东胜、临河、乌拉特中旗四站有降水的时段挑出,之后对照四站降水时段、环流形势及云图等资料,最终确定 11 次大范围的降水过程,9次小范围降水。分析四站对应时段的L波段探空秒数据,分析典型降水云系的云底高度、云顶高度、云层厚度、多层云特征等,最终给出典型降水云的垂直结构特征。

4.2.2 降水云垂直结构特征分析

利用20次过程呼和浩特、东胜、临河、乌拉特中旗四站共120个个例的L波段探空秒数据,将其分为有降水和无降水两组,分别从云底高度、云顶高度、云层厚度、多层云特征四个方面展开讨论,并且结合云状、天气现象等,揭示出降水云垂直结构。

4.2.2.1 出现降水的情况

本部分分析对象包括观测时现在天气现象中有降水的个例以及观测时前后一小时有降水的(附近降水)个例。

云底高度,表1给出了发生降水时云底高度分布情况,发生降水的个例共有47次。其中,云底高度在1.0 km以下的个例为15个,占总数的31.9%,云底高度为1.5~2.0 km的占23.4%。发生降水时,有三分之一的降水云的云底高度很低,在1.0 km以下;有三分之二的降水发生时,降水云的云底高度均在2.0 km以下;而大约80%的个例云底高度在2.5 km以下。附近有降水时云底高度基本在2.5 km以下。可见,云底高度在2.5 km以下的时候发生降水的可能性较大。

表1 发生降水时云底高度分布情况

云底高度(km)	0.0~1.0	1.1~1.5	1.6~2.0	2.1~2.5	2.6~3.0	3.1~3.5	>3.5
个例数(个)	15	5	11	6	3	5	2
百分比(%)	31.9	10.6	23.4	12.8	6.4	10.6	4.3

云厚,表2给出了发生降水时云厚分布情况,由表可见,大部分降水云的云厚在5.0 km以上,云层厚度在3.5 km以上时发生降水的概率为83.0%,而云层厚度在2 km以下时基本不会发生降水。

表2 发生降水时云厚分布情况

云层厚度(km)	0.0~2.0	2.1~3.0	3.1~3.5	3.6~4.0	4.1~5.0	>5.0
个例数(个)	1	3	4	4	5	30
百分比(%)	2	6.4	8.5	8.5	10.6	63.8

云顶高度,表3给出发生降水与观测时刻前后一小时有降水时云顶高度分布情况,大约90%的降水云云顶高度均在5.0 km以上。

表3 发生降水时云顶高度分布情况

云顶高度(km)	0.0~3.0	3.1~5.0	>5.0
个例数(个)	1	5	41
百分比(%)	2.0	10.6	87.2

多层云特征,在统计的120个个例中,有47个个例发生了降水,12个个例前后1小时内有降水,其中共有6个个例云中出现了夹层,所占比例很小(表4,表5)。具体考察夹层厚度及位置特征后发现,夹层的厚度较小,基本在1.0 km以下,夹层位置偏高,第一

层云的厚度应在 2 km 左右。因此,降水云在垂直结构上应该是连续的,没有夹层出现。如果有夹层的话,夹层厚度应在 1 km 以下,第一层云的厚度应在 2 km 左右,否则将不利于降水的产生。

表 4　发生降水时 L 波段探空秒数据所示的云垂直结构特征(有夹层)

站名	时间	云底(km)	云顶(km)	云厚(km)	夹层厚度,位置(km)	云状	现在天气
乌拉特中旗	072108	2.8	6.1	3.3	0.7,(4.5~5.2)	Cb cap	雷暴
东胜	082008	1.6	5.4	3.8	0.2,(2.6~2.8)	Scop	小雨
东胜	091620	0.0	7.6	7.6	2.1,(2.0~4.1)	Cb cap	阵雨

注:时间"072108"代表 7 月 21 日 08 时,下同。

表 5　附近降水时 L 波段探空秒数据所示的云垂直结构特征(有夹层)

站名	时间	云底(km)	云顶(km)	云厚(km)	夹层厚度,位置(km)	云状	现在天气
呼和浩特	061608	2.0	8.8	6.8	1.3,(4.0~5.3)	Cb cap	无
东胜	091708	1.6	5.5	3.9	0.8,(3.9~4.7) 0.3,(4.5~4.8)	Scop	无
东胜	091720	0.0	5.1	5.1	0.6、(0.3~0.9)	Cb cap	无

4.2.2.2　无降水的情况

云底高度(表 6),无降水发生时(共 61 个例),云底高度较高的个例为 21 个个例。无降水但云底高度在 2.5 km 以下的个例有 40 个,其中有 17 个个例有夹层,另外 23 个无夹层,17 个有夹层的个例不利于降水;23 个无夹层的个例中有 15 个个例的云厚均小于 3.6 km,产生降水概率很小;剩余的 11 个个例满足云底高度在 2.5 km 以下、云厚大于 3.5 km、无夹层的条件,但是具体考察这 11 个个例后我们发现,又有 7 个个例在其前或后两小时内有降水或有雾霾天气。因此,可以说,在 61 次无降水的个例中,只有 4 次出现云底高度在 2.5 km 以下而没有发生降水的情况(4 个例中 1 个例云顶高度 5 km 以下,其余三次为同一次天气过程)。

表 6　无降水时云底高度分布情况

云底高度(km)	0.0~1.0	1.1~1.5	1.6~2.0	2.1~2.5	2.6~3.0	3.1~3.5	>3.5
个例数(个)	17	2	10	11	10	8	3
百分比(%)	27.9	3.3	16.4	18.0	16.4	13.1	4.9

云厚(表 7),没有的发生降水的 61 个个例中,有 22 个个例云层厚度在 3.5 km 以下,占总数的 36%,其中云厚 2 km 以下的个例较多。有 64% 的个例云厚在 3.5 km 以上,但并没有发生降水,共 39 个个例。具体分析 39 个个例后,我们发现,17 个个例有夹层,降水可能性较小,剩余的 22 个个例中又有 11 个个例不满足云底高度在 2.5 km 以下的条件。对其余满足云底高度在 2.5 km 以下、云层厚度在 3.5 km 以上、无夹层这三个条件的 11 个个例进行深入分析后发现,有 4 个例在前后两小时发生降水,2 个例出现雾霾天气。因此,在 61 次无降水的个例中,只有 4 次出现云厚 3.5 km 以上而没有发生降水的情况(4 个例中 1 个例云顶高度 5 km 以下,其余三次为同一次天气过程)。

表 7　无降水时云厚分布情况

云层厚度(km)	0.0～2.0	2.1～3.0	3.1～3.5	3.6～4.0	4.1～5.0	＞5.0
个例数(个)	11	7	4	6	3	30
百分比(%)	18.0	11.5	6.6	9.8	4.9	49

云顶高度(表 8)，无降水时有大约三分之一的个例云顶高度较低，40 个个例满足云顶高度在 5 km 以上但没有发生降水。除去 37 个云底高度和云厚不满足条件、前后两小时发生降水或出现雾霾天气的个例外，只有 3 个个例云顶高度在 5 km 以上没有产生降水，而这三个个例均为同一次天气过程。

表 8　无降水时云顶高度分布情况

云顶高度(km)	0.0～3.0	3.1～5.0	＞5.0
个例数(个)	7	14	40

多层云特征，表 9 给出了无降水时 L 波段探空秒数据所示的云垂直结构特征，61 个无降水个例中有 22 次出现夹层。22 个个例中多数均为云底较低、云层较厚、云顶较高，可见，没有产生降水的主要是因为站点上空云的部分不连续、出现了夹层。对比有降水时的多层云特征后的发现，发生降水时如果上空云中出现的夹层，其厚度较小，在 1 km 以内，第一层云的厚度在 2 km 左右。而表 9 中的夹层厚度明显偏大，第一层云的厚度在 1 km 以下。

表 9　无降水时 L 波段探空秒数据所示的云垂直结构特征(有夹层,22 个)

站名	时间	云底(km)	云顶(km)	云厚(km)	夹层厚度,位置(km)	云状	现在天气
东胜	050820	0.0	6.1	6.1	1.5,(0.5～2.0)	Cb cap	无
临河	070108	0.1	11.5	11.4	1.9,(1.0～2.9)	Cb cap	雾
东胜	060820	0.6	9.5	8.9	0.9,(1.4～2.3)	—	无
乌拉特中旗	061620	0.7	4.5	3.8	0.6,(2.2～2.8)	Sc	无
呼和浩特	061508	0.7	3.9	3.2	0.3,(2.7～3.0)	—	无
临河	071420	1.1	6.3	5.2	1.0,(1.7～2.7)	Cb cap	无
乌拉特中旗	071508	1.2	3.8	2.6	0.2,(1.7～1.9)	Sc	无
临河	091720	1.8	4.6	2.8	0.5,(3.4～3.9)	Cb cap	无
临河	050708	1.9	4.0	2.1	0.2,(2.6～2.8)	Ac tra	无
临河	062014	1.9	5.5	3.6	0.4,(2.1～2.5)	Sc tra	无
临河	082708	2.0	7.8	5.8	0.5,(2.3～2.8); 0.6,(3.3～3.9)	Sc tra	雾
呼和浩特	061520	2.0	8.8	6.8	1.3,(3.9～5.2)	Cb cap	无
临河	081920	2.1	9.5	7.4	0.9,(3.0～3.9)	Cb cap	无
呼和浩特	050720	2.2	3.9	1.7	0.7,(2.7～3.4)	—	无
呼和浩特	051608	2.2	11.9	9.7	3.0,(3.4～6.4)	Cu hum	无
呼和浩特	080720	2.2	10.9	8.7	0.7,(2.7～3.4)	Cb cap	无
东胜	070914	2.5	7.6	5.2	1.0,(4.7～5.7)	Cb cap	无

续表

站名	时间	云底(km)	云顶(km)	云厚(km)	夹层厚度,位置(km)	云状	现在天气
呼和浩特	082720	2.8	9.1	6.3	1.0,(3.9~4.9)	—	无
乌拉特中旗	050820	2.9	10.9	8.0	1.6,(3.7~5.3)	Cb cap	无
乌拉特中旗	061520	2.9	10.9	8.0	1.7,(3.7~5.4)	—	无
临河	050820	3.0	12.2	9.2	1.5,(4.0~5.5)	Sc tra	无
临河	050720	3.3	6.0	2.7	0.5,(6.5~7.0)	—	无

注:"—"代表缺测,下同。

4.3 典型降水个例分析

选取 2013 年 5 月 15—16 日个例进行分析(表 10),临河站从 5 月 15 日 16 时开始到 5 月 16 日 11 时出现降水,降水持续 20 个小时,总降雨量 12.5 mm。5 月 15 日 08 时,云底高度为 3.7 km,云顶高度 11.0 km,云层厚 6.3 km,地面观测为高层云,云层的发展较好,但云底较高,没有产生降水。随着系统的发展,16 时降水开始,到 20 时时,云底高度为 1.9 km,云顶高度 7.5 km,云层厚 5.6 km,出现小雨天气。云层继续发展到 16 日 08 时,云基本接地,降水量明显增加。

表 10 临河市 L 波段探空秒数据所示的云垂直结构特征

时间	云底(km)	云顶(km)	云厚(km)	夹层厚度、位置(km)	云状	现在天气
051508	3.7	11.0	6.3	无夹层	—	无
051520	1.9	7.5	5.6	无夹层	Scop	小雨
051608	0.0	6.1	6.1	无夹层	Scop	小雨

由此个例进一步验证了当云底高度在 2.5 km 以下、云厚在 3.5 km 以上,云顶高度在 5.0 km 以上,且在垂直结构上是连续没有夹层出现的时候,该云层为降水云系,能够产生降水。

5 结论与讨论

(1)呼和浩特地区平均云底高度为 2680 m,平均云顶高度为 6433 m,平均云厚为 3753 m。在全年中有 60.2% 的时间是无云天气。在有云时候,单层云约占 24.1%,多层云中以双层云居多占多层云数的 64.9%。云垂直结构特征存在季节变化的规律,云底高度随季节变化不大,而云顶高度在夏天达到最高,到冬天云顶较低,云厚较薄。夏季有云的时候多,且以多层云为主,冬季无云时候多;夏季低云多,高云多,而冬季高云多,低云少。

(2)降水云的垂直结构特征表现为,大约 80% 的降水云云底高度在 2.5 km 以下;大部分降水云的云厚在 5.0 km 以上,云层厚度在 3.5 km 以上时发生降水的概率为 83.0%,而云层厚度在 2 km 以下时基本不会发生降水;降水云云顶高度大部分均在 5.0 km 以上;降水云在垂直结构上应该是连续的,没有夹层出现,如果有夹层的话,夹层厚度应在 1 km 以下,第一层云的厚度应在 2 km 左右,否则将不利于降水的产生。因此,云底高度 2.5 km 以下、云层厚度在 3.5 km 以上、云顶高度在 5.0 km 以上且连续无夹层是降水的云系的垂直结构特征。

参考文献

[1] WANG Jun hong,Rossow W B. Deteminnation of cloud vertical structure from upper air observations[J]. J

Appl Meteor,1995(34):2243-2258.

[2] 周毓荃,欧建军. 利用探空数据分析云垂直结构的方法及其应用研究[J]. 气象,2010,36(11):50-58.

[3] Poore K D. Cloud base top and thickness climatology from RAOB and surface data[C]. Cloud Impacts on DOD Operations and Systems,1991.

[4] 蔡淼,欧建军,周毓荃,等. L 波段探空判别云区方法的研究[J]. 大气科学,2014,38(2):213-222.

[5] 尚博,周毓荃,刘建朝,黄毅梅. 基于 Cloudsat 的降水云和非降水云垂直特征[J]. 应用气象学报,2012,23(1):1-9.

[6] 李伟,李峰,赵志强,等. L 波段气象探测系统建设技术评估报告[M]. 北京:气象出版社,2009.

[7] 李积明,黄建平,衣育红,等. 利用星载激光雷达资料研究东亚地区云垂直分布的统计特征[J]. 大气科学,2009,33(4):698-707.

[8] 彭杰,张华,沈新勇. 东亚地区云垂直结构的 CloudSat 卫星观测研究[J]. 大气科学,2013,37(1):92-99.

第二部分　人工增雨及防雹研究

陕西省增雨作业天气下的天气分型及模型概念

吴宇华　田　显　董文乾

(陕西省人工影响天气办公室,西安 710015)

摘　要　人工增雨作业是在一定的天气形势、气候背景、农业及经济作物重要时段及其他特殊需求条件下进行指挥决策的,它不仅仅是有降水天气形势存在,还要有需求存在的因素,有目的性地进行局部区域的增雨作业,满足实际需求。本文针对近几年的陕西人影作业条件下的天气进行了分型总结,对作业后的降水落区配合进行了分析,为人工增雨指挥作业提供了技术支撑。

关键词　增雨作业　天气分型　概念模型

1　引言

人工增雨作业指标体系是对增雨作业特征进行统计,得到定性化的参数,目的在于识别增雨作业前提条件。由于作业云系具有多尺度结构特征,应在天气分型和概念模型的基础上,从天气结构、中尺度结构、云宏微观结构等方面建立不同云系的增雨作业综合指标体系人影作业概念模型是以天气分型为基础,对各类有利于增雨作业的天气系统、云结构、作业区、作业方法的归纳和提炼。概念模型的建立有利于形成较清晰的人影作业规律性认识和指挥思路,有助于提前制定人影作业方案。本文主要从天气分型的基础上总结本地增雨作业前的天气形势场,建立陕西人影适宜增雨作业的概念模型。

2　人影作业日期对应的天气过程情况

选取 2014—2017 年陕西地面人影作业市县在 4 个作业点以上作业,或有飞机作业参与的日期对应日为一次增雨作业日,各年作业如表 1 所示。

表 1　2014—2017 年陕西地面人影作业日期

月份	2014 年增雨作业日期	2015 年增雨作业日期	2016 年增雨作业日期	2017 年增雨作业日期
1	6,7	27,28,30	12,20,31	6
2	4,5,6,8,9,12,16,17,28	19,20,27	12,21	6,7,21
3	3,5,7,27,30	4,17,18,19,24,25	9,22,24	12,13,19,20,22,23,24,30
4	9,11,16,18	1,18,19	6,15,27,29	3,8,9,10,16,26
5	9,23	1,10,14	5,7,13,14,22	22
6	13,24,27	23	23	5
7	9,10		14	5,6,29
8	8,12,30	2,3,11,12,	25,26	6,7,8,18
9	1,7,9	3,8,9,10,16,22,30	6,13,15,18,19	

续表

月份	2014 年增雨作业日期	2015 年增雨作业日期	2016 年增雨作业日期	2017 年增雨作业日期
10	28,31	13,23,24,25,26,31	5,6,7,9,14,24,27	
11	14,22,23,24	5,6,7,23	6,22,23	
12	19	12,13		

根据增雨作业日期的分布特点可以看出:春季3—5月为一个作业时间段,其中4月份几次过程以防雹为主,但降雹为局地性,增雨效果明显;6—8月属于在有对流云影响条件下,寻求稳定时段的增雨作业期,大范围强系统性的作业可能性较小,以对局地云团增雨作业为主;9—11月为秋季增雨作业主要时段,影响系统稳定维持、移速缓慢,常常出现连续性降雨日,需要进行连续日的人影大规模飞机和地面共同作业;12月至翌年2月为冬季作业时段,出现的可作业过程较少,作业次数也相对较少。

按这种统计情况存在着有比较强的降水过程但土壤墒情较好或在农业收获时期不能进行增雨时段,用降水日分析可能存在遗漏日数,但作业样本数也能代表对天气模型的统计分析。

陕西人影降水天气系统分型标准:现根据陕西省多年当地预报人员总结的降水分析加之陕西人影作业规模布局分析总结了适宜陕西人影增雨的天气模型。对于降水天气个例的总结在于陕西区域内适宜参与作业的站点在2个县以上,或区域性作业区在4个站点以上,作业降水量基本可达3 mm 以上的天气过程。

3 陕西人工增雨作业天气分型及典型个例

人工增雨作业从效果上可以分为局地人影作业和较大范围的联防作业。局地作业是较小范围的个别县单点或几个作业点参与的作业,适宜于对局地小尺度的作业云系开展作业,不具备建立概念模型;而区域性的联防作业能有效地增加作业的效果,具有明显的效益,一般有较明显的系统影响。利用陕西三年逐日降水资料,在统计降水量的年变化及季节变化特征的基础上,结合降水天气过程发生当天的 08 时 500 hPa 形势场,要素值综合考虑西北地区高空环流形势、高空和地面影响系统、冷空气路径和强度等天气条件,对全年影响陕西地区降水天气系统进行了分型。

陕西省人工增雨作业主要集中在春、秋季节,(3—5月、9—11月),但陕西位于我国西北地区,属于温带半湿润季风区,雨水不够充沛,人影作业的宗旨是"一年四季不放松",应积极抓住每次过程开展有利地区的人工增雨作业,着力改善气候环境。

对 2014—2017 年陕西省春、秋季节人影作业天气进行统计,近 4 年一共有 145 个较明显的降水天气过程,连续多日的降水作业过程按照一个过程进行分析,作业日数在 80 天以上了。近 4 年影响陕西春、秋季节的降水天气的主要影响系统,中高空有西风槽、低涡、切变线(横切变、竖切变),地面有冷锋。冬、夏季节间断性地进行作业,以增雨为目的的作业次数较少。

每一次降水天气过程都是在一定的环流形势背景下产生的,在这些不同环流背景条件下,有冷暖空气在陕西省上空交汇产生降水,按 500 hPa 环流在本省上空的主要影响情况进行分类归纳出以下几种影响系统。

3.1 暖脊东移类

过程前期青藏高原中部到河西一带有一个明显的暖脊或长波脊东移,到降水过程开始前河套以东华北地区出现明显暖高脊,形成"东高西低"形势(图1)。从河西或高原上有低槽东移出来,槽前脊后从青藏高原东部到陕西建立一支西南气流,在西南气流下面,有利于中、低层低值系统(低涡、切变)发展东移,配合地面上新疆有冷空气东南下,影响陕西带来一次明显降水过程(图2,图3)。此类型主要集中在3月、4月、5月,数量占比为45%。

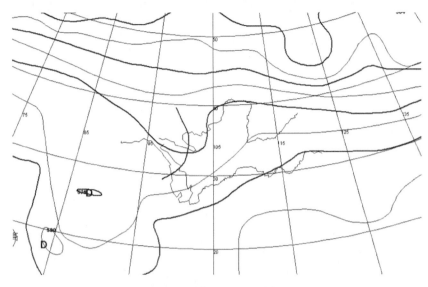

图1 暖脊东移类形势场

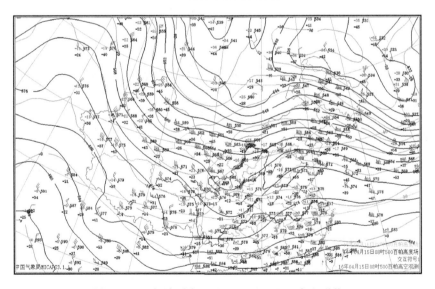

图2 2016年陕西省4月15日500 hPa高空形势

3.2 平直西风气流类

在亚洲中纬度地区为比较平直的西风气流控制(图4),从河西或青藏高原有小波动或短波槽快速东移,同时高原有西南风发展,配合中低层的偏南气流及地面上蒙古国扩散南下或华北回流冷空气,影响陕西造成部分地方出现降水天气(图5,图6)。此类型主要集中在11月、12月、1月、2月,数量占比为36%。

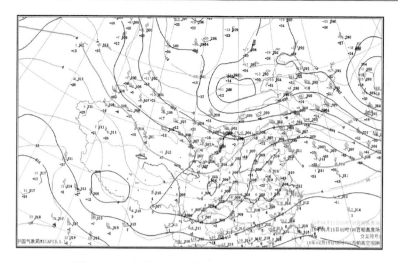

图 3　2016 年陕西省 4 月 15 日 700 hPa 高空形势

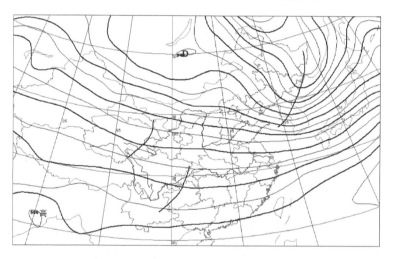

图 4　平直西风气流类形势场

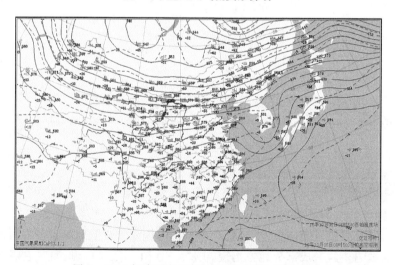

图 5　2016 年陕西省 10 月 5 日 500 hPa 高空形势

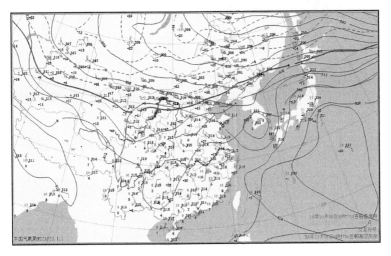

图 6　2016 年陕西省 10 月 5 日 700 hPa 高空形势

3.3　西北气流类

中纬度从沿海到我国新疆为一致的西北气流(图 7),只是在青藏高原南部有弱的西南风发展,40°N 从河套到华北地区有一明显锋区,冷空气从北路或东北路入侵陕西省,由于低层 700 hPa 增温增湿明显,造成上冷下暖的不稳定层结,在陕西省部分地区产生降水(图 8,图 9)。此类型主要集中在 6 月、7 月,数量占比为 8%。

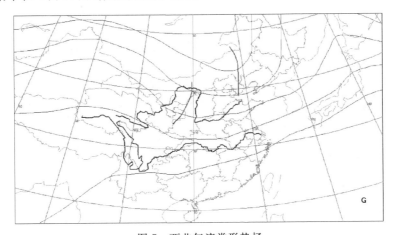

图 7　西北气流类形势场

3.4　副热带高压类

在 8 月至 10 月上旬副热带高压仍相当活跃,有时 588(dagpm)线的脊线到达 25°N 以北(图 10),新疆和青藏高原为长波槽控制,由于副热带高压的存在,使西北方来的冷空气南下受阻,分股东移,锋区维持在副热带高压北部边缘,陕西省处于副热带高压外围的西南气流中,新疆北部、河西走廊等地是西风带冷槽影响区,常引导地面冷空气东移,到陕西省与副热带高压外围的暖湿气流相遇,形成陕西省大范围连续性降水(图 11,图 12)。此类型主要集中在 8—10 月,数量占比为 11%。

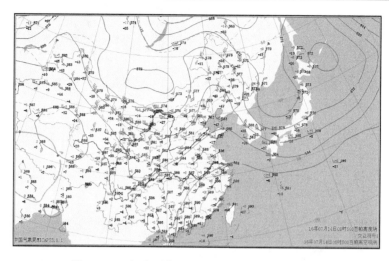

图 8   2016 年陕西省 7 月 14 日 500 hPa 高空形势

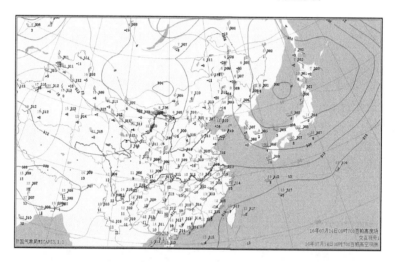

图 9   2016 年陕西省 7 月 14 日 700 hPa 高空形势

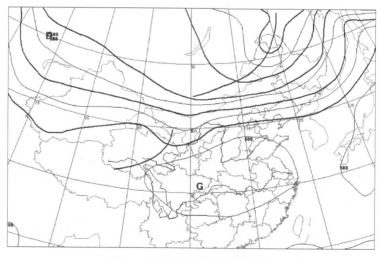

图 10   副热带高压类形势场模型

此类型降水时间较长,往往是秋季连阴雨形势。降水区通常位于副高外围,580—588(dagpm)线之间,明显降水区位于584(dagpm)线附近。此类降水配置500 hPa上偏东存在副热带高压、偏西有高原低值系统移动,700 hPa上存在低涡切变或横切变等配合,降水区域明显、持续时间较长。

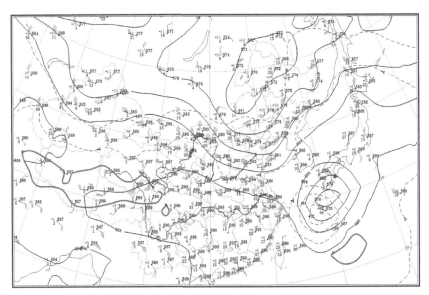

图 11　2017 年陕西省 8 月 6 日 500 和 hPa 高空形势

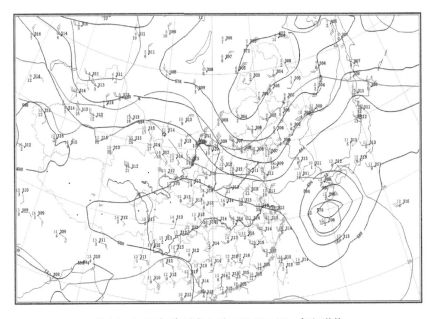

图 12　2017 年陕西省 8 月 6 日 700 hPa 高空形势

4　典型降水天气模型配置分析

针对陕西气候特点,人影增雨作业的主要天气形势背景为冬春季降水形势场配置模型和秋季降水形势场配置模型。

4.1　冬春季暖脊东移类

高空 500 hPa 形势场为暖脊东移类型，槽前脊后从青藏高原东部到陕西建立一支西南气流，在西南气流下面，有利于中、低层低值系统（低涡、切变）发展东移，配合地面上新疆有冷空气东南下，影响陕西带来一次明显降水过程。

低空形势多有低层切变的配合，多存在以下几种。

（1）700 hPa 竖切变时，此配置，降水区范围较大且雨量较大（≥5 mm），500 hPa 低槽与 700 hPa 切变相距不足两个经距，降水落区位于切变线正前方（图 13）。

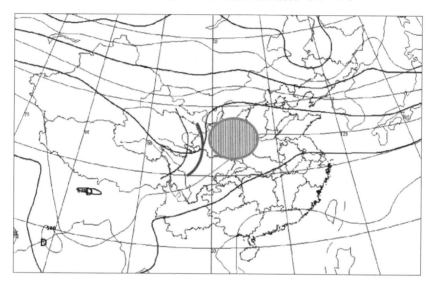

图 13　竖切变形势场降水落区示意图

（2）当 700 hPa 为低涡时，降水落区位于低涡附近或略偏前；当 700 hPa 为横切变时，雨区位于横切变两侧或者覆盖在两切变线略偏南区域（图 14）。

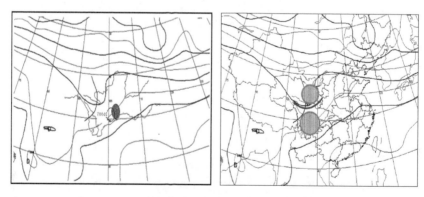

图 14　横切变形势场降水落区示意图

4.2　平直西风气流类

此类降水多发生在春冬季，高空 500 hPa 为平直西风气流上多短波槽移动，在 700 hPa 上有竖切变存在,且 500 hPa 短波槽与 700 hPa 竖切变相距 2～3 经距。由于短波槽移动速度较快,降水持续时间不长,一般为 12 小时左右,大范围降水较少,多为区域降水。降水区多在 500 hPa 短波槽前,700 hPa 竖切变附近或略偏前区域(图 15)。

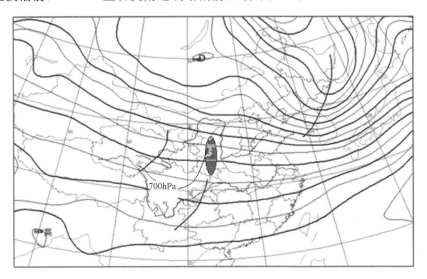

图 15　平直西风类切变线形势场降水落区示意图

5　总结

(1)陕西省人工增雨作业主要在集中在冬后期及春、秋季节,(2—5 月、9—11 月),对此季节的典型个例分析总结具有概况性;

(2)陕西冬春季降水主要以低槽影响系统为主,配合在东部有脊区存在、低层有闭合或不闭合的风场环流区或地面冷空气的回流形成;

(3)连续性降水的存在是非常有利于人影增雨作业的天气形势场,多出现在季节转化调整时段偏后的一段时期,在稳定影响系统的天气形势下发生;

(4)模型场是对典型个例的提炼,有助于归纳总结,但对一些特征不明显的天气过程会有遗漏,分析时还要结合气候背景、天气形势、地形特点等进行综合分析。

(5)由于对个例的分析总结是增雨作业时段,与暴雨或大暴雨的降水形势还是有点区别,产生暴雨的形势场时不再需要进行人工增雨作业。

(6)人工增雨作业是增加局部地区降水的有效手段,除了天气形势场的影响,在区域范围内丰富的过冷水也是开展人工增雨作业的必要条件。选择降水云团临近作业区域附近且在水汽辐合区集中作业,配合一定的作业量,增雨效果会更为明显。

参考文献

[1] 杜继稳,侯明全,梁生俊,等 . 陕西省短期天气预报[M]. 北京:气象出版社,2007:55-63.
[2] 钟小英 . 飞机人工增雨作业效果分析[J]. 气象研究与应用,2010,31(2):91-93.

一次 WR 型火箭增雨的作业实例分析

韩　通　邵清军

(甘肃省白银市气象局，白银 730900)

摘　要　2009 年甘肃省会宁县出现了近 50 年来最严重的干旱，不但农作物受灾严重，而且发生大面积人畜饮水困难，有些农民举家弃田外出，干旱的延续和扩大开始影响到当地的社会稳定。县委、县政府要求气象部门实施人工增雨，保农业，保稳定。作业前期通过对中央气象台预报产品的跟踪分析，初步确定了大致的作业时段。临近增雨作业前利用卫星云图、雷达图、单站要素和作业区现场天气实况进行综合判断，在多重条件均有利的情况下实施了人工增雨作业。此次人工增雨作业是在层状云和局地的对流云叠加的基础上进行的，作业云体范围大，作业时间充裕，作业用弹量充足，作业影响区降水量增大效果明显，解除了当地严重的干旱。由于前期极度干旱，政府和民众对这次人工增雨有相当高的期盼值，实行人工增雨之后出现了较大降水，使当地政府和民众对人工增雨有了相当程度的认可，增雨的社会效益明显。

关键词　WR 火箭　增雨　作业　分析

1　引言

近年来我国人工影响天气工作者作了大量的理论研究[1-5]，为及时、科学地进行人工影响天气作业提供了一定的保证。很多成功的人工增雨实例表明人工增雨能增加有效降水[6-9]，对缓解干旱有极大的作用。

甘肃省会宁县位于甘肃中部黄土高原丘陵沟壑区，降水稀少，沟壑纵横，地形破碎，植被覆盖度低，过度垦殖导致水土流失相当严重，水土流失严重，农业生产水平低而不稳，由于土地轮荒种植，垦殖指数高，长期的粗放经营，农业经济结构单一，农业生产异常低下，农村普遍异常贫困。干旱是会宁的主要自然灾害之一，2009 年 1—6 月会宁各地降水量偏少 15%～48%，出现了近 50 年来最严重的干旱。从 6 月中旬到 7 月上旬干旱快速发展，灾情迅速扩大，不但农作物受灾严重，而且由于农村发生大面积人畜饮水困难，缺水致使部分农民开始宰杀牲畜，有些农民举家弃田外出，干旱的延续和扩大开始影响到社会稳定。实施人工增雨，抗旱保农业、保稳定，势在必行，县委、县政府要求气象部门择机实施人工增雨。

2　作业时间的确定和作业准备

7 月中旬初对中央气象台等多家预报产品的跟踪分析表明：7 月 15—17 日天气形势逐渐调整，西北区东部区域呈有利降水的形势，会宁将会有一次明显的降水天气过程。初步选定在 15—17 日期间进行人工增雨作业，并制定了详细的实施方案。7 月 15 日增雨作业的人员和设备在会宁完成集结，随时待命准备，一旦具备增雨作业的天气条件立即进行增雨作业。

7 月 16 日 08—12 时卫星云图实况显示：作业区域上游的河西地区有系统性云层，青藏高原东部也有系统性云层发展。考虑到午后对流作用，云层到达增雨作业区后会有加强。云带在 15 时以后会接近会宁,云带移过作业区上空的时间为 5~8 h。对天气系统的移动发展进行外推,并结合单站压、温、湿等要素演变综合判定:当天下午到夜间会宁的天气条件将有利于人工增雨作业。预定的作业时间为 16 日 17—23 时,作业时间相当充分。7 月 16 日 15 时作业组成员在作业地点完成集结,进行现场云天观测,等待最佳作业时机的到来。

3 形势场分析和预报

中旬初中央气象台的形势场预报产品表明:自 7 月 15 日起,500 hPa 高度上高原上偏西南暖湿气流向北输送加强,新疆以西为较深的低压区,冷空气势力较强,冷空气伴随新疆槽东移南压,700 hPa 及地面配合有对应槽区和地面冷锋。天气形势的调整显示:15—17 日西北区东部区域呈有利降水的形势。

从中央气象台 11 日 20 时的 15 日 08 时—17 日 08 时的 500 hPa 高度场预报图和 15 日 08 时—17 日 08 时 500 hPa 高度场的实况分析图可以看出:15—17 日 500 hPa 高度场有高空槽从作业上游地区及作业区移过,高度场预报和高度场实况分析比较接近,证明旬初初步选定的增雨时段是基本合适的。

4 雷达回波演变分析

兰州雷达站的雷达回波演变图(图 1)显示:7 月 16 日 17 时之前会宁上空基本为晴空区,会宁北部的景泰、白银、靖远等县、区依次出现回波带。雷达回波呈发展、增强的趋势,并向南移动逐渐接近会宁。17 时会宁北部出现强度为 30~35 dBZ 回波带,18 时后回波带到达增雨区上空,强度仍为 30~35 dBZ,19—21 时云层逐渐覆盖会宁境内,30 dBZ 强度以上的回波区增多。到 22 时作业影响区域上空云层很快消退、出现大片晴空区,但周边仍为大片云区,说明作业影响区域内有更多的云滴转化为降水下降。22 时之后会宁境内云区的回波强度在 20 dBZ 以下,云层呈明显的消退趋势,降水也逐渐停止。

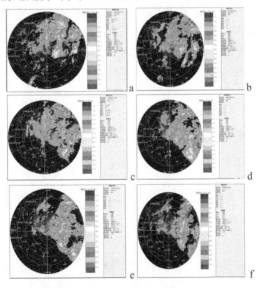

图 1 兰州雷达站的雷达回波演变图

(a—f 分别为兰州雷达站 17:00,18:01,19:14,20:49,21:54,22:13 雷达回波图)

5 增雨作业实况

5.1 作业装备、方案和地点

此次作业采用的发射装置是车载 WR 型移动火箭发射架，催化弹药是 WR 型碘化银烟剂火箭弹。WR 型火箭点火升空 5 秒后，火箭弹上的延时机构启动催化剂播撒装置，火箭弹沿飞行轨道连续播撒催化剂，并随气流扩散，形成催化带。WR 型火箭发射架的特点是射程远（最大射程 8 km），WR 型碘化银烟剂火箭弹有成核率高（在-10 ℃和-20 ℃时碘化银的成核率分别约为 $10^{10} \sim 10^{12} \mathrm{g}^{-1}$ 和 $10^{16} \mathrm{g}^{-1}$）、核化速度快（5 min）、播撒路径长（5 km）等特点。作业装备组成为：车载 WR 型移动火箭 2 架，指挥车 1 辆，弹药车 1 辆，现场安保车 1 辆。预定的作业用弹量为 80 枚，在作业点附近用 2 架车载 WR 型移动火箭架发射。地点选择在会师镇和甘沟镇，进行流动作业。

5.2 作业过程

7 月 16 日 17 时 20 分云带前端移至作业区上空。到 18 时云层开始明显加厚，云底开始扰动，云层对流特征比较明显，地面风速加大。根据实时资料综合研判：云体符合作业条件，作业时机成熟。作业组开始申请作业空域，从 18:18 开始作业，用车载 WR 型移动火箭对作业云层进行轮番射击，射击方位角为：0°—360°（正北为 0°），射击仰角为：45°—60°。从 18:18 到 22:03 实际作业时间跨度达 4 小时 45 分钟，共进行了 15 轮集中射击，实际总用弹量为 80 发。

6 作业结果和效益估算

6.1 作业结果

第一轮射击作业结束后不久，作业点便开始有零星雨滴降至地面。在作业最集中的 19 时到 21 时基本都会出现每轮作业射击之后降水明显增大的现象。接近 22 时作业点降水开始逐渐减小，22:03 最后一轮作业射击结束，23 时降水基本结束。按照火箭射程计算：射程覆盖的范围是作业点为中心的约 8 km 为半径的圆，面积约为 200 km²。若考虑增雨弹播撒时播撒路径（5 km），则影响区域大致是以作业点为中心的约 13 km 为半径的圆形，面积约为 530 km²。由于本次作业时间长，用弹量大，若考虑作业时车载火箭架的移动和播撒后高空风的扩散影响，增雨作业实际影响区的面积应该更大。

6.2 效益估算

从作业开始到降水结束各雨量点降水量记录如表 1。若考虑作业时车载火箭架的移动和播撒后高空风的扩散影响，作业影响区涵盖了太平、会宁、八里和甘沟雨量点，作业影响区区域平均降水量为 25.4 mm；作业影响区以外平均降水量为 12.3 mm。和作业影响区以外比较，本次增雨作业使作业影响区范围内降水量增加 12.1 mm；本次增雨作业，作业影响区内的平均降水量接近作业影响区以外平均降水量的 2 倍。此次增雨彻底解决了增雨区域内群众的生产生活用水，解除了干旱影响。由此可见，本次作业的增雨效果是十分显著的。

表 1 2009-7-16 会宁 WR 火箭增雨作业各乡镇雨量点降水量(单位:mm)

作业影响区雨量点				作业影响区以外雨量点							
太平	会宁	八里	甘沟	党岘	大沟	汉岔	土门	头寨	郭城	刘寨	土高
16.3	13.4	13.0	58.7	13.0	10.8	21.8	11.0	14.2	14.4	5.0	8.4
平均降水量:25.4				平均降水量:12.3							

7 小结

(1)人工增雨作业要在有利的天气背景下进行,要认真分析天气形势,捕捉主要天气系统特点,初步确定作业区域和作业的大致时间。在临近增雨作业前要综合利用卫星云图、雷达图、单站要素和作业区现场实况进行综合判断,把握作业时机,在多重条件均有利时实施人工增雨作业比较合适。

(2)此次人工增雨作业是一次系统性比较均匀的层状云和局地的对流性云叠加的基础上进行的,作业云体范围大,作业时间充裕,作业用弹量充足,使作业影响区降水量增大效果十分明显。

(3)由于条件所限没有进行相应的云中物理观测和严格的增雨检验。但 19—21 时雷达观测显示 30 dBZ 强度以上的回波区增多和每轮作业射击之后伴随的降水明显增大现象,与层状云催化后较强回波区范围扩大和累计降水量增大的研究结论[10-12]相吻合。

(4)由于前期极度干旱,民众有一定的恐慌情绪,省、市相关单位对此次人工增雨高度重视,作业之前制定了比较周密的作业方案。政府和民众对这次人工增雨过程有相当高的期盼值。实行人工增雨之后出现较大降水,使当地政府和民众对人工增雨有了相当程度的认可,人工增雨作业的社会效益明显。干旱雨养区人工增雨作业的社会效益,有待更多的作业实例进一步的研究总结和评估。

参考文献

[1] 张连云,冯桂利.降水性层状云的微物理特征及人工增雨催化条件的研究[J].气象,1997,23(5):3-7.

[2] 王以琳,刘文.冷云人工增雨催化区的探空判据[J].气象学报,2002,60(1):116-121.

[3] 李永振,李茂伦,李薇,等.北方降水性层状云人工增雨潜力区的逐步判别研究[J].应用气象学报,2003,14(4):430.

[4] 连志鸾,邢开成.层状云人工增雨宏观判据在 MICAPS 平台上的演示与应用[J].气象科技,2005,33(5):445-500.

[5] 万蓉,郑国光,王斌,等.利用多普勒雷达速度资料检验三维中小尺度模式流场[J].气象,2009,35(1):3-8.

[6] 翟菁,黄勇,胡雯,等.一次积层混合云降水过程增雨条件分析[J].气象,2010,36(11):59-67.

[7] 王以琳,魏建苏.一次火箭人工增雨分析[J].气象科学,2009,29(2):260-265.

[8] 杨梅,许彬,经爱凤,等.一次人工增雨作业云回波个例分析[J].江西气象科技,2001,24(4):24-27.

[9] 张丽娟,李秀琳,刘瑜,等.渭南市高炮火箭人工增雨作业分析[J].陕西气象,2006,(2):24-26.

[10] 黄玉霞,王宝鉴,王锡稳,等."8·28"过程的多普勒雷达回波与水汽输送特征分析[J].干旱气象,2004,22(3):49-54.

[11] 渠永兴.甘肃省冰雹云研究综述[J].干旱气象,2004,22(1):80-85.

[12] 渠永兴,滕水昌,蔡元成,等.火箭人工增雨作业的个例分析[J].干旱气象,2006,24(2):33-38.

基于新一代天气雷达的宁夏人工防雹指标研究

田 磊 瞿 涛 常倬林 穆建华 曹 宁 孙艳桥

(1. 中国气象局旱区特色农业气象灾害监测预警与风险管理重点实验室,银川 750002;

2. 宁夏气象防灾减灾重点实验室,银川 750002;)

摘 要 本文利用宁夏 2014—2016 年典型冰雹个例的新一代天气雷达资料,对比分析了冰雹发生前后雷达回波各特征参量的变化特征,结果发现,在冰雹云生命期内,雷达回波各特征参量(基本反射率、组合反射率、液态水含量、回波顶高等)随时间均有比较明显的变化,在冰雹发展及酝酿期内的变化尤为明显;通过总结雷达回波各特征参量的变化特征,并结合人工影响天气指挥经验,初步总结制定了基于银川、固原雷达回波各特征参量的人工防雹指标,以帮助人工影响天气指挥人员及时做出防雹预警,有效把握防雹作业时机,提高人工防雹效率。

关键词 指标 基本反射率 液态水含量 回波顶高

1 引言

宁夏地处我国湿润气候区与干旱气候区的过渡带,是世界上对气候变化敏感性较强的地区之一。特殊的地理环境和气候条件,使宁夏经常受到气象灾害的侵袭,造就了宁夏"无灾不成年"的气候现状。在宁夏众多气象灾害中,冰雹造成的影响及损失仅次于干旱,对宁夏农业生产和人民生活造成极大危害,一次严重的冰雹天气过程可能造成农作物绝产、绝收。人工防雹是减少和减轻冰雹灾害的有效手段,宁夏在 20 世纪 60 年代初就开始开展有组织的人工防雹工作,经过几十年的发展人工防雹的作业手段不断完善、作业规模不断扩大,为我区农业生产提供了有力保障。

冰雹天气具有较强的随机性、突发性,发生、发展快,持续时间短等特点。在人工防雹作业中,留给指挥人员及作业人员的预判、指挥、作业准备时间很短,把握最佳的防雹作业时机困难很大。对于冰雹云,如能早期识别,在大冰雹尚未形成前作业,可达到事半功倍的效果。

近年来,随着新一代天气雷达技术的迅速发展,对降雹机制和人工防雹新技术理论研究均取得了许多新的进展[1-3],为各地科学开展人工防雹作业提供了更好的基础和依据。我国人工影响天气工作者在冰雹云预判、识别方面做了大量工作,一些省(区、市)得出了本区域内的判别指标,并以此作为是否进行防雹作业的依据。张素芬等[4]利用河南省数字化天气雷达统计了 40 次冰雹云回波强度,降雹时回波强度均≥40 dBZ 最大的可达 60 dBZ,把 40 dBZ 作为有无冰雹的判据之一;樊鹏等[5]根据陕西渭北地区 711 雷达站观测的回波资料和地面降雹资料分析,得出了适合识别渭北地区冰雹云的 7 个指标[5];高子毅等[6]研究得到了新疆塔城—额敏盆地识别雹云及其强度的多参数指标方法。李红斌等[7]对大连地区冰雹和强雷雨个例雷达回波强度、回波顶高、30 dBZ 回波中心高度、强回波顶高和垂直积分液态水含量等主要雷达参数值以及各参数随时间的变化特征,总结了冰雹云识别的雷达技术指标模型。张正国等[8]通过对广西 2009—2010 年 3—5 月降雹样本资料和新一代天气雷达垂直累积液态含水量(VIL)

产品统计分析,得出了 VIL 产品在人工防雹作业冰雹云识别、作业时机、作业用弹量等方面均有较好的指导作用。

在宁夏回族自治区冰雹研究方面,纪晓玲等[9-10]研究得出宁夏冰雹有南部六盘山区和北部贺兰山区 2 个频发中心,具有"山地多、平川少、南北多、中部少"的地域分布特征,冰雹移动路径多从西北向东南方向移动,主要发源于六盘山系和贺兰山沿山;并划分了产生宁夏冰雹灾害的主要天气过程。张智等[11]研究得出宁夏冰雹集中出现在每年 4—9 月,冰雹天气的持续时间为 1~20 min。王小凡等[12]根据致灾因子对宁夏冰雹进行危险性区划,宁夏极高危险区集中在中部干旱带的部分地区和南部山区,低危险区主要在中部干旱带的部分地区和引黄灌区。在宁夏人工防雹方面,指挥和作业多依赖于雷达回波强度的指标及指挥人员的个人经验,尚没有形成基于新一代雷达多参数的防雹作业指标。

本文基于新一代天气雷达资料,建立人工防雹指标,根据防雹指标,结合宁夏的雹云特征,人工影响天气指挥人员可及时对宁夏冰雹天气做出预警,有效把握防雹作业时机,提高人工防雹效率。

2 资料及方法

利用 2014—2016 年宁夏银川和固原新一代天气雷达观测到的 16 个降雹个例(把一次局地降雹作为一个个例)的雷达资料。对雹云雷达资料通过软件进行处理,得到每个个例的雷达基本反射率(0.5°仰角)、组合反射率、回波顶高、垂直积分液态水含量的参数值。因银川雷达和固原雷达所在的海拔高度不同,且两部雷达所覆盖地区的天气、气候背景也有很大差异,所以将银川雷达和固原雷达范围内的个例分开进行统计分析,初步制定人工防雹指标。

3 数据分析

3.1 冰雹发生时的雷达回波各特征参量特征统计

对宁夏 2014—2016 年 16 次冰雹天气个例的新一代雷达基本反射率、组合反射率、液态水含量、回波顶高等特征参量的变化特征进行了统计分析,这 16 次个例均出现明显的地面降雹,冰雹持续时间为 5~30 min。经统计,在发生冰雹时,银川雷达个例的基本反射率为 58~65 dBZ,平均为 62 dBZ,组合反射率为 63~67 dBZ,平均为 64 dBZ,液态水含量为 33~48 kg/m²,平均为 41 kg/m²,回波顶高为 10~12 km,平均为 11 km(见表 1)。

表 1 银川雷达范围内冰雹发生时雷达回波各特征参量特征

地点 时间	基本情况	基本反射率 (dBZ)	组合反射率 (dBZ)	液态水含量 (kg/m²)	回波顶高 (km)
盐池 20140731	惠安堡出现冰雹,冰雹直径 5 mm 左右	58	63	33	11
利通区 20140731	扁担沟镇出现冰雹	63	63	48	11
灵武 20140731	白土岗乡出现冰雹持续时间约 10 min,最大直径 15 mm	63	63	33	10
青铜峡 20140815	峡口镇出现冰雹,持续时间约 30 min 左右,冰雹直径约为 30 mm	63	66	38	12

续表

地点 时间	基本情况	基本反射率 （dBZ）	组合反射率 （dBZ）	液态水含量 （kg/m²）	回波顶高 （km）
中宁 20140815	徐套乡出现冰雹，持续时间约 15 min，最大直径约为 30 mm	63	64	45	12
灵武 20140816	郝家桥镇出现冰雹，持续时间约 15 min，最大直径 30 mm	65	67	48	11
灵武 20140817	郝家桥镇出现冰雹，持续时间约 20 min，最大直径 20 mm	60	62	36	11
利通区 20140820	粮桥村出现冰雹	64	64	51	12
最大值		65	67	48	12
最小值		58	63	33	10
平均值		62	64	41	11

固原雷达个例的基本反射率为 48～65 dBZ，平均为 55 dBZ，组合反射率为 48～67 dBZ，平均为 56 dBZ，液态水含量为 18～32 kg/m²，平均为 26 kg/m²，回波顶高为 10～13 km，平均为 11 km（见表 2）。

表 2　固原雷达范围内冰雹发生时雷达回波各特征参量特征

地点 时间	基本情况	基本反射率 （dBZ）	组合反射率 （dBZ）	液态水含量 （kg/m²）	回波顶高 （km）
海原 20160611	李俊乡蔡祥村出现冰雹	48	48	30	11
泾源 20160619	惠台村、泾光村出现冰雹，持续时间约 5 min，直径 2～4 mm 左右	51	52	18	10
海原 20160629	曹洼乡出现冰雹，持续时间 11 min，直径约 10 mm	49	54	24	11
隆德 20160612	联财、神林、沙塘、张程等乡镇部分村组出现冰雹	48	54	18	10
彭阳 20160701	城阳乡出现冰雹，持续最长达 30 min，最大雹径 25 mm	60	61	31	12
同心 20160704	下马关、预旺、马高庄、张家源等乡镇出现冰雹，持续时间 20 min 左右，雹径 20 mm	65	67	28	13
彭阳 20160630	彭阳部分乡镇出现冰雹	53	57	19	11
彭阳 20160609	红河、城阳、孟塬和草庙 4 乡镇出现冰雹，持续时间最长达 30 min，最大直径 15 mm，积雹厚度为 3 cm	60	61	32	12
最大值		65	67	32	13
最小值		48	48	18	10
平均值		55	56	26	11

可以看出银川雷达和固原雷达范围内个例在冰雹发生时的雷达回波各特征参量除回波高度基本一致外,雷达回波的其他特征参量(基本反射率、组合反射率、液态水含量)银川个例明显高于固原个例。

3.2 典型冰雹天气个例的雷达回波各特征参量变化特征

新一代天气雷达完成一次体扫一般需要 5~6 min,即雷达相邻两个体扫资料的时间间隔为 5~6 min。在雷达个例分析中我们将出现冰雹时刻的雷达体扫时间定为 T_0,前一体扫时刻定为 T_{-1},后一体扫时刻定为 T_1,依次类推。从银川和固原个例中各选 4 个较为典型的个例,其降雹前后雷达回波各特征参量的变化特征如图 1 所示。

由图 1 看出,银川个例在降雹前半小时(5~6 个体扫时间)雷达基本反射率已经升至 45 dBZ 以上,组合反射率已经升至 50 dBZ 以上,并一直维持较高值;在降雹前半小时(约 5~6 个体扫时间),液态水含量均上升至 20 kg/m² ,并在降雹前 3 个体扫时间时有明显的跃升,降雹后又快速下降;回波顶高在降雹前一直维持较高值(8 km 以上),并在降雹前 3 个体扫时间时有明显的跃升。

由图 2 看出,固原个例在降雹前半小时(5~6 个体扫时间)雷达基本反射率已经升至 45 dBZ 以上,组合反射率已经升至 48 dBZ 以上,并一直维持较高值;在降雹前半小时(5~6 个体扫时间),液态水含量均在 8 kg/m² 以上,并在降雹前 3 个体扫时间时有明显的跃升,降雹后又快速下降;回波顶高在降雹前一直维持较高值(8 km 以上),并在降雹前 3 个体扫时间时有明显的跃升。

我们对出现冰雹及未出现冰雹的强对流个例的雷达回波各特征参量对比分析,结果发现,出现冰雹的个例和未出现冰雹的个例在对流云单体或多单体生命周期内基本反射率、组合反射率、回波高度没有明显的区别,均达到较高的值。但相对而言,出现冰雹的对流云单体或多单体的液态水含量要比未出现冰雹的强对流个例的大,且在冰雹发生前有明显的跃升增长;同时出现冰雹的个例在沿移动方向上的垂直剖面特征与未出现冰雹的个例有明显不同。一次典型冰雹云沿移动方向的雷达回波垂直剖面变化如图 3 所示,可以看出垂直方向强回波出现的高度很高,45 dBZ 回波的高度在 5 km 以上,回波前倾的特征随着冰雹云的发展越来越明显。

3.3 初步制定人工防雹指标

在宁夏回族自治区人工防雹作业指挥中,根据防雹作业点实际情况,在防雹作业前作业人员需要进行作业准备,大约需时 15~20 min;因此,在冰雹预警时,若预警时间过早,则冰雹云特征并不明显,识别有困难;若预警时间过晚,则会使作业人员没有足够的时间进行作业准备。研究表明[1],成灾的雹云会有一个稳定的成熟期(一般大于 30 min),防雹作业应在雹云成熟期内尽早开展作业;根据对冰雹个例雷达回波各特征参量变化特征的分析,并结合日常业务防雹作业指挥经验,以在冰雹出现前 7 个体扫时间(约 42 min)进行预警,出现前 3 个体扫时间(约 18 min)开展作业原则,初步制定宁夏人工防雹指标见表 3 及表 4。

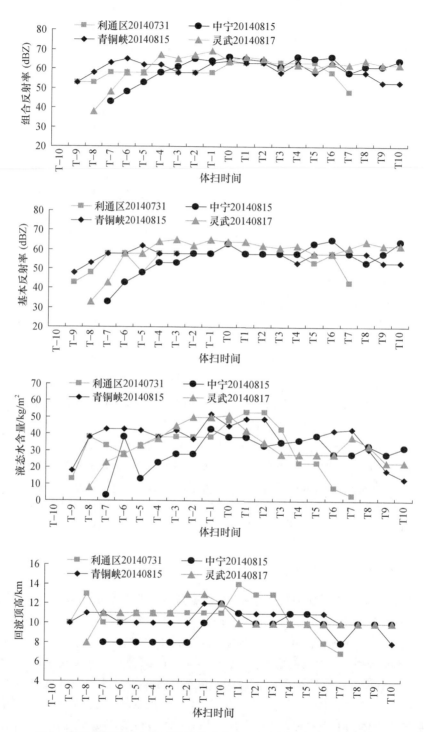

图1　银川雷达范围内雹云降雹前后雷达回波各特征参量的变化特征

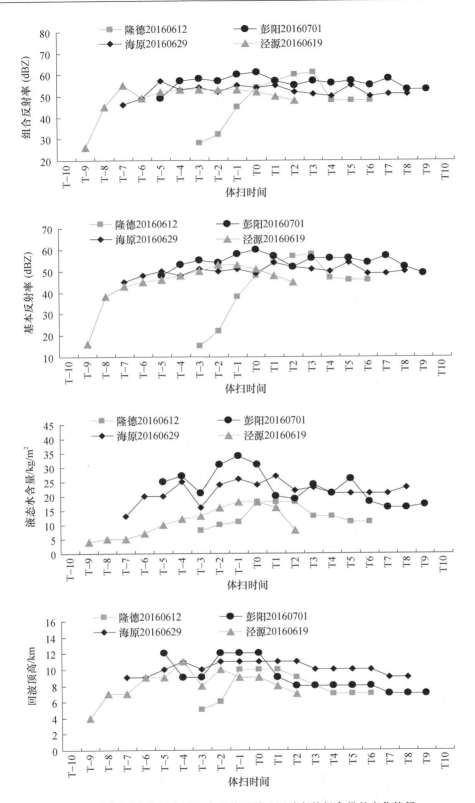

图 2　固原雷达范围内雹云降雹前后雷达回波各特征参量的变化特征

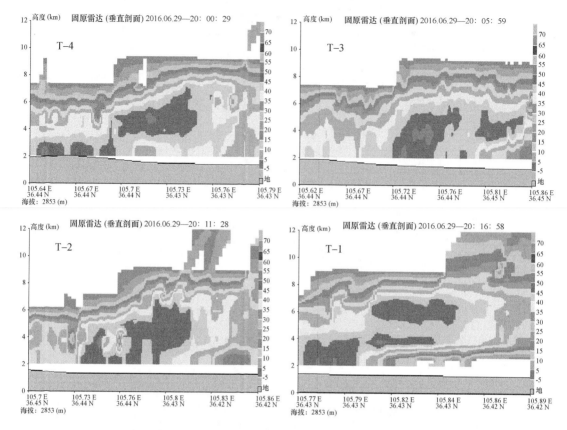

图 3　典型冰雹云沿移动方向的垂直剖面变化特征(T_{-4} 至 T_{-1})

表 3　银川雷达范围内防雹指标

	基本反射率 (dBZ)	组合反射率 (dBZ)	回波顶高 (km)	液态水含量 (kg/m²)	垂直剖面特征
预警指标	≥45	≥50	≥8	≥16	45 dBZ 回波高度达到 3 km 以上,强回波沿移动方向有明显前倾特征
作业指标	≥50	≥55	≥9	≥25	45 dBZ 回波高度达到 4 km 以上

表 4　固原雷达范围内防雹指标

	基本反射率 (dBZ)	组合反射率 (dBZ)	回波顶高 (km)	液态水含量 (kg/m²)	垂直剖面特征
预警指标	≥42	≥45	≥8	≥8	45 dBZ 回波高度达到 3 km 以上,强回波沿移动方向有明显前倾特征
作业指标	≥45	≥50	≥9	≥15	45 dBZ 回波高度达到 4 km 以上

人工影响天气作业指挥中,当对流云雷达各参数满足预警指标后,指挥人员应向就近作业点下达防雹作业准备的指令,做好装备调试、弹药装填等作业准备。当对流云雷达各参数满足作业指标时,指挥人员在得到空域管制部门允许的情况下向防雹作业点下达开始作业的指令。

4 小结

（1）本文结合冰雹云在降雹前后的雷达回波各特征参量的变化特征及人工影响天气作业指挥中的实际情况和指挥经验，总结了银川、固原雷达范围内的防雹预警、作业指标，因总结指标所用的个例资料相对较少，在今后的人工影响天气指挥中还需进一步验证并加以修正。

（2）相对于一般强对流云，冰雹云在降雹前雷达液态水含量及回波垂直剖面变化特征有明显差异，冰雹云液态水含量较大且在降雹前快速升高，回波垂直剖面强回波（≥45 dBZ）高度比一般强对流云高。

（3）银川雷达和固原雷达范围内个例在冰雹发生时的雷达回波各特征参量除回波高度基本一致外，雷达回波其他特征参量（基本反射率、组合反射率、液态水含量）银川个例明显高于固原个例，在防雹作业预警和指挥中应注意这一特点。

参考文献

[1] 许焕斌，段英，刘海月．雹云物理与防雹的原理和设计[M]．北京：气象出版社，2006．

[2] 陈光学，段英，吴兑．火箭人工影响天气技术[M]．北京：气象出版社，2008．

[3] 王华，孙继松．下垫面物理过程在一次北京地区强冰雹天气中的作用[J]．气象，2008，23(3)：16-21．

[4] 张素芬，鲍向东，牛淑贞．河南省人工消雹作业判据研究[J]．气象 1999，25(9)：36-40．

[5] 樊鹏，肖辉．雷达识别渭北地区冰雹云技术研究[J]．气象，2005，30(7)：16-19．

[6] 高子毅，张建新．新疆云物理及人工影响天气文集[M]．北京：气象出版社，1999．

[7] 李红斌，何玉科，濮文耀，等．多普勒雷达特征参数在人工防雹决策中的应用[J]．气象，2010，36(10)：84-90．

[8] 张正国，汤达章，邹光源，等．VIL 产品在广西冰雹云识别和人工防雹中的应用[J]．热带地理，2012，32(1)：51-53．

[9] 纪晓玲，陈晓光，贾宏元，等．宁夏冰雹的分布特征[J]．灾害学，2006，21(4)：14-17．

[10] 纪晓玲，马筛艳，丁永红，等．宁夏40年灾害冰雹天气分析[J]．自然灾害学报，2007，16(3)：24-28．

[11] 张智，林莉，冯瑞萍，等．宁夏冰雹时空分布特征[J]．气象科技，2008，36(5)：567-569．

[12] 王小凡，陆晓静，苏占胜．2005—2014 年宁夏地区冰雹特征分析及危险性区划[J]．宁夏气象，2015，36(4)：5-8．

利用多普勒雷达估算宁夏层状云降水效率的一次典型个例分析

翟　涛　常倬林　田　磊

(1. 中国气象局旱区特色农业气象灾害监测预警与风险管理重点实验室,银川 750002;
2. 宁夏气象防灾减灾重点实验室,银川 750002;)

摘　要　利用宁夏银川多普勒雷达、银川探空秒数据及位于河东人工影响天气基地微波辐射计资料,基于 VAD 技术反演得到傅里叶常数,在考虑到层状云降水中大气垂直速度很小的情况下,利用经验公式反演风场的平均散度,根据连续方程计算出不同高度的垂直速度,通过探空秒数据资料计算水汽凝结率,结合地面实况降水资料估算层状云降水效率。用该方法得到宁夏一次典型层状云降水过程的降水效率在 55% 左右,人工增雨潜力较大。

关键词　VAD　降水效率　增雨潜力

1　引言

　　宁夏地处我国西部地区,干旱少雨,水资源严重缺乏。干旱半干旱面积占全区总面积的 70% 以上,境内诸多地区年均降水量只有 200 mm 左右。人工影响天气作为防灾减灾和缓解干旱地区水资源短缺问题的重要科技手段,对促进宁夏回族自治区经济社会发展、生态保障做出了贡献。

　　开发空中云水资源的前提是研究人工增雨潜力,人工增雨潜力的大小,取决于云的降水效率。不同的天气背景、不同的降水云系和不同的发展阶段,有着不同的降水效率,因而其人工增雨的潜力也各不相同。在国内对空中云水资源及人工增雨潜力的研究方面,陈小敏等[1]利用 GRAPES 人工增雨云系模式对重庆地区一次典型的降水过程的增雨潜力进行数值模拟分析,代娟等[2]利用长期的地面水汽压和降水资料对湖北地区空中云水资源分布及人工增雨潜力进行了研究,杨晓春等[3]利用地面 GPS 观测资料分析了西安市不同季节降水过程中大气可降水量的变化特征,卓嘎等[4]、杜春丽[5]利用 NCEP 再分析资料对西藏、河南等省的大气可降水量及人工增雨潜力进行了分析研究,陈乾等[6]使用 Aqua /CERES 反演的云参量估算西北区的降水效率和人工增雨潜力。在宁夏地区,常倬林等[7]利用地球观测系统(EOS)云与地球辐射能量系统(CERES)云资料和地面气象站降水资料,对宁夏 3 个具有不同地形地貌及气候特征的地区的云水资源及增雨潜力特征进行了对比研究,结果表明宁夏地区空中云水资源有巨大的开发潜力。上述研究主要集中在利用各种仪器观测到的大气可降水量或利用再分析资料、卫星资料等反演的大气可降水量与地面实际降水量进行对比分析,或者利用数值模拟的方法来对空中云水资料及增雨潜力进行研究。而利用新技术、新方法与新手段对宁夏地区空中云水资源降水效率及开发潜力开展进一步的研究,合理开发和挖掘宁夏全区空中云水资源具有重要的现实意义。

　　目前多普勒天气雷达在宁夏天气监测中已经发挥了重要的作用,但多普勒天气雷达观测资料在人影业务方面的应用潜力还未得到充分的发掘。而宁夏飞机人工增雨作业又以层状云催化为主[8-9]。为了进一步提高多普勒雷达在宁夏人影作业中的应用,挖掘宁夏人工增雨降水潜力。本研究拟利用多普勒天气雷达观测资料,结合探空及地面资料,采用雷达资料反演技术,分析研究宁夏大范围稳定性降水的层状云降水效率计算方法,拓展多普勒天气雷达资料在宁夏回族自治区人工增雨作业中的应用范围,为宁夏人影作业提供技术支持,提升人影作业能力。

2 资料与方法

2.1 数据

本文使用数据选取 2016 年 5 月 21—23 日宁夏层状云降水天气过程的多普勒雷达、银川探空秒数据及位于河东人工影响天气的微波辐射计反演的大气水汽资料。为了与河东飞机增雨基地安装的微波辐射计探测的水汽含量及自动站资料等做对比,在雷达资料的处理上,选取了河东飞机增雨基地为测点,雷达资料选取银川雷达资料。

2.2 方法

本文对宁夏典型的层状云降水效率的研究,使用的方法是多普勒天气雷达 VAD(velocityazimuth display,速度方位显示)技术[10]。具体如下:首先提取多普勒雷达资料中的多普勒速度记为 v_r,对某一距离圈每隔 1 度方位角的多普勒速度求均值(公式 1),得到傅里叶展开系数 a_0。根据式(2),利用雷达反射率因子 Z 计算自然风速的垂直分量 v_f,将公式(1)(2)计算结果代入式(3)得到不同高度上的风速的散度值。根据连续方程可以计算出不同高度上的大气垂直速度 $W(H)$。

$$a_0 = \frac{1}{180} \sum_{i=1}^{360} v_{ri} \tag{1}$$

式中,v_{ri} 为第 i 个点处的多普勒径向速度。

$$v_f = 2.6 Z^{0.107} \tag{2}$$

式中,Z 为雷达反射率因子,v_f 为自然风速的垂直分量。

$$\text{div}(v_h) = \frac{a_0}{r\cos\alpha} - \frac{2v_f}{r}\tan\alpha \tag{3}$$

式中,v_h 为自然风速的水平分量,α 为雷达扫描的仰角,r 为测点距雷达的水平距离,a_0 为傅里叶展开的系数,v_f 为自然风速的垂直分量。

提取探空秒数据中温压湿资料,将相对湿度转化为饱和比湿 q_s,以 C 表示绝热上升的大气薄层在单位面积上的凝结率,则

$$C = -\rho \frac{dq_s}{dH} W \Delta H \tag{4}$$

对不同高度上的水汽凝结率求积分,得到单位时间单位面积上的降水量 R,根据式(5)计算得到降水效率 E

$$E = \frac{I}{R} \tag{5}$$

式中,I 为实况小时降水强度,R 为计算的降水强度。

具体利用多普勒雷达反演层状云降水效率的流程图见图 1。

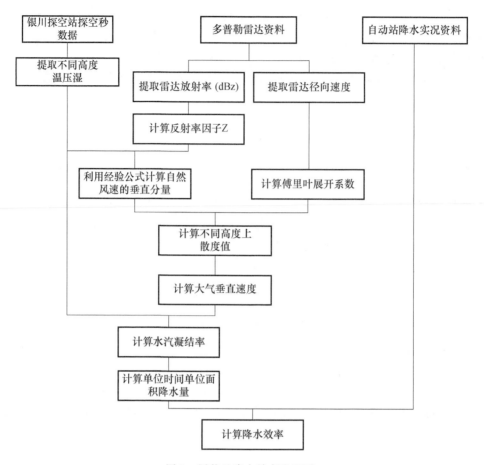

图 1 层状云降水效率流程图

3 实例分析

为便于使用探空秒数据及位于河东人工影响天气基地的微波辐射计资料，在本个例中参与计算的数据选取位于银川探空站位置的在不同高度上的雷达径向速度及雷达回波强度等资料。

22 日 08 时 500 hPa 天气图上，银川探空站处于槽前的西南气流控制中。07 时 0.5°仰角多普勒雷达强度回波图像中有明显的 0 ℃层亮带，为典型的层状云降水。

图 2 给出了计算得到的 22 日 07—13 时的大气垂直速度的时间高度剖面分布。如图所见，07 时在各高度层垂直速度较弱，且为下沉气流。到 08 时 2.5 km 以下低空为上升气流，2.5 km 以上高空为上升气流。随着时间的演变，到 09 时、10 时，在 8 km 以下的各高度层中均以上升气流为主，且在 5~6 km 的高度上有较强的上升速度，达到 0.4 m/s，0.6 m/s 到 11 时、12 时，1~3 km 低空仍为上升气流，高空为下沉气流，到达 13 时以后，以下沉气流为主。

我们对根据 VAD 原理反演计算得到的降水强度与实测的地面降水强度进行对比（图 3），从图 3 可见，二者的变化趋势比较一致，08—11 时基本呈现上升趋势，12 时开始降水强度下降。综合图 2 可见，计算得到的垂直速度的变化与实况降水的变化趋势较为一致，07 时垂直速度在各个高度都为负值，为下沉气流，降水量为 0，08 时开始上升气流强度越来越大，相应的降水强度也逐渐增大,到11时以后上升气流强度开始变小,降水强度也相应变小。利用实况降水强度与雷达资料反演的降水强度来计算降水效率,可见在10时、11时层状云的降水效率较大,达到59.7%、53.5%,其他时段降水效率较小。

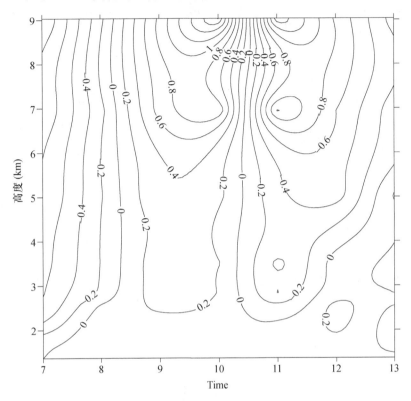

图2 大气垂直速度时间高度剖面(单位:m/s,方向向上为正)

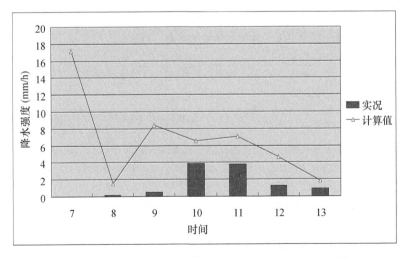

图3 实况降水强度与雷达资料计算反演降水强度的变化

对22日07—13时河东人工影响天气基地微波辐射计资料进行处理(图4),小时微波辐射计探测的大气可降水量的数据对每秒观测的资料进行平均得到。22日07—13时,微波辐射计反演大气水汽含量变化不大,呈现出微弱的上升趋势,没有反映出自动站降水变化趋势。

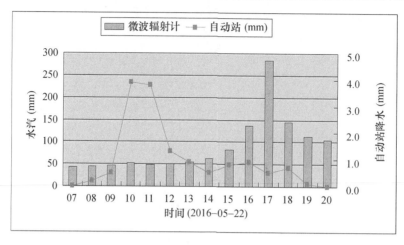

图 4　微波辐射计反演水汽含量与自动站降水

4　结论与探讨

(1)利用 VAD 技术估算层状云降水效率,是多普勒天气雷达在人工影响天气中应用的一种有益尝试。宁夏一次典型层状云的降水效率在 55％ 左右相对不高,存在着较强的人工增雨潜力。

(2)在反演过程中考虑到层状云降水中大气垂直速度很小做了一定的假设,但对流云中大气垂直速度很大,不适宜使用该方法。

参考文献

[1] 陈小敏,邹倩,李珂,等.重庆地区夏季一次降水过程及增雨潜力的数值模拟分析[J].气象,2011,37(9):1070-1080.

[2] 代娟,黄建华,王华荣,等.襄樊市空中云水资源分布及人工增雨潜力研究[J].暴雨灾害,2009,28(1):79-83

[3] 杨晓春,王建鹏,白庆梅,等.西安不同季节降水过程中大气可降水量变化特征[J].干旱气象,2013,31(2):278-282.

[4] 卓嘎,边巴次仁,杨秀海,等.近 30 年西藏地区大气可降水量的时空变化特征[J].高原气象,2013,32(1):23-30.

[5] 杜春丽.河南省近 11 年大气可降水量变化特征[J].气象与环境科学,2012,35(3):45-48.

[6] 陈乾,陈添宇,张鸿.用 Aqua/CERES 反演的云参量估算西北区降水效率和人工增雨潜力[J].干旱气象2006,24(4):1-8.

[7] 常倬林,崔洋,张武,等.基于 CERES 的宁夏空中云水资源特征及其增雨潜力研究[J].干旱区地理,2015,38(6):1112-1120.

[8] 胡文东,陈晓光,李艳春,等.宁夏月、季、年降水量正态性分析[J].中国沙漠,2006,26(6):963-968.

[9] 武艳娟,李玉娥,刘运通,等.宁夏气象灾害变化及其对粮食产量的影响[J].中国农业气象,2008,29(4):491-495.

[10] 石立新,汤达章,万蓉,等.利用多普勒天气雷达估算层状云的降水效率[J].气象科学,2005,25(3):272-279.

固原市人工增雨条件判别

翟昱明

(宁夏回族自治区固原市气象局,固原 756000)

摘 要 从天气图、卫星云图、雷达回波、雨量点降雨量统计,总结固原市人工增雨作业个例效果,找出了开展增雨作业的基本条件指标。

关键词 增雨 判别

1 引言

宁夏回族自治区固原市属温带大陆性季风气候类型,年平均降雨量 240～650 mm,主要降水期为 7－9 月,全年表现为干旱缺水。

目前,固原市人工增雨(雪)工作在一年四季开展,催化方式主要以地面催化(高炮、火箭)为主,作业对象为积雨云,尤其是对流云。根据自己从事多年人工影响天气工作的经验,提出见解,与同行商讨。

2 有利于增雨作业的天气形势条件

在春季天气图上,固原市只有处在副热带高压的北、西、南边缘地带,受西风或东风系统影响时,产生的对流旺盛,人工增雨的条件才具备。当固原市处于高空中低层切变系统时,产生的对流单体多,云层厚,即可进行增雨作业。

在夏秋季干旱时期中,西太平洋副热带高压对固原市降水天气影响明显,尤其当处于副热带高压的西北或偏西边缘时,常因为受东风波或沿副热带高压移动的西南气流的影响,固原市上空产生局地对流云。当高空西风带系统影响固原市时,常伴随副热带高压的减弱东撤或南退。因此,西太平洋副热带高压的变化,成为固原市夏秋干旱期人工增雨作业条件判别要特别关注的对象。

总结固原市多年来的人工增雨野外作业,可以将有利于人工增雨的天气形势分类如下。

2.1 西太平洋副热带高压

在 500 hPa 高空图上,西太平洋副热带高压是以 588 dagpm 等高线来代表它的外围控制线。高压外围的 584 dagpm 线是易使高压西部边缘水汽向北输送的临界线,固原市在此线附近时,进行增雨作业,效果明显。

2.2 青藏高压

500 hPa 青藏高压是从青藏高原偏北的伊朗高原移来的,它是在青藏高原大地形对西风环流阻挡与扰动作用下,于高原西部对流层中部形成的具有显著特征的反气旋环流。当青藏高压位于固原市西部时,固原市上空容易产生对流云,应重点进行防雹作业。

2.3　青藏高原 500 hPa 图上的低涡、切变线

从青藏高原西部过来的低涡、切变线,东移影响到固原市,往往造成较大范围的积雨云系,有利于增雨作业实施。

2.4　其他型

不属于以上三类的天气形势即为其他型。由于固原市特殊的地理地形特征,往往在近地面层冷高压移到我国东部地区后,高压后部偏南气流含有较充足的水汽,当锋面过境受六盘山地形等影响,在固原市上空形成积雨云,秋冬季维持时间较长,有利于增雪作业。

3　人工增雨作业条件宏微观判别

人工增雨野外作业时,采用适应本地特定条件下的判据,以利于作业效果的提高。根据固原市多年的地面火箭增雨效果,进行总结开展人工增雨的作业条件判据,很有必要。

判据:针对野外作业对象云(固原市人工增雨对象云主要是层状云),选作观测、识别、验证某一个云物理特征的依据,即称为判据。

表 1　固原市人工增雨作业条件宏微观判据

判据	判别方法及途径	指标
天气背景	天气图	冷锋、副高边缘、高空低槽、低空切变线
云系及云状	卫星云图	Cb 云系、Ac-Ns-Cu 云系
云顶高度	雷达	>12 km
雷达回波强度	雷达	>15 dBZ
实况雨量	地面雨量点	>0.1 mm

上述判据进一步明确了固原市有利天气形势背景下开展人工增雨作业的云系。通过近几年的野外作业实施表明,上述经验对指导当地人工影响天气地面催化作业,有一定的实用价值。

4　结语

固原市人工增雨有利天气形势主要为西风带天气系统,雷达显示回波强度为大于 15 dBZ,云顶高度大于 12 km 云系。

参考文献

[1] 李大山,章澄昌,许焕斌. 人工影响天气现状与展望[M]. 北京:气象出版社,2002.
[2] 胡振菊,欧阳也能,张东之. 新一代多普勒雷达在山丘区人工增雨作业中的应用[J]. 安徽农业气象,2006,34(19):4878-4879.

泾源雹灾发生规律及高炮防御方法

何尚君　　杨彦忠　　于冬梅　　李进玉

(宁夏回族自治区泾源县气象局,泾源 756400)

摘　要　冰雹灾害是泾源县境内最严重的气象灾害之一。本文根据长期观测经验并结合历史资料分析总结了泾源县雹灾发生规律,详细介绍了利用高炮进行防御的有效方法。

关键词　雹灾　规律　高炮　防御

1　引言

宁夏回族自治区泾源县地处黄土高原西部,具有大陆性气候特点。但由于六盘山的抬升作用,其气候特点与周围地区明显不同,热量属于中温带气候区,干湿状况属于湿润到半湿润区,是黄土高原上的一个"湿岛"[1-2]。自 1959 年建站以来,几乎每年都有雹灾发生,且每次都会造成不同程度的经济损失,可以说严重影响和阻碍着泾源县的经济社会发展。通过对长期观测资料进行分析,我们发现雹灾发生具有一定规律,只要选择了正确的高炮防御方法,还是能够有效预防或减轻雹灾。

2　泾源雹灾发生规律

2.1　概况

泾源县属中温带半湿润至半干旱气候区,地处六盘山区,地形起伏多变,立体气候明显,是冰雹、干旱灾害的多发地带。据民政部门统计:1959—2000 年,雹灾每年都有不同程度的发生,有 35 年受灾较重[1]。受灾面积:轻灾年份数百亩①,重灾年份十余万亩[2]。例如:1968 年 7 月 8 日的雹灾,受灾面积 10 万亩,损失粮食 500 万公斤。1988 年 6 月、7 月两次降雹,受灾总面积 14.4 万亩,损失粮食 473.8 万公斤[1],造成直接经济损失达百万元之多。

2.2　成因

泾源处在六盘山的东南,崆峒山西面,地形极其复杂。六盘山的抬升作用(动力条件)和"湿岛"供给的水汽上升凝结释放潜热(热力条件),使对流发展而导致雹云的发展旺盛,造成雹灾频繁发生。

2.3　发生时间

一年当中,一般从 4 月份开始到 10 月份结束均有出现,最早 4 月 1 日,最迟 10 月 22 日,

---

①　1 亩=666.7 m²,下同。

主要集中在 6—8 月份，一年最多出现过 11 次；一天当中，从 09 时到 20 时均有发生，主要集中在 14—18 时，其中 15—16 时出现频率最大，达 19％，夜间出现次数极少。

2.4 路径和落区

由于受六盘山和崆峒山的共同影响，迫使雹云沿山脉的走向移动和降落。

2.4.1 路径

西路从六盘山镇入境，至惠台分为两支，一支向东南方向经黄花乡羊槽村与东路合并，另一支直向南至泾河源镇的龙潭村又分成两支，一支向南入山，另一支向东至新民乡先进村出境到甘肃。

东路从蒿店入境经泾源县黄花乡羊槽村（与西路交汇）至泾河源镇东峡村分两支，一支向南经新民乡杨堡村出境到甘肃，另一支向东南经新民乡燕家山出境至甘肃。

2.4.2 落区

据调查全县范围均降落过冰雹，但主要落区是：黄花乡的沙塘村、秋千架山和羊槽村；香水镇的沙南村；泾河源镇的龙潭村、东峡村和底沟村；新民乡的燕家山、胜利、先锋和马河滩村。

3 高炮防御方法

泾源县是冰雹多发区，冰雹灾害，轻则造成农作物减产，重则使农作物颗粒无收，对交通运输、房屋建筑、工业等方面都有不同程度危害，同时危及人畜生命安全；干旱灾害连年不同程度发生。随着国民经济的快速发展，尤其是农业生产对防灾减灾的迫切要求，人工影响天气的作用日益受到重视。资料记载，泾源县在没有开展高炮防雹的 1964—1973 年 10 年间平均年降雹日数 11.5 天（次），成灾日数 8 天（次），1990—1999 年是开展高炮防雹的 10 年，平均年降雹日数下降为 5.7 天（次），成灾日数 2.3 天（次），防灾减灾效果明显。

尽管随着科学技术的进步，人工防雹作业水平和效益有了显著提高，但由于因素的制约，设备的运作、人为因素（作业时机和作业方法）影响，都会影响到作业效果。因此，准确把握高炮作业时机和选择正确的作业方法与部位对提高作业效果特别重要。

3.1 作业时机的选择

对于作业时机的选择，要依据强对流云的方位及发展情况和高炮所处的位置而定。一般情况宜早不宜迟。根据天气预报和本站资料分析有出现冰雹的对流云，最好在发展成熟之前要进行作业，这时对流发展不是太旺盛，用弹量比较少，也能取得良好的效果；根据天气预报没有冰雹的对流云，那么尽量在发展阶段进行作业，不要等到雹云发展成熟后再作业，这时作业用弹量大，其效果也不佳。

3.2 作业方法

3.2.1 强对流云的作业

由于高炮位置的影响，当对流云进入高炮射程区时，已经发展很旺盛或者已经成为成熟雹云；或者由于空域影响，没有及时进行作业，导致一般雹云发展成为成熟雹云。对于这一类云，一但有了作业机会，要联合几个作业点，采取正面集中猛烈作业。

3.2.2　一般雹云的作业

一般性雹云发展比较旺盛,但强度相对较弱,变化较快,移动缓慢.对于这类云,一般是处在最佳射击位置的炮点,针对强中心适当作业,这样既能抑制雹云的进一步发展,以能起到增雨的效果。

3.2.3　并合云

并合云是指东西两路、一前一后或回头云,在发展过程中发生并合的云,一旦并合后发展是很快的,在泾源县上空出现这种云一般都是要降雹的,并且造成重灾。对于这类云要及时进行集中作业,在合并之前使之减弱。

3.3　作业部位的选择

"三七"高炮是采取爆炸法短时间影响或破坏上升气流层结和催化法过量揪撒碘化银胚胎争食运动云中的水分含量进行人工防雹的,因此,要达到防雹的目的,炮弹必须在雹云的冰雹生长区。冰雹生长区应在砧状云的后面与悬球状云的上面的腰部[3-4]。所以,炮弹应在这个部位爆炸效果最好。

当对流云布满全天或黑夜,方位无法确定时,这时应根据雷电来确定。一般来说,云中放电强度及频率程度与雷暴云的高度、强度有关[3]。因此,这时要选择雷电强且频繁的方向作业。

参考文献

[1] 泾源县志编纂委员会．泾源县志[M]．银川:宁夏人民出版社,1995:70-71.

[2] 泾源县农业区划办公室气候组．泾源县农业气候资源及区划报告[M]．银川:宁夏人民出版社,1984:57-60.

[3] 朱乾根,等．天气学原理与方法[M]．北京:气象出版社,1979:282-288.

[4] 谭海涛,等,地面气象观测[M]．北京:气象出版社,1986:111.

青海省东部农业区一次防雹个例分析

林春英　　马学谦　　韩辉邦　　张博越　　康晓燕　　龚　静　　郭三刚

(青海省人工影响天气办公室,西宁 810001)

摘　要　利用形势场、地面图和物理量场等资料对 2015 年 7 月 13 日青海省门源县冰雹天气进行诊断分析,用雷达对作业前后冰雹云的特征量分析来判断人工防雹作业的效果。结果表明:此次门源县的冰雹发生在高温、高湿及强的垂直风切变的环境下;闪电最大频次出现在降雹时间段内,正好处于强回波发展旺盛的阶段,负闪明显多于正闪;炮击雹云后雷达回波顶高下降,回波强度减弱,垂直液态水含量(VIL)45 kg/m² 范围逐渐变小。

关键词　冰雹　闪电　回波强度

1　引言

　　青海东部农业区地处青藏高原东北部,是夏季副热带急流徘徊的纬区,属于多雹纬度带,冰雹灾害频繁[1]。青海由于海拔高、温度低、生长季节短,全年农业生产只有一季,这样一来常常给农牧业的影响就很严重[2]。冰雹天气是一种小尺度天气系统,来势猛,局地性强[3]。近年来有学者对不同地区的冰雹天气特征进行了研究[4-12]。曹立新等[13]揭示了阿克苏地区降雹的时空分布特征以及冰雹云活动的主要路径;叶彩华等[14]统计分析了在全球气候变化背景和人工消雹降雨影响天气的共同影响下,北京地区冰雹发生的空间分布特征;陶云等[15]分析讨论了云南的冰雹日数的地理分布、年际及月际变化情况,并初步分析了云南冰雹天气形成的气候背景;张核真等[16]对西藏地区的冰雹天气和灾情进行了详尽分析和研究;刘晓梅等[17]对辽宁冰雹时空分布进行统计分析;赵仕雄等[2]曾于 20 世纪 80 年代末对青海省的冰雹发生的频次及时空分布有较为详细的研究,研究结果表明青海冰雹形成高原多于盆地,山区多余河谷,阳坡多于阴坡;冰雹高发区有青南区和东部农业区。

　　青海因特殊的高原气候背景,大范围的强对流天气极为少见,但局地的强对流天气——冰雹时常发生,气象工作者针对区域性的冰雹做了有关分析研究,但针对一次防雹个例进行深入细致分析研究尚属首例。2015 年 7 月 13 日 15:28—15:33 门源县遭受冰雹袭击,最大冰雹直径已达到 11 mm,造成直接经济损失 6972.52 万元。此次冰雹灾害对门源农作物的影响较大,门源县炮控区外的浩门镇、东川镇、阴田乡、泉口镇大庄村等地油菜、青稞、马铃薯、蔬菜绝收;门源县西部的炮控区内的青石嘴镇、浩门农场、门源种马场等由于及时作业油料主产地及油菜花景区未受到大的影响。因此,笔者对此次冰雹天气的产生进行分析,应用雷达和闪电定位仪等观测资料对此次典型雹云作业个例进行物理检验分析,旨在为人工防雹提供参考依据。

2　2015 年青海省东部农业区雷暴天气背景分析

　　青海省东部农业区实施防雹作业的地区主要有西宁市辖的 3 个县(大通、湟中和湟源)、海东市的6个县、区(平安、乐都、互助、民和、循化、化隆)、黄南州2个县(尖扎县和同仁县)和海北州门源县共12个县,是青海省的主要农业区,也是雹灾高发区,每年出现的冰雹天气次数多,出现雹灾的概率也较大。门源县从2007年开展人工防雹作业,而平安县在1989后才有气象观测资料[18],其余10县从1961年后均有连续的气象观测资料。因此,笔者选取东部农业区10个地面气象台站(大通、湟中、湟源、乐都、互助、民和、循化、化隆、尖扎、同仁)1961—2015年6—9月雷暴日数和降雹日数进行分析。2015年夏季,青海省东部农业区出现的强对流天气系统主要是受蒙古低涡、西北气流下滑短波槽等天气形势影响,频率与历年接近(图1)。但由于受厄尔尼诺现象影响,夏季对流天气强度大,范围广,如7月13日门源出现的强冰雹天气,最大冰雹直径已达到11 mm,防雹形势仍然十分严峻。

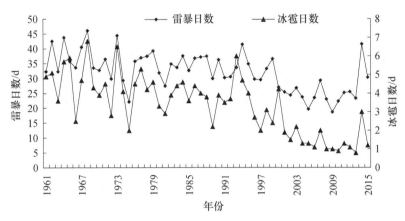

图1　1961—2015年6—9月东部农业区有连续性资料的10县(区)冰雹日数和雷暴日数年际变化图

3　冰雹产生的原因

青海高原上大范围连续性降水出现,标志着降雹环境将要建立[19]。而连续性降水向阵性降水转换时,反映出高原上长波"东高西低"向"西高东低"形势转换。一旦"西高东低"的长波形势建立,在西北气流引导下,高层不断有干冷空气向雹区上空移来,致使该地水热向边界层散发,大气层结愈来愈不稳定,对流层因为不断降温,0 ℃层、−20 ℃层不断降低,晶化成雹过程越来越有利。在降雹季节,连续性降水出现,可以认为在中期预报的时段内,对流层有形成"西高东低"降雹天气形势条件。若紧接着有阵性天气出现测又加速雹环境的形成[20]。2015年7月8—9日,受冷空气和西南气流的共同影响,青海大部出现了连续性降水,这次降水结束后,青海省东北部10日出现晴天,11—12日青海省东北部出现了阵性降水,13日出现了降雹过程。这种晴天过后出现降水对造成对流中层进一步降温,为中层晶化成雹,为地面湿静力温度增加,提供成雹的湿热力条件。

2015年7月13日受蒙古冷涡的影响,门源境内出现了强雷暴。其间两股对流云分别从门源西北方和北方向西南过境(北部过境云团移动速度快强度大),15:28—15:33门源县气象局观测场出现冰雹,持续时间为5 min,最大冰雹直径11 mm;对流云从老虎沟入境,沿北山乡—浩门镇—麻连乡—阴田乡—东川路径移动,并使上述地区遭受雹灾。

3.1 客观形势场分析

2015 年 7 月 13 日 08 时 500 hPa 中高纬维持两脊两槽型,两脊分别位于巴尔喀什湖到新疆地区及中国东北地区,蒙古地区为一低涡,冷温槽落后于高度槽。青海省东北部地区处于槽后西北气流控制中,且受台风影响位于中国东北地区的高压脊稳定少动,导致蒙古冷涡移动缓慢,河西走廊有一支≥24 m/s 的西北风急流带,不断将冷空气输送至青海省东北部地区,使不稳定度加大,在有利的地形条件下,触发中尺度强对流天气发生、发展。700 hPa 客观分析形势场与 500 hPa 基本保持一致,青海省东北部地区有弱冷温槽,新疆东部到河套地区有一支≥14 m/s 的西北偏西风急流带。

3.2 地面图分析

2015 年 7 月 13 日 14 时地面图上青海东部地区均处于负变压区,而西宁站的 24 h 变压为 0。在甘肃中部到青海省祁连山区东部风场上存在明显辐合,青海湖西侧风场上存在切变。门源、西宁、海东的露点温度均在 10 ℃以上,而门源 14 时的最高气温为 16.8 ℃,说明门源地区低层湿度条件较好。

3.3 物理量场分析

从 2015 年 7 月 13 日 14 时 700 hPa 客观形势分析场和 500 hPa 水汽通量散度场的分布来看,青海省东部地区低层 700 hPa 处于水汽辐合区中,而 500 hPa 以上全省均处于水汽辐散区,说明整层水汽分布为上干下湿的配置,有利于强对流天气的发生、发展。从 2015 年 7 月 13 日 14 时 700 hPa 客观形势分析场和 500 hPa 涡度场来看,700 hPa 客观形势分析场涡度场上青海省东部处于涡度正值区;500 hPa 涡度场上青海省大部地区处于涡度负值区。东部地区处于低层辐合,高层辐散的配置中,但辐合层次比较浅薄。

4 防雹作业个例的物理检验

防雹效果是指雹灾减轻的程度,取得预想的效果是人工防雹的目的。客观、科学地检验防雹效果,对推动防雹工作的进展有很大意义。防雹理论和防雹方法是否正确只有通过防雹效果来检验,而防雹效果科学的检验又可以促进和发展防雹理论和方法。目前,在防雹效果检验中常采用统计对比方法和物理检验方法。而此次典型雹云作业效果个例分析中,采用作业前后雹云中各种物理量的变化进行物理检验。

2015 年 7 月 13 日门源县 15:28—15:33 出现冰雹,最大冰雹直径 11 mm,此次冰雹过程共观测到闪电 15 次,正闪 2 次,负闪 13 次,最大正闪强度 20.4,最大负闪强度-47.7。最早观测到闪电时间为 15:19:13,闪电频次在 15:19—15:29 时间段达到最大值,共发生 5 次(图 2)。闪电最大频次出现在降雹时间段内,正好处于强回波发展旺盛的阶段。

15:01 西宁测站 330°—360°方位,90~150 km 处门源县有大片对流云系发展旺盛(图 3),强对流中心垂直液态水含量(VIL)为 45 kg/m² (图 4),回波为 45 dBZ(图 5),云顶高度高达 13 km(图 6)。

2015 年 7 月 13 日门源强回波于 15:01 生成,影响时间近 1 h。15:01—15:41,门源地区雷达回波强度一直处于大于 45 dBZ,回波顶高大于 7 km,垂直累积液态水含量大于 45 kg/m²,极易产生冰雹。14:50—15:16 门源县冰雹影响范围实施地面作业 8 次(表 1),15:28—15:33 降雹,从受灾与成灾面积数据以及门源境内人工防雹作业点分布情况分析,炮点布局密集的西—西北地区,防雹点作业及时,耗炮弹 145 发,火箭作业 2 次,耗火箭弹 8 枚,炮控区内未出现灾情,炮控区外受灾严重。

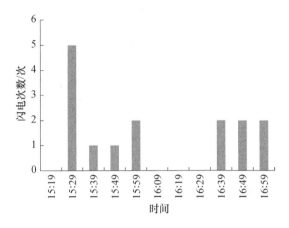

图 2   2015 年 7 月 13 日门源闪电频次分布

图 3   2015 年 7 月 13 日 15:01 云体重建图

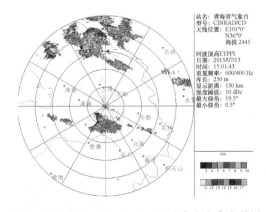

图 4   2015 年 7 月 13 日 15:01 垂直液态水含量图

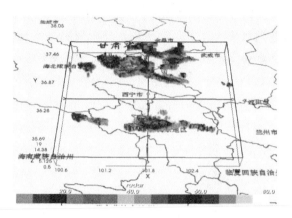

图 5　2015 年 7 月 13 日 15:01 回波强度图

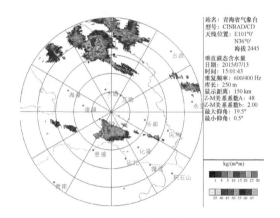

图 6　2015 年 7 月 13 日 15:01 云顶高度图

表 1　2015 年 7 月 13 日门源县人工防雹作业情况

时间	作业点编码	作业点位置	北纬(N)	东经(E)	雹灾影响
14:50	31202	青石嘴镇药草梁村	37°34′	101°24′	无
	31208	青石嘴镇苏吉农场	37°32′	101°26′	无
	31209	浩门农场十一队机耕队	37°29′	101°27′	无
15:16	31210	浩门农场九大队	37°27′	101°29′	轻
	31216	垃圾场	37°29′	101°26′	无
	31203	浩门镇下疙瘩村	37°22′	101°35′	无
	31204	泉口镇大湾村	37°23′	101°43′	无
	31211	西滩乡	37°23′	101°41′	轻

　　15:36 对流强对流中心南移,门源地区垂直液态水含量(VIL)45 kg/m² 范围逐渐变小,强度达到 50 dBZ,云顶高度高达 13 km。15:51 该云系东移南压,南部云系范围和高度有明显的变化,且逐渐影响到互助县。强对流中心 VIL 的 45 kg/m² 范围渐小,强度为 40 dBZ,云顶高度高达 12 km。从回波顶高来看,回波顶高在 15:16 就发展到 9 km 以上,在 15:21 进一步发展到 11 km 高度,在 15:46 降到 7 km 以下(表 2)。门源在使用高炮防雹作业后 35 min 内,最

大回波强度减少 5 dBZ,45 dBZ 回波在消失,回波顶高降低 5 km。

表 2   2015 年 7 月 13 日门源雷达参数变化表

雷达观测时间	云顶高度(km)	45 dBZ 高度(km)	回波强度(dBZ)
15:01	13	7	45
15:06	13	7.5	45
15:11	13	8	45
15:16	13	9	45
15:21	14	11	50
15:36	13	10	50
15:41	13	8	45
15:46	12	7	40
15:51	12	6	40

　　根据青海省科研所调查:此次冰雹灾害对门源农作物的影响较大,受灾较为严重地区主要集中在门源县炮控区外的浩门镇、东川镇、阴田乡、泉口镇大庄村等地,其中部分地块农作物的茎和叶片机械损伤十分严重。门源县西部的炮控区内的青石嘴镇、浩门农场、门源种马场等西部油料主产地及油菜花景区未受到大的影响。

　　随着门源县境内产生的强对流系统东移南进,该系统还影响到了互助县和乐都区。互助县东沟乡 17:41—17:45 出现冰雹,丹麻镇 17:40—17:55 出现冰雹,但由于作业空域的有限,最终造成炮控区内农作物 7 成以上受灾 1314 hm²。乐都区在 19:00—19:30 冰雹发展阶段实施高炮作业 20 次,消耗炮弹 853 发,高密度作业使对流发展得到有效抑制,防雹效果显著。

5　结论与讨论

　　(1)高空有强的风速垂直切变,使不稳定度加大。

　　(2)门源地区此次降雹天气过程中负闪明显多于正闪,这与国内外大量观测的闪电资料结果基本一致。

　　(3)选用与冰雹云物理特征密切相关的雷达回波的强度、高度、顶高等指标物理量作为防雹效果检验的特征参量进行比较,是人工防雹作业个例效果分析方法的探索。

　　(4)冰雹是青海省东部农业区严重的气象灾害之一,给农业生产造成危害,为了改变这种现状,减轻其危害程度,最有效的办法就是建立准确的预报冰雹天气,建立科学的人工防雹作业体系,增强人们的防雹减灾意识。

参考文献

[1] 陈思蓉,朱伟军,周兵,等. 中国雷暴气候分布特征及变化趋势[J]. 大气科学学报,2009,32(5):703-710.

[2] 赵仕雄,李正贵. 青海高原冰雹的研究[M]. 北京:气象出版社,1991:84-85.

[3] 杨晓玲,丁文魁,谢万银,等. 河西走廊东部冰雹天气分析和初步探讨[J]. 青海气象,2004(人影专刊):79-82.

[4] 李红斌,麻服伟. 黑龙江省冰雹天气气候特征及近年变化[J]. 气象,2001,27(8):49-51.

[5] 杨家康,杞明辉. 云南省冰雹的时空分布[J]. 气象科技,2005,33(1):41-44.

［6］李永振,齐颖,崔莲,等. 吉林省冰雹天气的时空分布[J]. 气象科技,2005,33(2):133-141.

［7］李照荣,丁瑞津,董安详,等. 西北地区冰雹的时空分布[J]. 气象科技,2005,33(2):160-166.

［8］张国庆,刘蓓. 青海省冰雹灾害分布特征[J]. 气象科技,2006,34(5):558-562.

［9］陈洪武,马禹,王旭,等. 新疆冰雹天气的气候特征分析[J]. 气象,2003,29(11):25-28.

［10］陈乾,朱阳生. 甘肃雹暴的分类及其诊断分析[A]//强对流天气文集[C]. 北京:气象出版社,1983:15-24.

［11］周永水,汪超. 贵州省冰雹天气的时空分布[J]. 贵州气象,2009,33(6):9-11.

［12］王晓明,倪惠,周淑香,等. 吉林省冰雹灾害时空分布规律及特征分析[J]. 灾害学,1999,14(3):50-54.

［13］曹立新,刘新强,张磊,等.1998—2008年阿克苏地区冰雹的时空分布特征及防御对策析[J]. 沙漠与绿洲气象,2009,3(2):21-24.

［14］叶彩华,姜会飞,李楠,等. 北京地区冰雹发生的时空分布特征[J]. 中国农业大学学报,2007,12(5):34-40.

［15］陶云,段旭,杨明珠,等. 云南冰雹的时空分布特征及其气候成因探讨[J]. 南京气象学院学报,2002,25(6):837-842.

［16］张核真,假拉. 西藏冰雹的时空分布特征及危险性区划[J]. 气象科技,2007,35(1):53-56.

［17］刘晓梅,李晶,戴萍,等1951—2008年辽宁冰雹的时空分布特征[J]. 气象与环境学报,2009,25(5):24-26.

［18］王黎俊,银燕,郭三刚,等. 基于气候变化背景下的人工防雹效果统计检验:以青海省东部农业区为例[J]. 大气科学学报,2012,35(5):524-535.

［19］党积明. 人工增雨和人工防雹[M]. 西宁:青海人民出版社,1995:65-66.

［20］林春英,李富刚,马玉岩,等. 青海省东部农业区冰雹分布特征[J]. 青海气象,2007,3:79-82.

新疆冰雹天气特征及预报方法与应用研究

热苏力·阿不拉[1]　　王红岩[1]　　阿不力米提江·阿布力克木[2]　　王荣梅[1]

(1. 新疆维吾尔自治区人工影响天气办公室,乌鲁木齐 830002;

2. 新疆维吾尔自治区气象台,乌鲁木齐 830002)

摘　要　利用新疆长序列气象和降雹资料,对新疆冰雹天气的时空分布和灾情进行深入细致的分析研究,对新疆的冰雹灾害进行了区划,以冰雹直径和持续时间作为致灾因子,对冰雹强度等级进行了划分,并综合考虑雹灾日数、受灾面积和降雹强度等级,对各区域受灾情况进行对比分析,指出了各区域受雹灾等次及危险性。同时,从新疆 9 个重点降雹区域中选取两个重点防雹区,采用天气动力学分析方法,对降雹影响系统和形成机理进行普查分析和研究,对降雹影响系统进行归纳分析,建立了相应的 6 种降雹概念模型,并选定有一定指示意义的对流因子指标作为预报因子,建立相应的预报方法和技术,研制了冰雹分区自动化客观分区预报业务系统,系统预报效果较客观,具有一定推广到新疆其他降雹区的应用价值。

关键词　冰雹　灾害　区划　预报方法　新疆

1　引言

新疆是我国西北地区冰雹灾害多发区之一[1],春、夏季冰雹出现频繁。每年,南北疆均有雹灾发生。冰雹来势凶猛,具有明显的季节性、局地性、持续时间短,而且灾情重,对农牧业生产和人民生命、财产造成的损失不可预估。新疆作为我国国土面积最大的内陆省份,其地域辽阔,地形复杂,气候迥异,在同样的天气状况下在不同区域产生的冰雹灾害程度不尽相同。由此可见,减轻冰雹灾害及其造成的损失已成为新疆经济持续健康发展、社会稳定的重大课题。近年来我国各地从事强对流领域研究的科技工作者进行了大量有关冰雹的气候特征、时空分布、灾情分析[2-4],预报、预警方法[5-9]等方面的研究工作,积累了很多技术方法和经验。20 世纪 50 年代以来,国内外利用对流参数分析方法,总结出了一系列的强对流预报指标和产品,如沙氏指数 SI[10]、抬升指数 LI[11]、组合参数[12]、深对流指数(DCI)[13]等。另外,Polston[14]把美国冰雹直径≥10.1 cm 的天气形势归纳为 A、B 型,并指出了 A、B 两型的三度空间配置,Johnson 和 Doswell[15]认为,天气型的识别及对流参数大小的计算是预报强风暴天气的基础,其中,参数计算及分析是尤其重要。新疆以往的冰雹天气研究主要局限在冰雹时空分布、雹灾区划、个例分析和天气特征[16-20]等方面。目前,针对新疆冰雹预报方法方面开展的系统地研究还比较缺乏,为弥补新疆不同区域冰雹天气的发生机制和预报方法方面的空白和满足人工防雹体系建设的实际需求,本文针对两大防雹区降雹发生机制和预报方法进行较为详细的研究,以期为冰雹监测、分区预报及人工防雹工作提供依据。

2　资料和方法

本文冰雹时空分布及冰雹强度等级所利用的是新疆维吾尔自治区 1970—2010 年 3—10

月,103 个气象站和当地政府减灾部门(民政、农业、保险等)记载的降雹资料,以年均雹日为单位(当日出现多次冰雹也只记为一个雹日)统计分析了降雹发生频次的空间和时间分布;以冰雹直径和降雹持续时间作为主要致灾因子,将把新疆降雹天气过程的强度划分为 3 个等级:(1)直径小于 0.5 cm、持续时间小于 5 min 为弱降雹天气过程;(2)直径在 0.5~1.5 cm、持续时间 5~10 min 为中等降雹天气过程;(3)直径大于 1.5 cm、持续时间 10 min 以上为强降雹天气过程。另外,利用 1984—2011 年全疆有详细灾情记载的多部门降雹灾情资料,并结合降雹强度等级,分析研究了新疆不同地域受灾情况、等次和危险性。环流分型所用的是 1981—2011 年,时间间隔为 6 h,空间分辨率为 1°×1° 的 NCEP/NCAR 全球再分析气象资料,分析对流参数则选用新疆信息中心提供的两大防雹区代表站克拉玛依和阿克苏两个气象站 08 时和 20 时的探空数据,采用天气动力学分析方法,针对两大降雹区 30 例不同环流型降雹天气过程的动力、热力结构及层结稳定度进行统计分析,制定了不同环流型、不同强度降雹天气发生的对流因子特征和潜势预报指标,并利用多指标叠套方法,建立了两大防雹区冰雹分区定量(强)预报指标体系。对于预报效果进行检验则统计分析了 2012 年 6—7 月各代表站逐日气象实时探测数据和各地农业、民政部门和气象灾情快报所记载的降雹信息及灾情资料。

3 冰雹的空间分布和活动规律

3.1 空间分布

受地理位置和地形、地貌影响,新疆冰雹主要出现在大小山脉及喇叭形河谷地带,并与山脉和河流走向一致,沿着山脉自西南向东北呈带状分布(图 1),可看出:冰雹分布以山区多于平原,北疆多于南疆,西部多于东部的分布特征为主。位于天山中部山间盆地的昭苏县和巴音布鲁克镇是年均降雹日数大于 10 d 的两大降雹中心,分别为 20.3 d 和 10.1 d。另外,天山南北两侧各有三个年均降雹 3~6 d 的次大中心。天山南侧的降雹次大中心分别为:位于天山西段与帕米尔高原交界处的乌恰县,位于西天山南麓的阿合奇县和乌什县,位于中天山南麓的拜城县等;天山北侧的次大中心分别为:位于北疆西部的阿拉套山和科古琴山交叉处的温泉县,位于北疆西部塔尔巴哈台山以南的塔城市,位于乌鲁木齐市南部山区的小渠子等。阿勒泰中部,博州的阿拉山口,塔里木盆地中部、南部和东部边缘等地带为少雹区,年均雹日不足 1 d,吐鄯托(吐鲁番、鄯善、托克逊)盆地和位于塔里木盆地西南角的和田地区部分区域基本为无雹区。

3.2 冰雹源地和活动规律

统计分析地面降雹资料和活动规律可看出:新疆的降雹构成了主要以 6 个降雹源地为中心、向四周扩展、主要以特定地形和河流流域为主的 8 个多雹区域。6 个主要降雹源地及活动规律是:(1)位于天山中部山间盆地的昭苏县和巴音布鲁克镇为主的雹源。该源地发源于天山南脉的北端和天山山脉。发源于昭苏周边山区的降雹系统自西向东或自西北向东南移动影响以昭苏县、特克斯县为主的特克斯河流域或自西南向东北移动影响伊犁河流域;发源于巴音布鲁克周边山区的降雹系统自西北向东南移动影响以巴音布鲁克为上游的开都河流域及巴州一带为主的下游地带或自西南向东北移动影响位于北疆沿天山一带的奎屯和玛纳斯两河流域(下文缩写成:奎—玛两河流域)的部分地区;(2)位于北疆西部塔尔巴哈台山以南、以塔城市为主的雹源。该源地发源塔尔巴哈台山中段,自西北向东南移动影响塔城盆地为主的额敏河

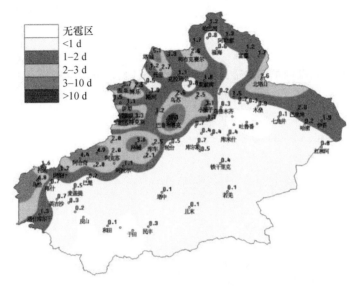

图 1   新疆降雹发生日次的空间分布(1970—2010 年)

流域;(3)位于北疆西部的阿拉套山和科古琴山交叉的温泉县为主的雹源。该源地发源于阿拉套山、自西向东移动影响博尔塔拉河流域或自西北向东南影响奎—玛两河流域;(4)位于天山西段的乌恰县为中心的雹源。该源地发源于天山南脉的西段、自西北向东南或自西向东移动影响喀什葛尔—叶尔羌两河流域(下文缩写成:喀—叶两河流域);(5)位于天山南脉中段南缘的阿合奇县—乌什县的雹源,该源地发源于天山南脉中段自西向东或自西北向东南移动主要影响阿克苏河流域;(6)位于天山汗腾格里峰东南边缘的拜城县的雹源。发源于中天山一带、自西北向东南或自北向南移动,影响拜城和库车、沙雅、新和三县为主的渭干河流域。根据以上 6 个降雹源地的活动规律,可以把新疆主要降雹区的雹云移动路径归纳成主要为自西向东向,自西南向东北向和自西北—东南向为主的三条路径。因新疆地域广大,地形复杂,针对个别区域还应有所区别。

3.3   降雹强度及空间变化

自然灾害具有复杂的成因机制,其发生过程也具有随机性。不同灾害发生的强度具有显著的区域差异性,对不同区域灾情强度的评价是自然灾害研究的重要内容,尤其对自然灾害的区域规律研究具有重要意义[21]。冰雹的强度是一个综合指标,为了准确地对降雹的强度进行划分,首先要考虑以下三个方面的因素:一是冰雹大小(直径、重量),冰雹直径大,造成农作物绝收、灾害显然就大;二是降雹密度,无论冰雹直径大或小,降雹密度大也能够造成较大的灾害;三是降雹持续时间,虽冰雹直径不大,但有时降雹持续时间长、导致地面积雹较厚,造成重大灾害。可以看出,与降雹强度相关的三个因素是相互制约、因果关系密切、最终直接与受灾(受灾面积、受灾程度或经济损失)有关。由于一般的气象台不记录降雹的密度,所以本文以冰雹直径和降雹持续时间作为主要致灾因子,对新疆降雹天气过程的强度进行分析研究。由历年成灾降雹直径和持续时间的统计分析可看出,新疆冰雹直径多在 0.5 cm 以上、持续时间则为 10 min 以内的居多。各流域弱降雹天气过程占的比例除博尔塔拉河流域和开都河流域分别达 14.4% 和 10% 以外,其他区域都在 10% 以内;中等强度降雹天气过程占 60% 左右、不同区域所占的比例不相等,为50%～75%;而强降雹天气过程占降雹总次数的32.4%,不同区域所占的比例为12%～46%,差别较悬殊(图略)。由此可见,新疆冰雹直径和持续时间的空间分布具有明显的地域特征。另外,虽新疆日降雹频次多,但持续时间一般较短。对全疆而言:降雹持续时间在10 min以内的占85%,其中60%以上的冰雹持续时间在5 min以内;持续时间在11～20 min的占10.7%;持续时间超过20 min的冰雹出现概率很少,只占3.9%;对不同区域而言:降雹持续时间在5 min以内的占44.8%～86.8%,有较大的差异;持续时间在5～10 min的占8%～36.4%;持续时间在11～20 min的占5%～18.6%;持续时间在20 min以上的占1%～7.6%(图略)。可看出,不同区域不同持续时间等级占的比率有较大的差异。

4 冰雹的时间分布

4.1 日变化

冰雹既可以发生在白天,也可以发生在夜间,但日变化大。从历年降雹资料的统计结果可看出:新疆的降雹主要出现在午后,且集中在14:00—21:00时(图略),这与午后气温高、热力对流增强、不稳定能量加大有直接关系。因新疆国土面积大,地理、地形复杂,不同区域降雹出现高峰期分别分布在15:00—19:00时,变化各有特色:特克斯河流域和额敏河流域降雹出现最多的时间是15:00时和17:00时,呈双峰型;开都河和渭干河流域降雹高发时间是17:00时;博尔塔拉和流域降雹高发时间是16:00时和17:00时相等;阿克苏河流域和伊犁河流域降雹高发时间是18:00;奎—玛两河流域和喀—叶两河流域降雹高发时间准为19:00时;24:00时至次日08:00时各地虽有冰雹出现,但其概率较小。

4.2 年变化

新疆的冰雹具有季节性强,雹日高度集中的特征。冰雹主要出现在4—9月,且高度集中在5—8月,占90%以上,个别区域3月和11月也出现降雹,12月至翌年2月全疆基本为无雹时期。新疆降雹的年变化特征基本上为单峰型,各区域峰值月份有所不同,北疆各主要降雹区域的峰值月份分散分布在5—7月,而南疆各主要降雹区域的峰值月份都在6月(图略)。

5 灾情与危险性分析

由于冰雹是强局地性天气,台站资料很难反映出雹灾的详细情况。为此,对气象部门和政府减灾部门1984—2011年有详细灾情记载的雹灾日次和雹灾面积进行统计,对各区域受雹灾等次和危险性进行对比分析。结果表明:对雹灾日数而言:北疆的奎—玛两河流域,博尔塔拉河流域,特克斯河流域,额敏河流域和南疆的阿克苏河流域,喀—叶两河流域,渭干河流域等地雹灾日数较多,其中奎—玛两河流域最多,位于天山山区的开都河流域最少(图略);对受灾面积而言:北疆的奎—玛两河流域,额敏河流域,伊犁河流域和南疆的阿克苏河流域,渭干河流域和喀—叶两河流域受灾较重,其中阿克苏河流域受灾面积最多,开都河流域最少(图略)。另外,综合分析各致灾因子和降雹强度,对各流域受灾程度等次进行排序,从大到小依次为:阿克苏河流域,奎—玛两河流域,渭干河流域,喀—叶两河流域,额敏河流域,博尔塔拉河流和伊犁河流域相等,特克斯河流域,开都河流域。

6 降雹概念模型研究

6.1 影响系统分类

　　较强的雹暴都同一定的大尺度环流背景相联系,准确判断是否入降雹环流型是冰雹预报、预警的重要一环,在不同的大尺度环流形势背景下,如果影响机制和触发条件不同,产生的强对流天气类别和强度也会存在明显差异。通常,多数研究以降雹当日的影响系统位置作为标准对环流形势进行分型,笔者认为,影响系统的分型应着眼于其最初形成的源地更为合理,因为在不同地理位置、地形和地域形成的影响系统配置(所包含的水汽、冷空气势力等的路径、演变规律以及在三度空间内的温、压、湿和动力、热力结构等)都存在明显的差异,因而天气的影响范围、路径及强度也应有所不同,特别是对新疆的特殊地理、地形条件而言更为如此。例如,巴尔喀什湖一带是影响新疆天气系统的主要必经之路,如果根据降雹当日的环流形势来对其进行分型不太科学、对中亚低涡(槽)型和巴(尔喀什)湖低涡(槽)型的判断必然会造成较大的误差,也不符影响新疆的天气系统的实际演变规律。因此,本文对新疆两个不同气候区的两大防雹区344例成灾降雹天气过程降雹前500 hPa高空环流形势进行普查分析,根据影响系统的源地(一般情况下可以追踪到降雹前48~72 h)和天气特征,对产生冰雹的大尺度环流形势背景进行了归纳分型,把两大防雹区降雹天气过程的主要影响系统分为中亚低涡(槽)型、巴(尔喀什)湖低涡(槽)型、西西伯利亚低涡(槽)型和峰区短波槽型等四种类型(表1,表2)。可看出,两大降雹区降雹影响系统中中亚低涡(槽)型占据首位、占降雹比例的50%以上,巴尔喀什湖低涡(槽)型次之、两地分别占降雹比例的31.3%和23.2%,锋区上短波槽型和西西伯利亚低涡(槽)型占的比例排列第三、分别占降雹比例的20.1%和18.7%。另外,通过普查分析发现,两大降雹区的成灾降雹天气过程几乎都是受天气系统的影响而触发的。

表1　1981—2011年奎—玛流域4—9月成灾冰雹影响系统出现频次

环流型	月份						合计	比率(%)
	4	5	6	7	8	9		
中亚低涡(槽)型	5	21	17	17	10	1	75	50
巴湖低涡(槽)型	6	11	12	14	7	0	47	31.3
西西伯利亚低槽型	2	3	9	6	3	5	28	18.7

表2　1981—2011年阿克苏河流域4—9月成灾冰雹影响系统出现频次

环流型	月份						合计	比率(%)
	4	5	6	7	8	9		
中亚低涡(槽)型	15	24	23	17	18	11	110	56.7
巴湖低涡(槽)型	1	5	12	15	9	3	45	23.2
锋区上短波槽型	0	0	9	14	7	8	39	20.1

6.2 降雹概念模型

6.2.1 中亚低涡(槽)型降雹概念模型

根据中亚低涡(槽)型自身特征,综合分析其三度空间配置和预报指标,分析绘制了两大降雹区中亚低涡(槽)型降雹概念模型(图2)。该型在两大防雹区产生降雹具有不同的自身配置特征,对奎—玛流域而言:降雹当日急流轴强中心出现在 200 hPa 上、地面对应在准格尔盆地南边缘一带,急流轴维持西南向东北走向,最大急流核风速达 65 m/s 以上;850—700 hPa 上:(1)前期,准噶尔盆地内受暖脊控制,降雹前日或当日,准噶尔盆地内出现偏东地空急流;(2)降雹前一日,克拉玛依站 24 小时变温为 3～4 ℃的正变温,降雹当日,克拉玛依站 700 hPa 24 小时变温为 3～4 ℃的负变温;(3)降雹前一天或降雹当日 850 hPa 上,克拉玛依和塔城有风切变(塔城市为偏西风,克拉玛依市为偏东风,或塔城市为偏北风,克拉玛依市为西南风);地面图上,准噶尔盆地内前期一直维持热低压,冷高压自西向东移动,在高压前边缘伴有冷锋锢囚锋(多数情况下伴有冷锋),系统主体过境时伴有冷锋,以分裂短波的形势影响时冷锋可有可无。

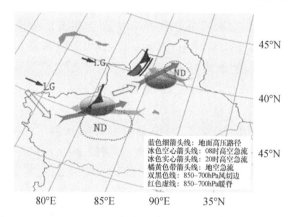

图 2　奎—玛两河和阿克苏河流域中亚低涡(槽)型降雹概念模型

对阿克苏河流域而言:急流轴强中心仍出现在 200 hPa 上、最大急流核风速达 70 m/s 以上,急流轴走向由西北转西南的过程中产生降雹;850—700 hPa 上:(1)前期,塔里木盆地内受暖脊控制、出现偏东地空急流、盆地西部维持气旋式流场;(2)降雹前一日,阿克苏站 24 小时变温幅度达 3～4 ℃的正变温,降雹当日,变温幅度为 3～4 ℃负变温;(3)降雹当日,盆地东部的偏东低空急流明显减弱、阿克苏以西仍为较强,盆地南缘地带的风已转为偏南风;地面图上,前期在塔里木盆地内一直维持热低压,地面高压自西向东移进新疆,降雹区处在高压前边缘,地面高压中心在咸海南部到伊宁之间(中心值在 1015～1022 hPa 之间),西天山南麓有冷锋(无冷锋也可以)。

6.2.2 巴尔喀什湖低涡(槽)型特征及概念模型

图3是巴湖(巴尔喀什湖)低涡(槽)型降雹概念模型图,可以看出,该型在两大防雹区产生降雹的模型配置特征是,对奎—玛流域而言:急流轴出现在 200 hPa 上、急流轴位置地面对应在沿着塔里木盆地北边缘一带,急流轴维持西南向东北向,在急流轴逐渐向北抬的过程中产生降雹,最大急流核风速达 65 m/s 以上;850—700 hPa 上:与中亚低涡(槽)型(1)、(2)相同,但多数情况下该型降雹当日 850 hPa 上 24 小时变温幅度较大、出现 3～7 ℃的负变温;地面图

上,准噶尔盆地内前期一直维持热低压,冷高压自西北向东南移动,在多数情况下高压前边缘伴有冷锋。对阿克苏河流域而言:急流轴强中心仍出现在200 hPa上、急流轴走向由西南转西的过程中产生降雹,最大急流核风速达65 m/s以上;850—700 hPa上:(1)前期,塔里木盆地内受暖脊控制、出现偏东地空急流,整个盆地内维持气旋式流场,巴楚和阿克苏之间出现风切度;(2)前期,阿克苏站24小时变温幅达3~4 ℃的正变温,但降雹当日850 hPa上变温幅度较大、达4~8 ℃的负变温;(3)与中亚低涡(槽)型相同;地面图上,前期盆地内维持热低压,地面高压自西北向东南推进、冷锋过境,降雹产生在大型冷高压东南边缘。

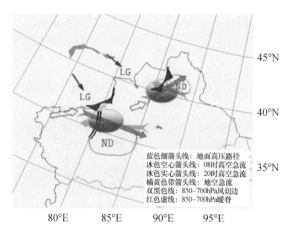

图3 奎—玛两河流域和阿克苏河流域巴湖低涡(槽)型降雹概念模型

6.2.3 西西伯利亚低涡(槽)型特征及概念模型

从图4所示的西西伯利亚低涡(槽)型降雹概念模型中可以看出,该型在奎—玛两河流域产生降雹的配置特征是,急流轴出现在200 hPa上、急流轴位置地面对应在克拉玛依和乌鲁木齐之间的北疆沿天山一带,走向是指自西向东向,风速最大值达70 m/s以上;在850—700 hPa上:与中亚低涡(槽)型(1)、(2)相同;(3)降雹当日,850 hPa或850—700 hPa上,准噶尔盆地中部有弱的闭合高压,850 hPa上准格尔盆地西部出现气旋式流场;地面冷高压自西北向东南移动,新疆处在冷高压前沿一带,在冷高压前边缘多数情况下伴有冷锋。

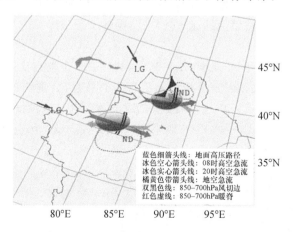

图4 奎—玛流域西西伯利亚低涡(槽)型和阿克苏河流域峰区短波槽型降雹概念模型

6.2.4 锋区短波槽型特征及概念模型

该型从大尺度分析有一定的困难,从个例分析及个性特征、三度空间配置和预报指标,分析绘制了该型(图 4)所示的概念模型。与其他环流型相比,该型急流轴出现的高度高,但强度弱,即急流轴出现在 150 hPa 上,位置对应在地面西沿天山一带,走向自偏西北转西向,最大风速达 40～45 m/s;在 850—700 hPa 上:与中亚低涡(槽)型(1)、(3)和巴湖低涡(槽)型(2)相同之外,在 700 hPa 上,塔什干一带有个闭合低压(312 dagpm),塔里木盆地东部出现反气旋式流场;地面图上:冷高压自西向东推进新疆,中天山南麓一带伴有冷锋,有时塔什干到阿拉木图一带存在一个中尺度高压,其前部伴有冷风、降雹产生在冷锋南边缘。

7 冰雹分区预报方法研究

7.1 预报因子的选取及判别方法

强对流天气的发生离不开深厚对流的发展,而深对流的发展必须具备三个条件,即大气强烈不稳定、充分的水汽供应、一定的抬升条件,三者缺一不可[22],其中,各种动力和热力不稳定的存在是对流发展的前提。以天气动力学理论为基础,从降雹形成的环流形势背景和物理机制分析出发,针对两大降雹区 25 例不同环流型降雹个例的多个对流因子进行统计分析,筛选出了沙瓦特指数 SI、K 指数、条件性稳定度指数 I_L、天气威胁指数 $SWEAT$、深对流指数 DCI、对流稳定度指数 I_c、500 hPa 与 850 hPa 的假相当位温差 $\Delta\theta_{se}$ 和 850 hPa 与 500 hPa 的温度差 ΔT 等有坚实物理基础、相关性好、历史拟合率高和稳定可靠的 9 个对流因子($X_1,\cdots,X_9$)作为预报因子。

7.2 预报指标和判别方法

一次明显的强对流天气过程的成功预报,一般为对相关的天气型并结合一些相关物理参数大小来进行预测,如果这些参数达到了一定的阈值范围,那么,将可以预测这一潜在的事件[23]。从两大防雹区不同环流型降雹个例的对流因子统计结果中可看出,并不是每个降雹日这 8 个预报因子都能同时满足预报指标的条件,大多数个例只有若干个因子满足条件,说明各对流因子在不同环流型中的显著性有所不同。在天气分型的基础上,根据两大防雹区发生降雹过程中各因子在不同天气类型中的显著性特征,构建了预报降雹潜势的总方程公式(1)

$$Y_i = X_i + \cdots + X_n \tag{1}$$

式中,$Y_i=1,2,3$,代表 3 类不同环流型;$X_i=1,\cdots,8$,代表 8 个被选预报因子。在公式(1)的基础上,根据不同环流型与各预报因子及指标阈值之间的关系,分别构建了奎—玛两河流域(式(2)—(4))和阿克苏河流域(式(5)—(7))的未来 12 h 冰雹区分区预报方程

中亚低涡(槽)型: $\quad Y_1=X_2+X_3+X_6+X_7+X_8 \tag{2}$

巴湖低涡(槽)型: $\quad Y_2=X_1+X_2+X_3+X_5+X_6+X_7 \tag{3}$

西西伯利亚低槽型: $\quad Y_3=X_3+X_4+X_6+X_7+X_8 \tag{4}$

中亚低涡(槽)型: $\quad Y_1=X_1+X_2+X_3+X_6+X_7 \tag{5}$

巴湖低涡(槽)型: $\quad Y_2=X_1+X_3+X_5+X_6+X_7+X_8 \tag{6}$

锋区短波槽型: $\quad Y_3= X_1+X_2+X_3+X_4+X_7 \tag{7}$

根据各预报因子相对无雹天气类型变化的趋势,利用多因子集成法给出各预报因子的 0、

1 化规定,满足条件的取值为 1,不满足条件则取为 0,入降雹环流型并 $Y_i < 2$ 时预报无降雹、Y_i ＝2 时预报有弱的降雹天气过程、$Y_i = 3$ 时预报有中等强度降雹天气过程、$Y_i \geqslant 4$ 时预报有强冰雹天气发生。依照两大防雹区不同环流型、不同强度降雹天气过程在满足潜势预报指标因子个数和阈值,进而就制定了在之前的研究所划分的新疆"弱"、"中"、"强"三种等级降雹多指标叠套的未来 24 小时分区定量(强)潜势预报指标体系(表3,表4)。

表3 奎—玛流域各环流型与预报因子显著性及预报指标(○:显著;×:不显著)

环流型 (Y₁—Y₃)	预报因子及阈值(X₁—X₈)								定强预报指标		
	X_1 <0	X_2 ≥30	X_3 ≤−4	X_4 >150	X_5 ≥30	X_6 <−5	X_7 ≤−4	X_8 >30	弱	中等	强
中亚低涡(槽)型(Y_1)	×	○	○	×	○	○	○	○	$Y_1=2$	$Y_1=3$	$Y_1 \geqslant 4$
巴湖低涡(槽)型(Y_2)	○	○	○	○	○	○	○	○	$Y_2=2$	$Y_2=3$	$Y_2 \geqslant 4$
西西伯利亚低槽型(Y_3)	×	○	○	○	×	○	○	×	$Y_3=2$	$Y_3=3$	$Y_3 \geqslant 4$

表4 阿克苏河流域各环流型与预报因子显著性及预报指标(○:显著;×:不显著)

环流型 (Y₁—Y₃)	预报因子及阈值(X₁—X₈)								定强预报指标		
	X_1 <0	X_2 ≥30	X_3 ≤−4	X_4 >150	X_5 ≥30	X_6 <−5	X_7 ≤−4	X_8 >30	弱	中等	强
中亚低涡(槽)型(Y_1)	○	×	○	×	○	○	○	○	$Y_1=2$	$Y_1=3$	$Y_1 \geqslant 4$
巴湖低涡(槽)型(Y_2)	○	×	○	○	○	×	○	○	$Y_2=2$	$Y_2=3$	$Y_2 \geqslant 4$
锋区短波槽型(Y_3)	○	○	○	○	×	×	○	×	$Y_3=2$	$Y_3=3$	$Y_3 \geqslant 4$

7.3 冰雹分区潜势预报业务系统

基于以上对阿克苏河流域和奎—玛两河流域降雹天气所进行的降雹天气气候及动力、热力特征以及预报方法等方面所取得的研究结果,按照图 5 所示的技术流程,利用数据库快速开发工具 DELHPI,以 Micorsoft Access 作为系统后台数据库,建立系统指标库、冰雹灾害索引数据库等各种数据库,以人机交互和自动判别相结合方式实现了 MICAPS 系统为基础、多指标叠套的新疆降雹分区潜势预报业务系统。系统应用每日 MICAPS、ECMWF、T63 等数值预报产品,每日以滚动式的运行,确定天气系统将来影响新疆的展望预报。如果天气系统 12～24 小时内影响新疆,判断环流入型后,就要执行 12 小时潜势预报子系统,系统自动获取当日各个探空站相应时次的探空资料,对其进行计算分析,判断是否降雹、降雹区域和强度等,以不同的颜色自动输出可能发生降雹的区域及强度(图略)。

8 预报效果检验

利用该预报方法,2012 年 6—7 月以各环流型概念模型为入型条件,进行了两大防雹区针对成灾冰雹(中等以上降雹天气过程)未来 24 小时和未来 12 小时两个时段的冰雹分区、定量(强)预报实验。根据 08 时探空数据计算分析的未来 24 小时预报结果表明,奎—玛两河流域 6—7 月共出现 5 次中等强度和 6 次强降雹天气过程,中等降雹报对 3 次(60%)、空报(预报偏弱)1 次(20%)漏报 1 次(20%),强降雹报对 5 次(83%)、漏报 1 次(17%);阿克苏河流域两个

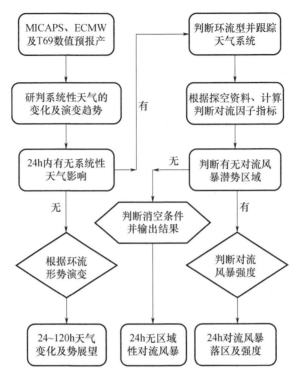

图 5　新疆冰雹分区潜势预报业务流程

月间共出现 5 次中等强度和 4 次强降雹天气过程,中等降雹天气报对 4 次(80%)、空报(预报偏弱)1 次(20%)、无漏报现象,强降雹报对 4 次(100%)、无空漏报现象。对两大防雹区中等及以上降雹天气过程的预报准确率可以取为中等强度和强降雹准确率的平均值,获得奎—玛两河流域 71.5% 和阿克苏河流域 90% 的预报准确率。另外,根据 08 和 20 时的探空数据计算分析而预报的 08—20 时和 20—08 时未来 12 小时预报结果表明,08 时预报未来 12 小时空、漏报的个例恰恰均被 20 时未来 12 小时预报中报准。可以看出,该方法预报两大防雹区未来 24 小时的降雹潜势有一定的防雹预报价值。

9　小结

(1)新疆的冰雹就其地理特点而言,主要分布在大小山脉及喇叭形河谷地带,并与山脉和河流走向一致;山区多于平原、北疆多于南疆、西部多于东部的分布特征为主。

(2)新疆冰雹具有"两大中心、六个源地、八个多雹区"的分布特征和"自西向东向、自西北向东南向和西南向东北向"等三条移动路径为主。

(3)冰雹的大小和持续时间是确定受灾程度的主要因子,新疆的冰雹直径大多数为 0.5～1.5 cm、持续时间多在 10 min 以内为主,各区域超过 10 min 以上所占比例不一样。

(4)在两大防雹区中亚低涡(槽)型产生降雹的概率均最多、巴尔喀什湖低涡(槽)型次之、西西伯利亚低涡(槽)型和锋区短波槽型最少。

(5)基于环流分型的基础上,综合分析降雹的三度空间配置特征和环境条件,筛选 8 个物理意义明确、稳定可靠的对流因子为预报因子,制定各环流型的因子类型和指标阈值,采用判别分析和多指标叠套法,建立了两大防雹区各环流型产生不同强度降雹的潜势预报方法和指标体系,并建立相应地冰雹分区潜势预报业务系统。

(6)通过冰雹预报业务试报检验,验证了该系统预报两大防雹区中等以上降雹过程70%以上的预报准确率,具有一定的防雹预报业务指导作用和应用价值,今后可以推广应用到新疆其他重点防雹区域的冰雹预报业务。

参考文献

[1] 刘德祥,白虎志,董安祥.中国西北地区冰雹的气候特征及异常研究[J].高原气象,2004,23(6):795-803.

[2] 王瑛,王静爱,吴文斌,等.中国农业雹灾灾情及其季节变化[J].自然灾害学报,2002,11(4):30-36.

[3] 龙余良,金勇根,刘志萍,等.江西省冰雹气候特征及冰雹灾害研究[J].自然灾害学报,2009,18(1):53-57.

[4] 蔡义勇,王宏,余永江.福建省冰雹时空分布与天气气候特征分析[J].自然灾害学报,2009,18(4):43-48.

[5] 殷雪莲,董安祥,丁荣.张掖市降雹特征及短期预报[J].高原气象,2004,23(6):804-809.

[6] 赵淑艳,朱文志.北京地区冰雹云生成的宏观条件分析[J].气象科技,2004,32(5):348-351.

[7] 王繁强,陆桂荣,周秀君,等.日照市短时冰雹定时-定点-定量预报[J].气象科技,2003,31(4):220-222.

[8] 李耀东,高守亭,刘健文.对流能量计算及强对流天气落区预报技术研究[J].应用气象学报,2004,15(1):10-20.

[9] 刘玉玲.对流参数在强对流天气潜势预测中的作用[J].气象科技,2003,31(3):147-151.

[10] Showalter A K. A stability index for thunderstorms forecasting[J]. Bull Amer Meteor Soc,1953,34:250-252.

[11] Galway J G. The lifted index as a predictor of latent instability [J]. Bull Amer Meteor Soc,1956,37:528-529.

[12] Ostby F P. Improved accuracy in severe local storms forecasting by the severe local storms unit during the last 25 years: then versus now [J]. Wea Forecasting,1999,14:526-543.

[13] Barlow W B. A new index for the prediction of deep convection[C]. Preprints. 17th Conferenceon Severe Local Storms,Amer Meteor Soc,1993:129-132.

[14] Polston K L. Synoptic patterns and environmental conditions associated with very large events[C]. Preprints,18th Conference on Severe Local Storms,Amer Meteor Soc,1996:349-356.

[15] Johns R H,Doswell III C A. Severe local storms forecasting[J]. Weather and Forecasting,1992,7(4):588-612.

[16] 热苏力·阿不拉.玛纳斯河流域春季一次强降雹能量特征分析[J].沙漠与绿洲气象,2007,1(2):40-43.

[17] 王鼎丰,高子毅.新疆冰雹的气候统计特征[C]//高子毅,张建新,胡寻伦,等.新疆云物理及人工影响天气文集.北京:气象出版社,1999,85-92.

[18] 热苏力·阿不拉,瓦黑提·阿扎买提,麦丽凯·沙海提,等.奎-玛两河流域冰雹灾害时空分布规律及特征分析[J].沙漠与绿洲气象,2007,1(3):37-40.

[19] 刘德才.对新疆冰雹灾害极其取回若干问题的再认识[J].干旱区研究,1994,11(4):63-69.

[20] 王秋香,任宜勇.51a新疆雹灾损失的时空分布特征[J].干旱区地理,2006,29(1):65-69.

[21] 邱玉珺,王静爱,邹学勇.区域灾情评价模型[J].自然灾害学报,2003,12(3):48-53.

[22] Sherwood S C. On moist instability[J]. MonWea Rev,2000,128:4139-4142.

[23] 刘玉玲.对流参数在强对流天气潜势预测中的作用[J].气象科技,2003,31(3):147-151.

Y 值分布图及其在人工防雹中的应用

王红岩

(新疆人工影响天气办公室,乌鲁木齐 830002)

摘　要　本文介绍了欧洲识别冰雹云的 Y 模式、Y 值分布图以及区域降雹分布图的绘制。结合玛纳斯河流域一次强降雹过程的观测资料,研究和探讨了利用 Y 值分布图或区域降雹分布图,在识别雹云、指挥防雹作业、评估防雹效果以及研究雹云的降雹特征等方面的应用。

关键词　Y 值分布图　人工防雹　应用

1　引言

欧洲识别冰雹云的 Y 模式,是根据雷达反射因子在云中的分布特征,给出的一个雹云识别模式。应用该模式对雷达回波资料进行处理,可得出一幅和雷达回波分布范围相对应的 Y 值分布图。此图能大致反映各类降水物(包括冰雹)的区域分布。如果将不同时刻的 Y 值分布图衔接起来,可近似得出各类降水物(包括冰雹)的区域分布图。本文通过实例,用 Y 值分布图来分析雹云的降雹特征。

2　Y 模式和 Y 值分布图

2.1　Y 模式

根据本地区多年雷达回波和降雹实况资料的对比观测,为使模式的适用性更好,对欧洲 Y 模式作如下定义

$$Y = 10 \times \ln(Z_{max} \times H_{Z_{max}}) \tag{1}$$

式中:Z_{max} 为 0 ℃层以上并且在 3 km 以上最大回波强度(单位:dBZ);$H_{Z_{max}}$ 为 0 ℃层以上并且在 3 km 以上最大回波强度所在高度(单位:km)

2.2　Y 门限值的设定

Y 门限值通常包括:Y 报警门限值、出现小雹、中雹和大雹门限值。小雹、中雹和大雹可根据本地实际自行定义,例如:小雹可定义为最大雹块直径<1 cm 的不成灾冰雹;中雹可定义为最大雹块直径 1~3 cm 的成灾冰雹;大雹可定义为最大雹块直径>3 cm 的特强成灾冰雹。Y 报警门限值一般取雹云单体开始出现降雹前 5~10 min 时刻的 Y 值。

Y 门限值的设定是根据历史降雹记录和对应的 Y 实测值,按上述定义分别统计得出的。

2.3　Y 值分布图

利用雷达回波体扫资料,按上述定义,经计算机处理后,可给出一幅雷达探测范围内的 Y

值分布图。

在 Y 值分布图上,达到小雹、中雹和大雹 Y 门限值,分别用不同彩色色层表示,并自动列表显示 Y_{max},以及大于某 Y 值的面积(单位:km)。

Y 模式既可以在 XDR-21 型的数字化雷达上使用,同时也可以在新一代天气雷达上使用。

2.4 区域降雹分布图的绘制

将不同时刻的 Y 值分布图,按移动轨迹排列在标有地理位置的雷达坐标图上,然后将相同 Y 值的外廓线连接起来,即可得出区域降雹分布图。如果 Y 门限值按最大雹块直径定义和划分等级的,则此区域降雹分布图可称为区域最大雹块直径分布图;如果 Y 门限值按降雹强度、冰雹动能或平均直径定义和划分等级的,则此区域降雹分布图可称为区域降雹强度、冰雹动能或平均直径分布图。

3 在人工防雹中的应用

3.1 利用 Y 值分布图识别冰雹云

Y 值分布图也称冰雹识别图。在 Y 值分布图上,可用彩色色层识别雹云和识别降雹尺度的分布情况。例如出现绿色色层,表示该单体 Y 值已达到报警门限值,可识别为具有降雹潜在危险的雹云单体。出现黄色、粉红色或大红色,表示该区域已经或即将出现小雹、中雹或大雹。屏幕右上角列表给出了 Y_{max} 值和大于某 Y 值的面积(单位:km)。这些数据供实时分析、比较和事后研究使用(图 1)。

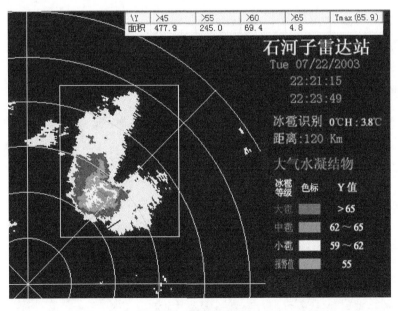

图 1 Y 值分布图

实际应用表明,利用 Y 值分布图识别冰雹云的准确率取决于雷达的性能和 Y 门限值的代表性。如果雷达各项技术参数正常,强度值稳定,设置的 Y 门限值是根据大量实测资料统计得出的,则利用 Y 值分布图识别冰雹云的准确率较高。

3.2 利用 Y 值分布图指挥防雹作业

当对流单体识别为具有降雹潜在危险的雹云单体时，应立即指挥相关作业点实施防雹作业。作业后是否需要下游作业点继续作业？这时可根据 Y 值分布图的变化做出决策：对新生单体初始雷达回波实施早期作业后，如果 Y 值增大，并出现小雹或中雹，则应指挥下游相关作业点继续作业。如果能确定被作业单体属对称单体雹云，则可停止作业；对处于孕育阶段的非对称单体雹云实施临近作业后，如果 Y 值增大，并出现小雹、中雹或大雹，则需要指挥下游相关作业点继续作业，直至降雹潜在危险解除为止。

3.3 利用 Y 值分布图和区域降雹分布图评估防雹作业效果

3.3.1 利用 Y 值分布图评估防雹作业效果

已识别为具有降雹潜在危险的对流单体实施作业后 5～10 min 内，如果在 Y 值分布图上没有出现降雹，则可认为防雹作业有效的概率很大；如果作业时在 Y 值分布图上已出现降雹，作业后降雹强度减小（如由中雹转小雹）或终止，降雹区面积缩小或消失，则可认为防雹作业有效。

3.3.2 利用区域降雹分布图评估防雹作业效果

在区域降雹分布图上（比如区域最大雹块直径分布图），作业影响区内最大雹块直径减小、降雹区面积缩小、出现中断、拐弯或降雹终止，则可认为防雹作业有效。

经过多年防雹作业后，如果大多数降雹都出现在作业影响区以外，则从统计意义上说，可认为防雹作业有效。

3.4 利用区域降雹分布图分析雹云的降雹特征

2003 年 7 月 22 日新疆玛纳斯河流域出现一次典型的超级单体雹云降雹。利用 Y 值绘制的区域最大雹块直径分布图（图 2），和根据实地调查绘制的最大雹块直径分布图，其降雹路径、范围、雹块直径分布等都非常相似。

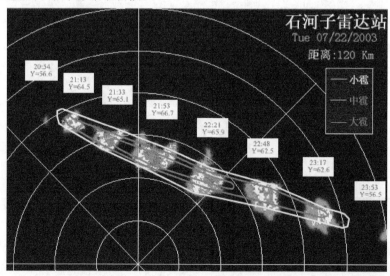

图 2　由 Y 值绘制的区域最大雹块直径分布图

另外,由图 2 可见,超级单体雹云降雹分布特征是:呈连续的条带状分布,带的长度远大于带的宽度,最大雹块直径中部大,两头小,和其他地区观测的超级单体雹云降雹分布特征基本一致。

4 小结

根据以上分析,可以初步得出以下几点结论。

(1)如果雷达各项技术参数正常,强度值稳定,设置的 Y 门限值是根据大量实测资料统计得出的,则 Y 值分布图和由 Y 值绘制的区域降雹分布图,能基本反映雹云的降雹强度和降雹分布特征,具有一定实用价值。

(2)在人工防雹中,利用 Y 值分布图和由 Y 值绘制的区域降雹分布图,可应用于雹云识别、作业指挥、效果分析和对雹云物理研究等方面。

参考文献

[1] 胡明宝,汤达章,等 . 多普勒天气雷达资料分析与应用[M]. 北京:解放军出版社,2000:201.
[2] 李斌,胡寻伦,贾昭茂,等 . Y 模式建立雷达初步判别不同降水散落物系统[J]. 新疆气象 2004(1):27-30.

喀什一次强冰雹天气的雷达回波分析

王荣梅

(新疆人工影响天气办公室,乌鲁木齐 833000)

摘 要 利用常规气象探测资料和多普勒天气雷达产品,对 2011 年 8 月 11 日在喀什发生的一强冰雹天气过程,从天气形势、雷达回波演变特征等几个方面进行了综合分析。结果表明:这次冰雹天气出现在对流不稳定层结条件下,0 ℃层和−20 ℃层的高度适宜。多普勒雷达能很好地监测冰雹天气的发生发展演变过程,>70 dBZ 强回波区和悬垂结构及逆风区的出现,垂直累积液态含水量(VIL)增加等都对冰雹天气的出现具有指示意义,对今后的防雹减灾工作有较好的应用价值。

关键词 冰雹 不稳定能量 回波

1 天气实况

2011 年 8 月 11 日 15:47—19:35,伽师县 3 个乡和喀什市先后出现了冰雹、雷雨等短时强对流天气。其中伽师县克孜勒苏乡、和夏阿瓦提乡、英买里乡的冰雹天气,单点最长持续时间为 25 min,冰雹最大直径约 2~3 cm,积雹最大厚度约 5 cm。此次冰雹共造成直接经济损失 2.81 亿元。喀什测站当日 19 时 28 分开始断续出现雷暴,同时伴有短时阵雨和冰雹,冰雹最大直径 1.5 cm。农作物受灾面积 127.9 hm^2。

本文利用常规气象资料和喀什新一代多普勒天气雷达资料,对冰雹云的发生、发展和演变进行了分析,希望借此提高强对流天气的预警预报、雷达监测;对人影开展防雹作业有一定的指导作用。

2 高空环流背景

过程前期,在 8 月 9 日 08 时 500 hPa 图上,欧亚范围内为两槽一脊型,大西洋沿岸至西欧及乌拉尔山以东为低槽活动区,东欧地区为高压脊区,脊前西北风带位于乌拉尔山,南疆盆地处于青藏高压北部。8 月 10 日 08 时东欧高压脊发展,脊前低槽东南下至哈萨克丘陵,喀什处于槽前偏西气流上;300 hPa 图上,南疆盆地上空有≥40 m/s 的急流轴。8 月 11 日 08 时,东欧脊继续发展,脊前冷空气南下在巴尔喀什湖以南附近形成低涡,喀什处于低涡槽前西南气流上,300 hPa 急流轴继续维持在南疆盆地上空。8 月 11 日 20 时,东欧脊部分衰退,巴尔喀什湖低涡的东南移,冷空气由盆地北部从高空侵入南疆盆地,诱发南疆西部强对流发生,造成了喀什地区的强冰雹天气。

3 潜在不稳定能量

3.1 大气不稳定度

K 指数主要用作对流性天气的一个势力指标,它既考虑了垂直温度、梯度,又考虑了低层水汽,还间接表示了湿层的厚度,一般 K 值越大表示层结越不稳定。

通过对 T639 初始场南疆西部 K 指数分布图分析得知(图略),9 日 08 时雹区伽师县位于 K 指数低值中心区,指数约为 8,9 日 08 时 K 值突然加大 30 左右,11 日 08 时大值中心继续扩大,雹区 K 指数增大到 40,11 日 20 时降雹结束,K 指数明显下降到 24 左右。

3.2 沙氏指数

喀什测站沙氏指数(SI)从 10 日的 2.25 降到 11 日的 0.08,说明对流增强,大气层结不稳定。

3.3 假相当位温

假相当位温的垂直分布可以很好地反映大气的对流不稳定性,利用喀什 11 日 08 时 850 hPa 与 500 hPa 的差值来判断大气层阶的稳定性,假相当位温随高度的增加而减小,即 $\theta_{se}/Z < 0$,说明大气处于对流不稳定状态。

3.4 0 ℃和－20 ℃层高度

0 ℃和－20 ℃层高度分别是云中冷暖分界线和大小水滴自然冰化的下界,是表征云特征 2 个重要参数。冰雹云的产生要有适宜的 0 ℃和－20 ℃层高度,0 ℃层高度为 620～720 hPa,－20 ℃层高度为 380～480 hPa[1]。通过对 11 日 08 时喀什探空资料分析,0 ℃层高度为 4481 m,－20 ℃层高度 7190 m,有利于冰雹的生成。

4 雷达回波资料的分析

4.1 强度回波特征

8 月 11 日的冰雹天气,表现为多单体雹暴回波(图 1),该回波 14:29 时生成于距克州 36 km,方位 355°境内,反射率因子图上表现为回波带有 5 个强度均在 45 dBZ 以上的对流单体。随后 5 个对流单体自西向东移动,在 15:13 时有一强度中心为 69 dBZ 回波到达阿图什,造成了阿图什的雷雨、冰雹天气;然后回波继续南移,在 15:41 时该对流单体与其前部的单体合并加强,于 15:47—16:40 造成了伽师的强冰雹天气,此时雷达回波达到最强,中心强度 73 dBZ。

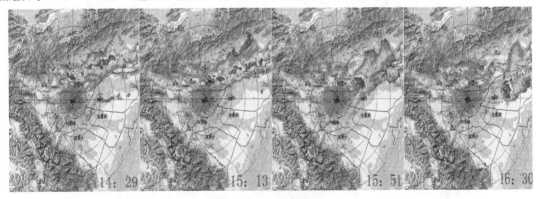

图 1 8 月 11 日雷达组合反射率图

4.2 RHI 显示特征

8月11日15:57和16:13冰雹云的垂直剖面图上(图2),对流单体出现弱回波区及悬垂结构,最大的回波强度出现在回波墙中上部,超过70 dBZ;强回波主体在8 km左右,回波顶高达15 km。60 dBZ的强回波高度达10 km以上,超过了−20 ℃的高度,对强降雹的潜势贡献最大[2]。用RHI上的回波判别冰雹云,强回波高度是一个很成功的指标[3]。

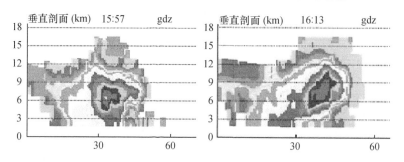

图2 8月11日雷达强度的RHI图

4.3 径向速度

8月11日14:46时 V(27)产品可以看出(图3),距离RDA 40 km,方位10°的零速度线基本呈南北直线分布,在强回波区出现了一对正负径向速度对,负速度区在RDA的左侧,正速度区在RDA的右侧,呈现为气旋;同时在距离RDA 35 km,方位360°有一明显气旋式辐合,此后东南移动并一直维持到15:19,生命史达33 min。说明此处强对流极旺盛。15:13,在阿图什境内产生了冰雹天气。之后开始减弱东移。

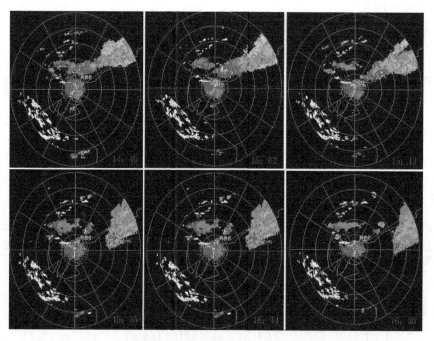

图3 8月11日雷达径向速度图

15:02 位于阿图什东北方向 33 km 处,在大片正速度中包含了小块封闭的负速度区,也即在正速度区中产生了"逆风区"。15:35"逆风区"范围不断扩大,据有关资料显示:15:47 左右"逆风区"处出现了冰雹天气。该"逆风区"的位置刚好和灾害性天气发生区域完全对应,时间也比较吻合。16:14"逆风区"消失,负速度明显减弱,天气即将结束。

4.4 垂直累积液态含水量

垂直累积液态含水量产品是反映降水云体中,在某一确定的底面积的垂直柱体内液态水总量的分布产品,它是判别强降水及其降水潜力、强对流天气造成的暴雨、暴雪和冰雹等灾害性天气的有效工具之一[4]。对 8 月 11 日的冰雹天气 VIL 的连续演变分析,14:29,$VIL=47$ kg/m^2,15:08,$VIL=55$ kg/m^2,此时阿图什境内产生雷阵雨并伴有冰雹天气。16:03,$VIL=54$ kg/m^2。19:04,$VIL=40$ kg/m^2,19:20,VIL 减小到 20 kg/m^2,19:48 增加到 35 kg/m^2 维持到 19:53,最大 38 kg/m^2。

5 小结

(1)8 月 11 日的强对流天气是在高空冷涡和低层切变线共同影响下造成的。

(2)K 指数、SI 指数的变化反映了大气的对流不稳定性和不稳定能量的积聚。

(3)本次过程"逆风区"的出现,是对流单体发展为冰雹的关键因素。

(4)在雷达指挥人影作业时,要注意单体回波的合并,合并后能量聚集,天气更强。

参考文献

[1] 郭学良,等.大气物理与人工影响天气[M].北京:气象出版社,2010:390.

[2] 俞小鼎,姚秀萍,熊延南,等.多普勒天气雷达原理与业务应用[M].北京:气象出版社 2006:150.

[3] 张培昌,杜秉玉,戴铁丕.雷达气象学[M].北京:气象出版社,2001:384.

[4] 胡明宝,高太长,汤达章.多普勒天气雷达资料分析与应用[M].北京:解放军出版社.2000:144-147.

[5] 张天峰,王位泰,杨民,等.2005·5·30 庆阳强冰雹天气雷达资料分析[J].干旱气象,2006,24(1):34-37.

[6] 魏勇,赵俊荣,王存亮,等.新疆石河子地区一次冰雹天气的综合分析[J].沙漠与绿洲气象,2010,4(2):45-50.

[7] 谢向阳,张平文,刘臣亮.一次局地冰雹的新一代天气雷达回波演变特征分析[J].沙漠与绿洲气象,2007,1(5):42-43.

[8] 李海燕,巴哈尔古丽雨,储鸿,等.库尔勒地区两次强对流天气过程的形势和雷达回波对比分析[J].沙漠与绿洲气象,2007,1(3):33-36.

冰雹云图像识别的一种指标设计

徐文霞[1]   李国东[2]

(1. 新疆维吾尔自治区气象局人工影响天气办公室，乌鲁木齐 830002；

2. 新疆财经大学应用数学学院，乌鲁木齐 830012)

摘　要　冰雹是我国主要的气象灾害之一，为时下研究热点。冰雹的预测多采用的是雷达返回数据。本文依据雷达返回图像，采用统计学中的 K-means 聚类算法和细胞神经网络(cellular neural network，CNN)轮廓提取算法相结合，对云层图像进行处理，提取内外层轮廓，并计算得到内外层轮廓的方差。通过分析雹云图像和非雹云图像内外轮廓距离方差的区别，构造指标。最后采用新疆石河子地区的雹云图像和非雹云图像进行验证，验证本文的结论有效。表明结合 K-means 聚类算法和 CNN 轮廓提取算法得到的内外轮廓差是一个可以有效判别冰雹的方法。

关键词　冰雹　图像识别　识别指标　K-means 聚类算法　CNN

1　引言

冰雹是强对流天气系统引起的一种剧烈的天气现象，可以造成气象灾害。给新疆及其周边地区的经济社会发展造成严重阻碍。随着"十二五"的结束、"十三五"的到来，国家对于新疆的经济发展、社会安定更加关注。2015 年 3 月 28 日，国家发展与改革委员会、外交部、商务部联合发布了《推动共建丝绸之路经济带和 21 世纪海上丝绸之路的愿景与行动》文件。文件自颁布以来国内外对此都十分关注，新疆作为丝绸之路经济带中链接中亚和俄罗斯的重要省份，也吸引了企业家、个体商户及各业精英的视线。从而营造一个社会生活安定的新疆，为新疆的发展提供一个更加安全广阔的平台，是时下最紧要的事情之一。对于气象灾害的预警、预报，是防灾减灾的有效手段，为民众的生产生活提供指导，为安定新疆尽一份责任。新疆虽然地处内陆干旱、沙漠地区，但仍为冰雹的频发地区。石河子是新疆的主要的农业产区之一，也深受冰雹灾害的困扰。冰雹虽然持续时间短，但是造成的却是持续性、毁灭性的灾害。针对强对流天气基于雷达回波的预报，国外从 20 世纪中期就开始进行研究。近些年 Johnson 等[1]在强对流天气的回波识别的阈值上的研究取得了很大的进展，并且在美国的实地测试过程中该方法也取得了较好的结果。国内的起步较晚，但近些年取得很大的进展。刘黎平等[2]提出以面积较大的回波块图像为研究对象，通过计算等高面中的面积、强度来识别风暴的云图。

冰雹暴雨等强对流天气反映到雷达回波图像中有比较显著的图像特征，依据持续观测结果分析携带有强对流云层图像的客观规律。这将为本文进行雹云判别提供研究的数据[3-4]。本文将应用 K-means 聚类和 CNN 边缘检测算法对独立的云层单体图像进行处理，得到云层的区域边缘，其包含有梯度和砧区特征、轮廓方差特征等[5-6]。这些特征从不同侧面反映了雹云和非雹云的区别，同时体现了雹云发生发展过程。实验证明本文所用方法对雹云的判别有效。

2 K-means 聚类

2.1 RGB 模型到 Lab 模型的转换

为了聚类结果的准确性,一般采用 Lab 颜色空间模型,故现将图像的像素值有 RGB 颜色空间转换到 Lab 颜色空间,具体的转换关系为

$$N_L = 0.2126 \times N_R + 0.7152 \times N_G + 0.0722 \times N_B \tag{1}$$

$$N_a = 1.4749 \times (0.2213 \times N_R - 0.3390 \times N_G + 0.1177 \times N_B) + 128 \tag{2}$$

$$N_b = 0.6245 \times (0.1949 \times N_R - 0.6057 \times N_G - 0.8006 \times N_B) + 128 \tag{3}$$

式中,N_L,N_a,N_b 分别为 Lab 图像的某个像素点的 L 值,a 值和 b 值。N_R,N_G,N_B 分别为 RGB 图像中像素点的 R 值 G 值和 B 值。[7-8]颜色空间转换后,由于 Lab 颜色模型的 a,b 层分别表示从红色到绿色的范围和从黄色到蓝色的范围,所以 a,b 层包含了所有的颜色信息。选取 Lab 颜色模型图像中 a,b 层信息用于雹云图像区域的划分。

2.2 K-means 聚类算法

K-means 聚类法是由 Mac Queen 提出的,此聚类方法的主要是将每一个项目分给具有最近中心(方差)的聚类。具体过程是给定一个数据点的集合和需要聚类的数目,算法根据特定的距离函数通过迭代将数据点移入各聚类域中。[9]实现步骤为:

给定像素大小为 n 的样本空间数据集,根据指定的聚类数 K,令迭代的次数为 R,随机的选取 K 个像素作为初始的聚类中心 $C_j(r)$,其中 $j=1,2,\cdots,k$;$r=1,2,\cdots,R$。

计算样本空间中每个数据对象与初始聚类中心的相似距离 $D(X_i,C_j(r))$;其中 $j=1,2,\cdots,n$ 形成簇 W_j,如果满足式(4)

$$\sum_{i=1}^{n} |D(X_{i+1},C_j(r)) - D(X_i,C_j(r))|^2 < \varepsilon \tag{4}$$

则 $X_i \in W_j$,其中 ε 是任意给定的正数[10-11]。

计算 K 个新的聚类中心,公式为

$$C_j(r+1) = \frac{1}{n} \sum_{i=1}^{n} X_i^{(j)} \tag{5}$$

聚类准则所要求的函数值的计算公式为

$$E(r+1) = \sum_{i=1}^{K} \sum_{X_i \in W_j} |X_i - C_j(r+1)|^2 \tag{6}$$

判断聚类是否合理,判别公式为

$$|E(r+1) - E(r)| < \varepsilon \tag{7}$$

如果合理则可以终止迭代,如果不合理则需要返回第(2)、(3)步继续迭代。

3 CNN 边缘检测

细胞神经网络(CNN)是一种非线性的局域连接的神经网络,由大量胞元组成,每一个胞元记作 $c(i,j)$ $(i,j=1,2,3,\cdots)$,每个胞元都与其邻域内的 8 个方位的胞元相连,且之间的连接强度由模板的参数值决定[12-13]。

单层 $m \times n$ 二维 CNN 细胞的 r 邻域定义为:

$$N_r(i,j) = c(k,l):\max\{|k-i|,|l-j| \leqslant r\} \tag{8}$$

式中,r,k 和 l 均为正整数,$1 \leqslant k \leqslant m, 1 \leqslant l \leqslant n$。其中 $c(k,l)$ 表示单个胞元 $c(i,j)$ 及其邻域 r 内的所有细胞。可以得出,细胞神经网络中式(8)所定义的邻域具有对称性,即若 $c(i,j) \in N_r(k,l)$,则 $c(k,l) \in N_r(i,j)$ 这一特性适用于所有的 $c(i,j)$ 和 $c(k,l)$[14]。

细胞神经网络的表示方法如下。

细胞 $c(i,j)$ 的状态方程为:

$$c\frac{\mathrm{d}x_{ij}(t)}{\mathrm{d}t} = -\frac{1}{R_x}x_{ij}(t) + \sum_{c(i,j) \in N_r(i,j)} A(i,j;k,l)y_{kl}(t) + \sum_{c(k,l) \in N_r(i,j)} B(i,j;k,l)u_{kl} + z \tag{9}$$
$$1 \leqslant i \leqslant m, 1 \leqslant j \leqslant n, c > 0; R_x > 0$$

输出方程:

$$y_{ij}(t) = \frac{1}{2}(|x_{ij}(t)+1|-|x_{ij}(t)-1|) \quad 1 \leqslant i \leqslant m, 1 \leqslant j \leqslant n \tag{10}$$

输入方程:

$$u_{ij} = E_{ij} \quad 1 \leqslant i \leqslant m, 1 \leqslant j \leqslant n \tag{11}$$

约束条件:

$$|x_{ij}(0) \leqslant 1| \quad 1 \leqslant i \leqslant m, 1 \leqslant j \leqslant n \tag{12}$$

$$|u_{ij}| \leqslant 1 \quad 1 \leqslant i \leqslant m, 1 \leqslant j \leqslant n \tag{13}$$

对称性:

$$A(i,j;k,l) = A(k,l;i,j) \quad 1 \leqslant i \leqslant m, 1 \leqslant j \leqslant n \tag{14}$$

由(9)式可知 CNN 胞元的输入依赖于参数 $B(i,j;k,l)$,而输出则依赖于参数 $A(i,j;k,l)$。因而由 $A(i,j;k,l)$ 与 $B(i,j;k,l)$ 所确定的矩阵 $\boldsymbol{A}$ 与 $\boldsymbol{B}$ 分别被称为反馈模板和控制模板。输入 u_{ij}、状态 x_{ij} 与输出 y_{ij} 的关系完全有反馈模板 A、控制模板 B 和阈值 z 来确定。通过选择最佳参数,从而来确定细胞之间的连接强度[15-17]。

4 雹云单体特征提取算法

将以图像在 Lab 颜色空间的颜色直方图作为特征进行像素检索,用 K-means 聚类方法对雹云单体图像进行分割,以各个像素之间的相似度距离作为不同颜色之间的差距。将聚类后所得的图像采用 CNN 边缘检测方法进行边缘提取,并将得到的边缘叠加得到一个单体的三层轮廓,计算得到内层轮廓和外层轮廓的距离差。

具体实现步骤如下:

Step1:读取彩色图像,得到图像 RGB 颜色空间的像素矩阵 $\boldsymbol{R}, \boldsymbol{G}, \boldsymbol{B}$。通过计算将图像像素值由 RGB 颜色空间转换到 Lab 颜色空间,取 a,b 层的像素矩阵信息 N_a, N_b。

$$N_a = 1.4749 \times (0.2213 \times N_R - 0.3390 \times N_G + 0.1177 \times N_B) + 128 \tag{15}$$

$$N_b = 0.6245 \times (0.1949 \times N_R - 0.6057 \times N_G - 0.8006 \times N_B) + 128 \tag{16}$$

Step2:在大小为 $M \times N$ 的图片上任意标记 K 个位置,得到 K 个属性值向量为初始簇的中心,设这 K 个向量为 $\boldsymbol{Y}_i(l), i=1,2,\cdots,K; l=1,2,\cdots,n$。循环处理的次数设为 n,其初始值设为1。

Step3:对所有的属性向量 $\boldsymbol{X}$ 由下式进行分类,使向量集 $\{\boldsymbol{X}\}$ 中的向量分别属于簇的中心

$Y_1(n)$，$Y_2(n)$，$\cdots$，$Y_K(n)$ 相对应的子集 $S_1(n)$，$S_2(n)$，$\cdots$，$S_K(n)$。

$$d_l = \min_{j \in N_K}\{ \parallel X - Y_j(n) \parallel \} \rightarrow X \in S_j(n) \quad N_K = 1,2,\cdots,K \tag{17}$$

Step4：由下式计算各子集 $S_l(n)$，$l=1,2,\cdots,K$ 的新的簇的中心 $Y_l(n+1)$，其中 N_l 是集合 $S_l(n)$ 中元素的个数。

$$Y_l(n+1) = \frac{1}{N_l}\sum_{X \in S_l(n)} X \tag{18}$$

Step5：对所有簇，当下是成立时处理结束，否则就返回到 Step3 继续处理。

$$Y_l(n+1) = Y_l(n) \tag{19}$$

Step6：将最终所得的 K 个不变的聚类标记为 YZ、GZ、BZ，按（15）（16）的逆运算得到 R，G，B 值，并按式（20）计算得到二值图像。

$$Gray = 0.11 \times R + 0.59 \times G + 0.3 \times B \tag{20}$$

$$g(x,y) = \begin{cases} 0 & GRAY > 127 \\ 255 & GRAY \leqslant 127 \end{cases} \tag{21}$$

Step7：分别对 YZ 和 BZ 的二值图像，运用下述参数模板进行 CNN 边缘检测，得到黄色区域轮廓 YZE 和蓝色区域轮廓 BZE[18-20]。

$$\boldsymbol{A} = \begin{bmatrix} 0 & 0 & 0 \\ 0 & 2 & 0 \\ 0 & 0 & 0 \end{bmatrix}, \boldsymbol{B} = \begin{bmatrix} -1 & -1 & -1 \\ -1 & 8 & -1 \\ -1 & -1 & -1 \end{bmatrix}, z=1 \tag{22}$$

Step8：对得到的黄色区域轮廓 YZE 和蓝色区域轮廓 BZE 进行叠加，得到同时含有黄色轮廓和蓝色轮廓的 TZE 图像。

$$TZE = YZE + BZE \tag{23}$$

Step9：在 TZE 的图像上以黄色轮廓的几何中心 O 为原点，建立直角坐标系。其中 x_i，y_i 表示像素值为 1 的横纵坐标。

$$O = \left(\frac{\max\{x_i\} - \min\{x_i\}}{2}, \frac{\max\{y_j\} - \min\{y_j\}}{2} \right) \tag{24}$$

Step10：从原点 O 引出一条射线，得到射线与黄色轮廓和蓝色轮廓的交点坐标，(x_{Yi},y_{Yi}) 和 (x_{Bi},y_{Bi})。绕原点每隔 6° 旋转画一条射线得到 60 个交点。并通过下式计算得到内外层轮廓距离差序列。

$$d_i = \sqrt{(x_{Bi} - x_{Yi})^2 + (y_{Bi} - y_{Yi})^2} \quad i=1,2,\cdots,60 \tag{25}$$

Step11：数据标准化，为了将有云层的面积特性对距离判别序列产生的影响，故将距离差序列进行标准化处理，且为了方便数据的计算将标准化数值扩大 100 倍。具体处理方法如下：

$$M_i = \left(\frac{d_i}{\max\{d_i\} - \min\{d_i\}} \right) \times 100\% \quad i=1,2,\cdots,60 \tag{26}$$

依据上述得到的距离差作为基础，进行数据分析，得到雹云图像和非雹云图像的区别。

5 雹云判别指标提取

5.1 雹云图像处理

采用新疆石河子地区雹云图片做处理过程结果演示，如图 1 即为采用 K-means 聚类算法和 CNN 轮廓提取算法得到的处理结果图,K-means 聚类算法中的 K 取 3 即 step2 中 $K=3$,黄色区域和蓝色区域为 K-means 算法得到的结果,黄色轮廓和蓝色轮廓则为 CNN 轮廓提取算法基于黄色区域和蓝色区域得到的轮廓图。内外层轮廓图则是对两层轮廓的叠加得到。

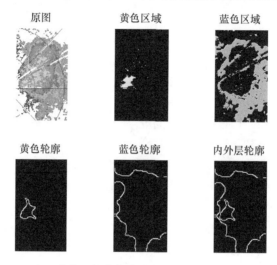

原图　　黄色区域　　蓝色区域

黄色轮廓　　蓝色轮廓　　内外层轮廓

图 1　K-means 聚类及轮廓提取结果图 2 射线与内外层轮廓交点

5.2　判别指标提取

图 2(图 1 中的右下图)则为在得到的内外层轮廓的基础上,内层轮廓的几何中心为坐标原点,从原点引出一条射线,射线和内外层轮廓相交于两点。计算两点的距离得到如表 1 所示的内外层轮廓距离差。

表 1　内外层轮廓的距离

角度	内外距	角度	内外距	角度	内外距	角度	内外距	角度	内外距
6°	0.7544	78°	0.8149	150°	0.1020	222°	0.1991	294°	0.7333
12°	0.7486	84°	0.4784	156°	0.0715	228°	0.1991	300°	0.7632
18°	0.7654	90°	0.4187	162°	0.0551	234°	0.2197	306°	0.7965
24°	0.7641	96°	0.3750	168°	0.0535	240°	0.2044	312°	0.8093
30°	0.7748	102°	0.1079	174°	0.0669	246°	0.2277	318°	0.8222
36°	0.8133	108°	0.0680	180°	0.0664	252°	0.2460	324°	0.8547
42°	0.8514	114°	0.0599	186°	0.0683	258°	0.2243	330°	0.8557
48°	0.8248	120°	0.0370	192°	0.0847	264°	0.2502	336°	0.9186
54°	1.0000	126°	0.0378	198°	0.0844	270°	0.2575	342°	0.9911
60°	0.5785	132°	0.0189	204°	0.1080	276°	0.5373	348°	0.9167
66°	0.6651	138°	0.0375	210°	0.1263	282°	0.5492	354°	0.8444
72°	0.7544	144°	0.0961	216°	0.2009	288°	0.6318	360°	0.7806

为了找到雹云图像和非雹云图像在内外层轮廓距离的区别,分别选取 2008 年到 2011 年期间新疆石河子地区的 30 幅雹云与 30 幅非雹云的雷达图像。依照上述的实验步骤,得到每

幅图像的内外层轮廓距离差序列 $M_i(j)$，按照下式计算得到每一幅图像的内外轮廓距离差的方差。依次处理得到共 60 个雹云与非雹云图像内外层轮廓距离差的方差如表 2 和表 3 所示。其中 i 表示图像序号，j 表示射线的旋转次数。

$$\sigma_i = \frac{1}{59} \sum_{j=1}^{60} (M_i(j) - M) \quad i = 1, 2, \cdots, 30 \tag{27}$$

表 2　石河子地区雹云图像内外轮廓差的方差

序号	方差	序号	方差	序号	方差	序号	方差	序号	方差
1	0.1139	7	0.0743	13	0.092	19	0.0754	25	0.1004
2	0.0968	8	0.075	14	0.0787	20	0.0952	26	0.0919
3	0.0971	9	0.0678	15	0.0819	21	0.109	27	0.0746
4	0.0916	10	0.0666	16	0.0836	22	0.1041	28	0.0986
5	0.0942	11	0.0748	17	0.0963	23	0.0966	29	0.0748
6	0.1139	12	0.0984	18	0.1133	24	0.1031	30	0.0887

表 3　石河子地区非雹云图像内外层轮廓差的方差

序号	方差	序号	方差	序号	方差	序号	方差	序号	方差
1	0.0436	7	0.0548	13	0.0498	19	0.0432	25	0.0488
2	0.044	8	0.0493	14	0.0485	20	0.0316	26	0.0399
3	0.0591	9	0.0553	15	0.0412	21	0.057	27	0.0478
4	0.0406	10	0.0444	16	0.0512	22	0.0447	28	0.0511
5	0.0522	11	0.0436	17	0.0519	23	0.0362	29	0.0478
6	0.0436	12	0.0613	18	0.0435	24	0.0441	30	0.0533

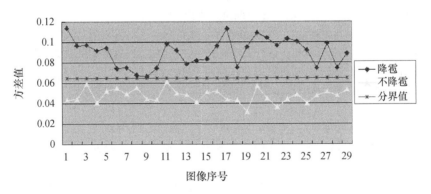

图 3　有雹云和非雹云内外轮廓差的方差对比

通过上述表 2、表 3 以及图 3 的内外轮廓距离差的方差数据，其中横坐标(x)表示第几幅图像，纵坐标(y)为对应的图像的方差值。可以明显地区分出雹云和非雹云存在较为明显的区别。雹云图像的内外层轮廓距离差的方差相对非雹云内外层轮廓距离差的方差差来说较大。这也是因为雹云图像存在这梯度区和砧区的原因。由表格数据可得一个相对客观的结论如式(28)：当内外层轮廓距离差的方差大于 0.065 时，预示着降雹性高度显著。选取石河子地区不同于上述所用的 5 幅雹云图像和 5 幅非雹云图像验证结论得到的内外轮廓距离差序列的方差如表 4 所示。

$$f(x) = \begin{cases} 1 & x \geqslant 0.065 \\ 0 & x < 0.065 \end{cases} \tag{28}$$

式中,x 表示每一幅图像的 60 个内外轮廓的距离的方差。

表 4　雹云图像和非雹云图像的内外层轮廓差

	1	2	3	4	5
雹云	0.0694	0.1126	0.0972	0.0796	0.0923
非雹云	0.0483	0.0521	0.0497	0.0443	0.0582

通过表 4 的验证数据可知,本文的所提出的区分雹云与非雹云的方法在一定程度上是有效的。

6　结论

本文采用 K-means 聚类算法对雹云图像进行聚类,提取出不同颜色的区域,运用 CNN 轮廓提取算法对得到的黄色区域和蓝色区域进行处理,得到内外层轮廓图。应用画线法计算得到内外层轮廓的距离。对比雹云图像和非雹云图像的内外层轮廓距离差的方差的大小,得出雹云图像的内外层轮廓差要比非雹云内外层轮廓距离差的方差要大。可以得到当内外层轮廓的距离差的方差若要大于 0.065 时,预示着降雹的可能性很大。本方法由于数据的有限,产生了算法的局限性。但同时从一定程度上反映出,采用统计学聚类方法和图像处理的 CNN 算法可以得到雹云图像的一些特征规律,可以为以后气象数据研究的发展提供一定的帮助。

参考文献

[1] Johnson J T, MacKeen P L, Witt A. The storm cell identification and tracking algorithm: An enhanced WSR-88D algorithm[J]. Wea Forecasting, 1998, 13: 263-276.

[2] 刘黎平, 王致君, 张鸿发, 宋新民. 用双线偏振雷达识别冰雹区[J]. 高原气象, 1993, 12(3), 333-337.

[3] 许焕斌, 段英, 刘海月. 雹云物理与防雹的原理和设计[M]. 北京: 气象出版社, 2006, (54), 50-55.

[4] 强兆庆. 基于突变理论的冰雹云预测研究[D]. 天津: 天津大学, 2009.

[5] 李少云, 王德良, 樊志超, 等. 郴州市冰雹天气预测预警及人工防雹方法研究[J]. 南方农业, 2014(27): 156-158.

[6] 徐艳华. 冰雹的预测及其防治[J]. 气象水文海洋仪器, 2009(3): 159-161.

[7] 何能斌, 杜云海. 基于 Lab 颜色空间的彩色等差线骨架线的提取[J]. 河南科学, 2008, 26(11): 1324-1326.

[8] 庞晓敏, 闵子建, 阚江明. 基于 HSI 和 LAB 颜色空间的彩色图像分割[J]. 广西大学学报: 自然科学版, 2011, 36(6): 976-980.

[9] 李震, 洪添胜, 曾祥业, 等. 基于 K-means 聚类的柑橘红蜘蛛图像目标识别[J]. 农业工程学报, 2012, 28(23): 147-153.

[10] 刘帅, 林克正, 孙旭东, 等. 基于聚类的 SIFT 人脸检测算法[J]. 哈尔滨理工大学学报, 2014(1): 31-35.

[11] 崔君君, 于林森, 李鹏. 协同视觉信息与标注信息图像聚类[J]. 哈尔滨理工大学学报, 2014(2): 57-62.

[12] Chualo, YANG L. Cellular neural networks: Application [J]. Trans Circuits System, 1988, 35(10): 1273-1290.

[14] 朱大奇, 史惠. 人工神经网络导论[M]. 北京: 高等教育出版社, 2001.

[15] 崔金蕾,李国东．应用细胞神经网络预测冰雹研究[J]．伊犁师范学院学报（自然科学版），2015(1)：12-17.

[16] 张文娟,康家银．一种用于轮廓线探测的 CNN 改进算法[J]．系统仿真学报：2012,24(8):1629-1632.

[17] 李国东,王雪,赵国敏．基于五阶 CNN 的图像边检测算法研究[J]．安徽大学学报（自然科学版），2015(3):1-8.

[18] 徐文霞,林俊宏,廖飞佳,李国东．基于细胞神经网络的卫星影像锐化处理[J]．安徽农业科学，2010(2)：1049-1051.

[19] 国方媛,李国东．基于细胞神经网络和网格特征的碑刻文字识别[J]．计算机系统应用，2010(11)：180-184.

[20] Yu Yuan-hui,Chang Chin-chen. A New Edge Detection Approach Based on Image Context Analysis [J]. Image and Vision Computing (S0262-8856),2006,24(10)：1090-1102.

新疆奎玛流域冰雹天气的时空分布及冰雹路径

谢向阳　　赵雁君

(新疆兵团五家渠市气象局,五家渠市 831300)

摘　要　统计分析 2005—2014 年新疆奎玛流域冰雹天气发的时空分布击冰雹路径,研究近十年奎玛流域冰雹活动规律,为奎玛流域地区冰雹天气的预报预警、人工防雹作业的时间安排和作业点布局等实际业务中提供参考和指导作用。

关键词　冰雹天气　时空分布　冰雹路径

1　引言

　　新疆奎屯河、玛纳斯河地区,简称奎玛地区,位于准噶尔盆地南部和西南部;南靠东西走向平均海拔高度 3000 m 左右的天山山脉,西北是东北—西南走向高度为 1500~2000 m 的托里山区,因奎屯河、玛纳斯河流经而得名。奎玛流域地区包括 3 个地市及 3 个生产建设兵团农业师,总面积约 5 万 km²,是北疆棉花等经济作物的主要产区,这个区域历来就是冰雹、大风、局地性暴雨等强对流天气的主要影响区域。每年因一次冰雹灾害对一个师或团辖区造成的经济损失高达数千万元到数亿元,严重影响和制约了奎玛流域农牧业经济的发展。为了生产的需要,本地区已开展了二十多年的人工防雹联防工作,由于奎玛流域气候的变化和近二十年农业种植面积的增大,本地域冰雹形成发展也有了较大的变化,对人工防雹减灾有了更迫切的需求。因此,对奎玛流域地区冰雹活动规律的研究有着十分重要的意义,在冰雹天气的预报预警和防雹作业等实际业务中具有较好的参考和指导作用。

2　资料收集整理

　　选取 2005—2014 年新疆奎玛流域第七师奎屯垦区、第八师石河子垦区、第六师五家渠垦区有开展防雹作业的天气过程为一次强对流天气日,共 148 天。选取 45 次有较为准确的降雹初期记录时间和地点及成灾在 1000 亩以上的冰雹天气过程,对这些强对流天气、冰雹天气的时空分布特征进行统计和分析。

3　冰雹的时空分布特征

3.1　冰雹的年际变化

　　新疆奎玛流域地区 2005—2014 年共有 45 次冰雹天气过程,每年均有冰雹出现,冰雹次数最多的是 2012 年,有 11 次,冰雹出现最少的年份是 2014 年、只有 1 次,平均每年约有 4.5 次冰雹。

3.2 冰雹的月际变化

对 2005—2014 年的雷达资料和地面实况资料统计分析,冰雹出现时间最早为 4 月 23 日 (2006 年 4 月 23 日 14:30—19:00 八师、六师降雹,受灾面积达 40 万亩),最迟为 8 月 27 日 (2008 年 8 月 27 日 20:10—20:15 七师降雹)。其余各月没有出现冰雹灾害。

奎玛流域地区 2005—2014 年冰雹天气 5 月份累计发生强对流天气 23 次,其中有 8 个成灾降雹日,占冰雹天气日数的 17.8%,6 月份累计发生强对流天气 47 次,其中有 13 次降雹成灾,占冰雹天气日数的 28.9%,7 月份累计发生强对流天气 49 次,其中有 17 个降雹日,占冰雹天气日数的 37.8%,8 月份累计发生强对流天气 29 次,其中有 7 次降雹成灾,占冰雹天气日数的 15.6%。冰雹天气过程主要出现在 5—8 月,以 7 月为最多。

3.3 冰雹的日变化

冰雹是强对流性天气,具有明显的日变化,45 次冰雹云出现的时段(以一次冰雹天气最早出现降雹的时间计算),午后(16—19 时)降雹时段最多,占全部降雹时段的 48.9%,夜间降雹占全部降雹时段的 37.8%。由图 2 可见,16:00—21:00 为强对流天气降雹的高峰期,占冰雹天气总次数的 75.6%。08:00—15:00 的时段内,冰雹天气较少。奎玛流域地区内绿洲与沙漠戈壁交界,地表结构不均匀,造成春夏季午后地表受热不均匀,极易形成冰雹等强对流天气,这也是午后到傍晚冰雹天气的多发原因之一。

4 2005—2014 年成灾冰雹云活动路径

4.1 成灾冰雹云定义

冰雹云生命时间在 1 小时以上,并造成明显冰雹灾情(损失程度大于 30%,受灾面积大于 1000 亩)的冰雹云称为成灾冰雹云。

4.2 成灾冰雹云筛选标准

成灾冰雹云筛选标准主要有两条:(1)对成灾冰雹云连续观测的雷达回波资料至少在 1 个小时以上;(2)成灾冰雹云应在奎玛流域地区出现降雹,冰雹灾情达到上述定义成灾冰雹云的标准。

4.3 成灾冰雹云活动路径

资料样本来源:利用近 10 年来克拉玛依、奎屯、石河子、五家渠雷达的探测资料和各师作业点人工防雹作业记录,对冰雹天气发生、降雹地进行分析研究,绘制冰雹移动路径。图 1 给出了 2005—2014 年六师、七师、八师垦区 37 次成灾冰雹天气冰雹落区移动轨迹。

影响奎玛流域的冰雹路径分为三条主要路径:西南偏西路径,总体移向为 67.5°,发生概率为 25%;西北偏西路径,总体移向为 112.5°,发生概率为 45%;西北偏北路径,总体移向为 157.5°,发生概率为 30%。据分析,玛河流域冰雹云的源地有两处地方:西北路径的源地在克拉玛依以西的托里山区,西方路径的源地在乌苏以西的艾丁湖谷地。

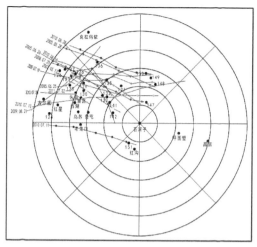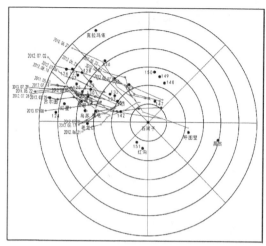

图1　奎玛流地区域冰雹云移动路径(左:2004—2009年;右:2010—2014年)

西北偏北路径即托里山区—克拉玛依—石河子136团—148团—新湖—芳草湖,在克拉玛依得到加强的对流云经过戈壁绿洲交界的下垫面,在午后在地面较强的升温作用下,极易形成冰雹等强对流天气,其形成的冰雹云主要造成八师石河子北部团场、六师(新湖农场、芳草湖农场)严重的冰雹灾害。

西北偏西路径的冰雹等强对流云主要在奎屯地区形成,此类强对流云形成的冰雹维持时间长,雹击带也较长,一般可造成七师、八师大部分团场降雹,由于七师、八师团场分布密集,一次冰雹天气可造成非常严重灾害。

西南偏西路径冰雹等强对流云主要在奎屯地区南部山区形成,此类强对流云形成的冰雹雷达回波强度大、降雹集中,主要造成七师、八师降雹受灾。

5　结论

(1)平均每年约有14.8个强对流天气日,4.5个成灾冰雹天气过程。

(2)冰雹天气过程主要出现在5—8月,以7月为最多,5月份的成灾降雹日占冰雹天气日数的17.8%,6月份的成灾降雹日占冰雹天气日数的28.9%;7月份的成灾降雹日占冰雹天气日数的37.8%,8月份的成灾降雹日占冰雹天气日数的15.6%。

(3)午后(16—19时)降雹时段最多,占全部降雹时段的48.9%,夜间降雹占全部降雹时段的37.8%。

(4)西南偏西路径,总体移向为67.5°,发生概率为25%。

(5)西北偏西路径,总体移向为112.5°,发生概率为45%。

(6)西北偏北路径,总体移向为157.5°,发生概率为30%。

新疆奎玛流域新一代天气雷达冰雹预警指标的分析

谢向阳

(新疆生产建设兵团五家渠市气象局,五家渠市 831300)

摘 要 选取 37 次有连续观测的雷达资料和较为准确的降雹记录时间的冰雹天气过程进行统计和分析,应用新一代天气雷达观测资料、雷达基数据反演产品以及相应的常规探空资料,统计分析降雹时、降雹前三个体扫(14~17 min)、降雹前 5 个体扫(25~33 min)的相关数据,总结可用于短时临近预报和新疆奎玛流域地区冰雹天气的判识指标和预警指标,使冰雹预警尽可能提前,为有效开展人工防雹作业提供较为准确的依据。

关键词 新疆奎玛流域 天气雷达 冰雹预警指标

1 引言

奎屯河—玛纳斯河流域(简称奎玛河流域)位于新疆天山北坡中段,是自治区和兵团主要商品粮、棉、油及瓜果的重要生产基地。属典型的干旱、半干旱气候区。地表为沙漠、戈壁与绿洲的交界,特殊的下垫面条件极易形成冰雹、大风等强对流天气,每年因一次冰雹灾害造成的经济损失高达数千万元到数亿元,严重影响和制约了奎玛流域农牧业经济的发展。因此,加强对冰雹天气的监测,建立新一代天气雷达冰雹预警指标,是提升人影防灾减灾能力的关键和基础。

如何通过检测手段迅速识别冰雹云进行冰雹预警是实现防雹的核心技术环节,通过雷达资料全面获取冰雹云特征参数有一定效果,天气雷达是当前国内人工影响天气特别是地面人工防雹作业最有效和最直接的探测、指挥工具,在国内许多应用雷达监测产品开展冰雹预警研究成果,例如,俞小鼎等[1]提出大冰雹的形成有强烈上升气流,回波高度比较高,通常为 6~9 km,回波中心强度超过 50 dBZ,宜昌雷达 45 dBZ 强回波高度达到 7.6 km 时预示有冰雹出现,成功率达到 91%。湘西北山区夏季冰雹云的回波顶高均在 9 km 以上,垂直累积液态含水量(VIL)一般为 30~35 kg/m²。陕西冰雹过程中雷达回波强度>45 dBZ 是识别冰雹云的关键预判指标上述研究结果说明:我国多地用来进行冰雹的雷达监测产品归纳后主要有对流云的回波中心强度、回波顶高和 VIL 在我国不同地区,即使是应用同一项雷达产品,总结出的冰雹预警指标也不尽相同,有些指标差异很大。本文在上述研究基础上,通过新疆奎玛流域四部雷达监测到的冰雹天气样本,运用统计方法,分析雷达资料和产品,建立新一代天气雷达冰雹预警指标,使冰雹天气的预警能提前 15~30 min,在人工防雹的具体业务中发挥作用。

2 资料收集和整理

统计分析 2005—2014 年降雹资料,年均出现冰雹灾害的天数达 4.5 d 以上,能为分析建立冰雹预警指标提供充足的样本数量。目前奎玛流域布设了四部相同型号的 CC 新一代多普勒天气雷达,雷达设备统一标定,观测模式按照中国气象局规定执行,确保了雷达观测的统一性。天气雷达对冰雹云的初始、发展、成熟及降雹过程实施连续监测,从而可获取冰雹云雷达回波的完整资料。

选取 2005—2014 年新疆奎玛流域第七师奎屯垦区、第八师石河子垦区、第六师五家渠垦区、克拉玛依地区有开展防雹作业的天气过程为一次强对流天气日,共 142 d。选取 37 次有连续观测的雷达资料和较为准确的降雹记录时间、成灾在 1000 亩以上的冰雹天气过程进行统计和分析,应用新一代天气雷达观测的冰雹资料和雷达基数据反演得到的产品,以及相应的常规探空资料,统计降雹时、降雹前三个体扫(14~17 min)、降雹前 5 个体扫(25~33 min)的雹云的回波顶高 ET、回波顶高与当日 0 ℃层距地面的高度差值 $ET-H_{0℃}$、45 dBZ 的回波高度与当日 0 ℃层的高度差值 $H_{45\,dBZ}-H_{0℃}$、50 dBZ 的回波高度与当日 0 ℃层的高度差值 $H_{50\,dBZ}-H_{0℃}$、组合反射率 CR、垂直累积液态水含量 VIL、径向速度图中的"逆风区"等数值,分析雹云降雹前 15 min、30 min 前的早期特征和发展阶段特征,提取可用于短时临近预报和新疆奎玛流域地区冰雹天气的识别特征。使冰雹预警尽可能提前,为有效开展人工防雹作业提供较为准确的依据。

3 新一代天气雷达冰雹判识指标的分析

新疆奎玛流域冰雹发生主要集中在 5—8 月,近十年最早有雹灾的是 2006 年 4 月 23 日,最晚是 2010 年 8 月 29 日。统计发现不同月份,冰雹云的当日 0 ℃层高度;雷达回波强度、高度;垂直液态水含量 VIL 有一定的差异。

3.1 雷达回波 ET,$ET-H_{0℃}$,$H_{45\,dBZ}-H_{0℃}$,$H_{50\,dBZ}-H_{0℃}$ 分析

5 月是新疆奎玛流域棉花等农作物大面积播种、出苗时节,也是冰雹等强对流天气的频发季节,0.2~0.5 cm 冰雹都可造成出土不久的幼苗的全部重播,造成较大的经济损失。从 2005—2014 年 8 次有连续雷达观测资料和较准确的降雹实况资料分析。降雹时雹云其回波顶高在 7~10.7 km,回波顶高与当日 0 ℃层高度差值($ET-H_{0℃}$)为 4.1~8.2 km。45 dBZ 的回波高度与当日 0 ℃层的高度差值 $H_{45\,dBZ}-H_{0℃}$ 为 0.95~4.7 km,6 个降雹日中 $H_{45\,dBZ}-H_{0℃}\geqslant2.5$ km,达 75%,说明 45 dBZ 的回波在 −12 ℃层高度以上,是冰雹云发展形成的适宜高度层。$H_{50\,dBZ}-H_{0℃}$ 为 0~3.6 km,5 个降雹日中 $H_{50\,dBZ}-H_{0℃}\geqslant1.8$ km,占比 62.5%。因此 $H_{50\,dBZ}$ 达到 0 ℃层高度以上可作为冰雹的形成的预警指标之一。

在 5 月降雹日中最大回波强度 Z_{MAX} 相比 6 月、7 月、8 月相对较小,为 52~56.8 dBZ,强回波所在的高度也相对较低。如:2011 年 5 月 1 日 19:39 时,$Z_{max}=56.8$ dBZ,强回波所在的高度为 4.6 km。2006 年 5 月 18 日 10:56 时,$Z_{max}=53.6$ dBZ,强回波所在的高度为 1.9 km,因此当雷达回波监测到回波 $Z\geqslant52$ dBZ,且强回波所在的高度为 −12 ℃层高度,可作为 5 月降雹的判识指标之一。

6 月也是强对流天气的较多的时段,6 月份累计强对流天气 47 次(实施人工防雹作业),其中有 11 次降雹成灾,占冰雹天气日数的 26.2%,对 8 次有完整雷达资料和降雹实况的个例分析:降雹时雹云其回波顶高在 10~12 km,回波顶高与当日 0 ℃层高度差值($ET-H_{0℃}$)为 6.8~8.5 km,回波顶高均达到 −40 ℃以上。$H_{45\,dBZ}-H_{0℃}$ 为 1.5~7.0 km,2 次天气中 $H_{45\,dBZ}-H_{0℃}<3.6$ km,6 个降雹日中 $H_{45\,dBZ}-H_{0℃}\geqslant4.0$ km,达 75%,说明 45 dBZ 的回波在 −24 ℃层高度以上,是冰雹云发展形成的适宜高度层。$H_{50\,dBZ}-H_{0℃}$ 为 0~5.8 km,6 个降雹

日中 $H_{50 dBZ}-H_{0℃}≥3.6$ km,占比 75%。因此,$H_{50 dBZ}$ 达到 -20 ℃层高度以上可作为冰雹形成的判识指标之一。

7 月是新疆北疆雨水天气较多的时段,伴随着雨水天气过程,强对流天气发生次数较多,7 月份累计发生强对流天气 49 次,其中有 17 个降雹日,占冰雹天气日数的 40.5%。7 月冰雹造成的灾害程度却是难以弥补的,如:2009 年 7 月 19 日,正直棉花的开花吐絮期和其他农作物的采摘期,数十分钟的冰雹、大风造成石河子 133 团、134 团 4.2 万亩棉花绝收。本课题对 15 次有完整雷达资料和降雹实况的个例分析:降雹时雹云其回波顶高在 8～12 km,13 个个例天气回波顶高 $ET≥10$ km,达到 86%。与当日 0 ℃层高度差值($ET-H_{0℃}$)为 5.6～8.6 km,负温层均达到 -35 ℃以上。45 dBZ 的回波高度与当日 0 ℃层的高度差值 $H_{45 dBZ}-H_{0℃}$ 为 1.1～6.4 km,4 次天气中 $H_{45 dBZ}-H_{0℃}<2.0$ km,10 个降雹日中 $H_{45 dBZ}-H_{0℃}≥3.4$ km,达 66.7%。$H_{50 dBZ}-H_{0℃}$ 为 0～6.1 km,8 个降雹日中 $H_{50 dBZ}-H_{0℃}≥3.5$ km,7 个降雹日中 $H_{50 dBZ}-H_{0℃}<2.4$ km。

8 月进入夏末,天气趋于平稳,强对流天气日数渐少,累计发生强对流天气 29 次,其中有 6 次降雹成灾,占冰雹天气日数的 14.3%。对 6 次有完整雷达资料和降雹实况的个例分析:降雹时雹云其回波顶高在 10～13 km,回波顶高 $ET≥10$ km,达到 100%。与当日 0 ℃层高度差值($ET-H_{0℃}$)为 6.1～9.1 km,负温层达到 -35 ℃以上。45 dBZ 的回波高度与当日 0 ℃层的高度差值 $H_{45 dBZ}-H_{0℃}$ 为 3.1～5.6 km,4 个降雹日中 $H_{45 dBZ}-H_{0℃}≥4.5$ km。$H_{50 dBZ}-H_{0℃}$ 为 3.1～4.8 km,8 个降雹日中 $H_{50 dBZ}-H_{0℃}≥3.0$ km。

3.2 冰雹云的雷达二次产品的判识指标分析

在 5 月形成的冰雹天气中,其雷达回波组合反射率强度 CR 为 48.6～55.2 dBZ,且 $CR≥$ 50 dBZ 达到 75%。垂直累积业态含水量 VIL 为 3.2～12.2 kg/m²,$VIL≥11$ kg/m² 达到 87.5%,仅一个个例 $VIL=3.2$ kg/m² 时出现降雹。

在统计 6 月冰雹天气个例中,CR 为 52.3～58.5 dBZ,且 $CR≥52$ dBZ 达到 100%。VIL 为 6.5～27.3 kg/m²,$VIL≥13$ kg/m² 达到 75%,仅一个个例 $VIL=6.5$ kg/m² 时出现降雹。

在统计 7 月 15 个冰雹天气个例中,CR 为 50～58.6 dBZ,且 $CR≥52$ dBZ 达到 86.6%。VIL 为 6.2～35.3 kg/m²,$VIL≥10$ kg/m² 达到 80%,仅 3 个个例 $VIL<10$ kg/m² 时出现降雹。

在统计 8 月的冰雹天气个例中,CR 为 50～62 dBZ,且 $CR≥52$ dBZ 达到 83.3%。VIL 为 11～32.3 kg/m²,$VIL≥12$ kg/m² 达到 83.3%,仅 1 个个例 $VIL=11.9$ kg/m² 时出现降雹。

综合上述分析,新疆奎玛流域冰雹云的新一代天气雷达判识指标:(1)冰雹云回波顶高 $ET≥8$ km,占比 91.9%;(2)回波顶负温区回波厚度 $ET-H_{0℃}≥5$ km,占比 91.9%;(3)$H_{45 dBZ}-H_{0℃}≥2$ km,占比 86.4%;(4)$H_{50 dBZ}-H_{0℃}>1$ km,占比 86.5%;(5)强中心回波强度 $CR≥52$ dBZ,占比 83.8%;(6)垂直累积液态水含量 $VIL≥11$ kg/m²,占比 83.8%。

4 新一代天气雷达冰雹预警指标分析

新疆奎玛流域冰雹发生主要集中在 5—8 月,近十年最早有雹灾的是 2006 年 4 月 23 日,最晚是 2010 年 8 月 29 日。统计发现不同月份,冰雹云的当日 0 ℃层高度;雷达回波强度、高度;VIL 有一定的差异。

选取强对流云降雹前 15 min、30 min(降雹前 3 个雷达体扫资料、降雹前 5 个雷达体扫资料)进行分析,识别冰雹早期特征,建立新一代天气雷达的预警指标,使冰雹云的识别能提前 15～30 min。

4.1 ET 和 $ET-H_{0℃}$ 指标分析

回波顶高是衡量对流风暴发展强弱程度的重要标志,它反映了云内垂直上升气流的强度,回波顶高越高,云内上升气流越强。回波顶高与 0 ℃层高度差反映了在 0 ℃层以上产生冰雹的对流风暴发展程度,该高度差值越大,风暴在 0 ℃层以上发展越旺盛,形成大冰雹的概率越大。

分析 37 次冰雹云雷达资料发现:降雹前 30 min,ET 均在 5 km 以上,最高达到 12 km,86.5％的冰雹云 ET 为 7～12 km。降雹前 15 min,ET 均在 8 km 以上,最高达到 13 km,86.5％的冰雹云 ET 在 9～13 km。因此,可将 $ET≥7$ km 定为新疆奎玛流域地区冰雹的预警指标之一。

降雹前 30 min,$ET-H_{0℃}$ 均在 2 km 以上,最高达到 8 km,78.4％的冰雹云 $ET-H_{0℃}$ 为 4～8 km。降雹前 15 min,$ET-H_{0℃}$ 均在 3 km 以上,最高达到 9 km,91.8％的冰雹云 $ET-H_{0℃}$ 回波顶高为 4～9 km。因此,可将 $ET-H_{0℃}≥4$ km 定为新疆奎玛流域地区冰雹的预警指标之一。

4.2 $H_{45 dBZ}-H_{0℃}$、$H_{50 dBZ}-H_{0℃}$ 冰雹预警指标分析

降雹前约 30 min,24 个个例 $H_{45 dBZ}-H_{0℃}$ 在 1 km 以上,其中最高达到 6 km,8 个个例 $H_{50 dBZ}-H_{0℃}$ 在 1 km 以下,还有 5 个未出现 45 dBZ 的雷达回波。13 个个例未出现 50 dBZ 的雷达回波。24 个例 $H_{50 dBZ}-H_{0℃}$ 在 0.3～5 km 之间。说明冰雹云在 30 分钟内发展十分迅速。降雹前 15 min,$H_{45 dBZ}-H_{0℃}$ 均在 1 km 以上,最高达到 5.6 km,78.3％的冰雹云 $H_{45 dBZ}-H_{0℃}$ 在 2～5 km 之间。6 个个例未出现 50 dBZ 的雷达回波 78.4％的冰雹云 $H_{50 dBZ}-H_{0℃}$ 在 0～5 km。因此,当雷达监测到在 45 dBZ、50 dBZ 的雷达回波出现在当日 0 ℃层高度以上,可提前发出预警。

4.3 CR 和 VIL 指标分析

降雹前 30 min,其雷达回波组合反射率强度 CR 为 41～58 dBZ,且 $CR≥42$ dBZ 达到 83.8％。垂直累积业态含水量 VIL 为 1.4～16.4 kg/m²,$VIL≥4$ kg/m² 达到 67.5％,有 2 个个例无 VIL。降雹前 15 min,CR 为 41～61 dBZ,且 $CR≥45$ dBZ 达到 86.4％。VIL 在 2～25.3 kg/m²,$VIL≥7$ kg/m² 达到 72.3％,因此,可将 $CR≥45$ dBZ、$VIL≥7$ kg/m² 定为新疆奎玛流域地区冰雹的预警指标之一。

4.4 冰雹云的雷达径向速度分析

冰雹等强对流天气在雷达径向速度上往往伴随有风向辐合、气旋性风场辐合、中尺度气旋、逆风区等强的中小尺度天气特征,降雹前 15～30 min 雷达径向速度往往就有所体现,逐渐在成片的正速度或负速度区中出现小范围符号相反的速度(较弱的逆风区)、风向辐合区或气旋性辐合流场特征,是分析强对流云是否发展得很好的预警指标,也是冰雹天气预警提前的

重要依据之一。

4.4.1 逆风区

在强对流云雷达回波中,径向风场中的"逆风区"表明云体在此区域存在上升气流,而逆风区厚度越高,上升气流越强。产生强冰雹的可能性越大。统计分析 37 个冰雹天气降雹前15~30 min 的 VPPI 的径向速度资料和垂直风廓线产品。发现从低层到高层在 2~5 km 高度全部出现负径向速度区域包围着正径向速度区域,即"逆风区",而正径向速度值平均小于 6 m/s,负径向速度值区的面积大于正值区有的强冰雹天气的雷达资料在 10 km 高度还能看到上述特征。当逆风区形成的厚度超过 3~5 km 时(分析 6 个仰角层的体扫资料即可测得)都出现了较强的冰雹。

如图 1—图 4,2010 年 5 月 2 日 17:03 VPPI 速度场所示逆风区厚度为 7.2 km,和不同高度的风向风速切变特征。

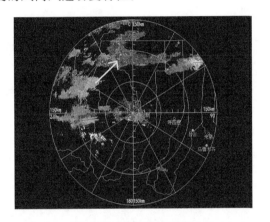

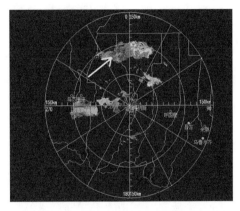

图 1　1.5°仰角下逆风区所在高度为 3.4 km　　图 2　在 4.3°仰角下,逆风区的高度为 7.5 km

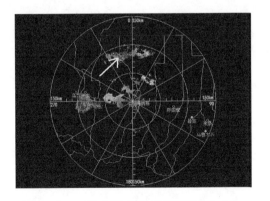

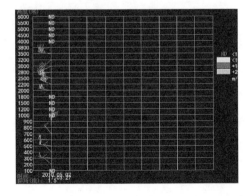

图 3　在 5.3°仰角下,逆风区的高度为 9.3 km　　图 4　垂直风廓线产品:不同高度的风向风速切变

4.4.2　雷达径向速度产品

分析 37 个冰雹天气降雹时的雷达体扫反演的垂直风廓线产品,发现从低层 1 km 到高层 5~7 km 都出现风向、风速的切变特征。在 2010 年 7 月 11 日、2013 年 7 月 25 日等强天气个例的雷达径向速度资料,根据雹云距雷达的距离和天线扫描仰角选取 3~5 km 高度的径向速

度资料发现,在强回波对应区域存在明显的正负径向速度中心呈方位对称的气旋性辐合,说明雹云发展强盛时期,中低层存在很强的气旋性辐合流场,有利于对流的发展和低层水汽的向上输送。速度场中的风场辐合、气旋性辐合、逆风区可作为冰雹天气识别与预警的参考指标。

5 结论

新疆奎玛流域地区冰雹的天气雷达预警指标:(1)冰雹云回波顶高 $ET \geqslant 7$ km,占比 87.8%;(2)回波顶负温区回波厚度 $ET - H_{0℃} \geqslant 4$ km,占比 90.5%;(3)$H_{45\ dBZ} - H_{0℃} \geqslant 1$ km,占比 79.7%;(4)$H_{50\ dBZ} - H_{0℃} > 0$ km,占比 70.2%;(5)强中心回波强度 $CR \geqslant 45$ dBZ,占比 81.1%;(6)垂直累积液态水含量 $VIL \geqslant 7$ kg/m²,占比 66.2%;(7)雷达径向速度回波:雷达回波中出现"逆风区",且逆风区厚度达到 3 km 高度以上;垂直风廓线产品中出现从低层到高层的风向、风向风速的切变特征。

参考文献

[1] 俞小鼎,姚秀萍,熊廷南,等. 多普勒天气雷达原理与业务应用[M]. 北京:气象出版社 2006:150.

新疆阿克苏地区一次强冰雹天气的雷达回波特征及防雹作业

曹立新

(阿克苏地区人影办,阿克苏 843000)

摘　要　新疆阿克苏地区人工影响天气工作在每年的 4—9 月份期间,主要开展人工防雹增雨工作。阿克苏 X 波段双偏振雷达可探测出与云粒子特征关联的多项偏振参数,经相态识别系统计算处理和反演后,生成融合数据质量控制、水凝物相态分类和冰雹识别等模块功能的产品,对阿克苏地区西部防雹增雨指挥工作提供了科学的作业依据。相态识别系统以不同颜色的色标值显示降水粒子的大小、分布和相态特征等信息,可快速、直观、准确识别冰雹云,确定作业时机、作业部位,为提高人工防雹增雨作业效益发挥了重要作用。

关键词　阿克苏　冰雹天气　雷达回波　防雹作业

1　引言

新疆阿克苏地区位于天山南麓、塔里木盆地北缘,总面积 13.13 万 km²。地势西北高、东南低,区域内有高山、沙漠、河流、盆地等,地形复杂。由于独特的地形地貌特点,区域内冰雹天气局地性强、破坏力大,是地区主要的灾害性天气之一。随着全球气候的变暖,阿克苏地区至灾冰雹次数有逐年增加的趋势,冰雹多发区的灾情强度也明显加强。冰雹灾害发生频繁、危害面积大,给农牧业生产造成损失也相应增加。据 2000—2016 年资料统计,全地区年平均冰雹日为 49.5 d,最多年份可达 72 d,降雹次数占全疆 3 成以上,是新疆冰雹最多的地区之一。

2017 年 6 月 7 日午后,阿克苏地区经历了一场强冰雹天气过程。这次天气过程的特点是:(1)云体生成、消亡维持时间长,时间跨度为 14:20—23:55。(2)影响范围广,地区东、西部八县一市和兵团第一师部分团场均受到影响。(3)受灾严重,地区东部的沙雅县和西部的阿瓦提县在遭冰雹袭击的同时遭受了暴雨和大风的共同影响,全地区受灾面积合计达近 33300 hm²,地区西部五县市灾情达 13300 hm²。由于阿克苏地区的 X 波段双偏振天气雷达的有效探测范围为 125 km,只能覆盖西部地区的五个县市,因此,本文根据 X 波段双偏振雷达探测距离,对西部地区此次天气过程的观测资料和作业情况进行了分析,为今后更好的防御冰雹天气提供参考。

2　资料来源与处理方法

选取了阿克苏 X 波段双偏振天气雷达扫描的实时回波资料及基数据资料,经过对双偏振雷达采集获取的差分反射率 Z_{DR}、线性退极化比 L_{DR}、传播相移差 φ_{DP} 和共极化相关系数 $\rho_{HV}(0)$ 等偏振参数,经相态识别系统计算处理和反演后,生成融合数据质量控制系数、水凝物相态分类和冰雹识别等模块功能的产品。回波图上以不同颜色的色标显示降水粒子的大小、分布和相态特征等信息,可快速、直观、准确识别冰雹云,确定作业时机、作业部位。

3 冰雹云的初始发展回波特征

2017年6月7日14:20,雷达一站探测发现在乌什县南部、阿克苏市防区西北部出现零星局地对流单体。在进行加密监测后发现对流单体体积在不断扩大,云体之间距离缩短,有逐渐合并的趋势。15:55,多个对流单体在经历不断地发生、发展后,逐渐首尾连接呈合并加强态势。RHI图上可以看出,云体的顶高已达10 km,强中心高度是8.2 km、强度28 dBZ(图1a)。17:37,云体进入防区,已发展合并,云体面积增大、强度增加至47 dBZ、顶高达11.5 km、强中心达8.5 km。RHI相态分布图中可以看到红色的霰粒子的分布密集,高度达8 km左右,远大于-6 ℃冰雹粒子生成高度。也就是说,此时云体内虽没有冰雹粒子显示,但云体内旺盛的对流运动将霰粒子带到8 km左右的高度,在对流运动的作业下,霰粒子进一步发展就可长大形成冰雹粒子。此时云体的悬垂状回波已显现,结合云体发展特征,可以判定云体为冰雹云(图1b)。18:00,云体完全合并,云体中上部对流运动旺盛,强中心强度达50 dBZ,高度达7 km,RHI相态分布图中可以看到,云体中上部出现白色冰雹粒子和少量绿色雨夹雹粒子的分布。此时云体已进入阿瓦提县防区范围,云体对流运动依然发展旺盛,但地面尚未出现降雹(图1c)。

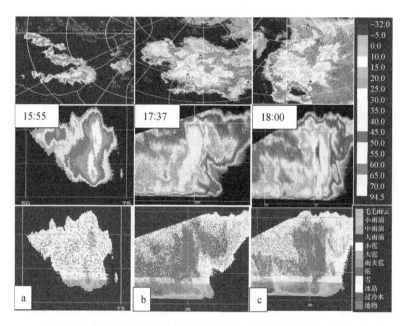

图1 初始发展云体回波的反射率因子、反射率因子、相态分布

4 冰雹云的发展成熟阶段回波特征

2017年6月7日19:14,云体经防雹作业后被打散成多个单体,RHI图上显示,云顶高低起伏较大,50 dBZ强中心高度仍然在7 km左右,表明对流运动仍十分旺盛。相态图中云体中上部显示有白色冰雹存在(图2 a)。19:36,云体强中心面积逐渐扩大,相态图上,可以清晰地看到冰雹粒子群中夹杂着部分绿色大冰雹自上而下分布,在0 ℃层附近已出现白色冰雹显示,表明地面开始降雹(图2 b)。

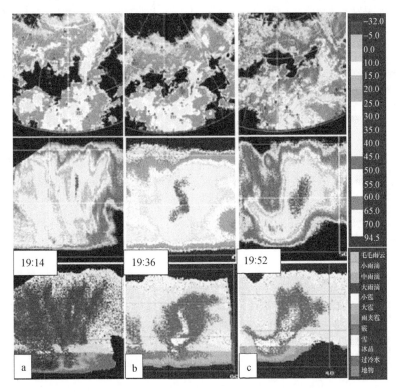

图 2　发展成熟阶段云体回波的反射率因子、反射率因子、相态分布

5　冰雹云出现降雹阶段的回波特征

2017 年 6 月 7 日 19：52，强中心开始下降，云体整体开始坍塌。相态分布图上可以看到大量白色冰雹和绿色大冰雹区域底部已下降到 0 ℃层以下，降雹强度加大（图 2c），与地面作业点反馈信息一致。由于降雹释放出了能量，云体坍塌在中低空加速了冰雹的碰并增长，从图 2c 中可以看出，云体正处于降雹降雨强度最大的阶段，白色冰雹和绿色大冰雹区域在水平方向上的分布扩大，阿瓦提的塔木托克拉克乡的 316 作业点及附近出现了降雹，之后云体进入减弱阶段。

6　人影防雹作业情况

雷达一站自 14：20 发出预警信息后，及时布控火力、安排流动作业车辆提前拦截。16：31，在对流云体进入防区前沿时，流动作业车辆提前到位后及时进行了作业，防区上游的乌什县出现降雨、阿克苏防区出现雨夹雹，作业效果十分显著。19：14 由于新生对流单体的不断出现，位于阿克苏、阿瓦提防区的作业点申请空域未批复，导致多个单体快速合并发展。防区前沿的流动作业车辆进行弹药补充后，紧接着又进行新一轮的猛烈作业。各县市人影办在历时近 8个小时的作业过程中，仅西部 5 县市就作业炮弹 2038 发、火箭弹 559 枚，成功地将大部分冰雹拦截在重点农作物区域以外，减少减轻了更大的冰雹灾害。

天气过程中全地区总体作业效果较好，然而由于对流天气过程持续时间长、影响面积大，防雹作业过程中，防区内不断有新的对流云体生成、有正在作业的冰雹云、有作业后期出现大雨夹软雹以及处于减弱的冰雹云的复杂局面。指挥员在关键时期能兼顾大局,有条不紊的快速反应、正确下达作业指令,克服了空域、大风和沙尘等因素的影响,做到了将冰雹损失降到最低。防雹作业过程中由于云体范围大、发展速度快,空域申请迟迟不能批复或批复限定的时间较短,严重影响了冰雹云早期最佳的作业时机,加上天气过程中出现了大风、沙尘等天气现象,导致西部部分县的乡镇出现了冰雹灾害及大风灾害。

7 小结

阿克苏地区X波段双偏振雷达相态识别系统通过雷达探测获取的多项极化参数,对降水粒子进行逻辑分类识别,确定了毛毛雨、小雨滴、中雨滴、大雨滴、小雹、大雹、雨夹雹、霰、雪、冰晶、过冷水及地物等12种水凝物粒子,可直接显示降水粒子的大小分布和相态特征等重要信息,并使用不同颜色的色标值直接显示,为识别冰雹云和防雹作业时机选择、作业部位的确定等提供了科学依据,为提高作业指挥能力、提高防雹效益发挥了重要作用。

参考文献

[1] 刘黎平,刘鸿发,王致君,等. 利用双线偏振雷达识别冰雹区方法初探[J]. 高原气象,1993,12(3):333-337.

[2] 曹俊武,刘黎平. 双线偏振多普勒天气雷达设备冰雹区方法研究[J]. 气象,2006,32(6):13-19.

[3] 苏德斌,马建立,张蔷,等. X波段双线性偏振雷达冰雹识别初步研究[J]. 气象,2011,37(10):1228-1232.

双偏振人工防雹应用系统在南疆阿瓦提
一次强冰雹天气指挥分析中的应用

张 磊

(新疆阿克苏地区人工影响天气办公室,阿克苏 843000)

摘 要 双偏振人工防雹应用系统基于双偏振多普勒雷达的偏振参数计算和模糊逻辑处理,实现了云粒子的相态识别,为防雹指挥提供了新的参考依据,在业务应用中具有重要的指导意义。应用阿克苏 SCRXD-02P 型雷达数据及双偏振人工防雹应用系统产品,对 2016 年 5 月 30 日阿瓦提县强冰雹天气过程进行人工防雹作业分析指挥,得出以下结论:相态产品与强度产品及实况对应基本一致;在强对流天气过程中,利用相态识别产品可快速、有效地推断雹云的移向、移速;根据霰粒子、过冷水等标识区域来确定人工防雹作业的部位,可加强精细化指挥作业;相态产品相比强度产品能够更早反映云体未来的发展演变趋势,对人工防雹提前预警布防、及早作业提供重要的参考依据。

关键词 双偏振 相态产品 冰雹分析 指挥

1 引言

阿瓦提县位于新疆天山山脉中段南麓、塔里木盆地北缘,由于地处山区、戈壁、河流与绿洲等并存复杂地形的交汇之处,在不稳定天气形势下极易形成冰雹天气,尤其是近些年来受全球气候变化影响,冰雹灾害频发、重发,对农业经济造成非常严重的损失。2012 年阿克苏 SCRXD-02P 型雷达投入人工防雹业务运行,雷达采用单发双收双线偏振全相参脉冲多普勒体制,不仅可获得强度、速度、谱宽等信息,还可获取差分反射率因子、差分相位、差分相位常数、相关系数等偏振气象参数,增强了对冰雹等大气水凝结物的识别能力。但是在业务工作中,由于这些偏振参数相对复杂,在防雹指挥业务中无法给出简单直观的判断依据,并未得到很好的应用。

2016 年安徽四创电子股份有限公司开发出专门针对双偏振多普勒天气雷达的人工防雹应用系统,该系统通过对双线偏振参数计算和模糊逻辑处理,得出云粒子相态及分布情况,即对云粒子的弱回波、小雨、大雨、霰粒子、冰雹及过冷水等相态进行识别,还具有预警、指挥作业等功能。自系统投入阿克苏防雹业务应用以来,由于操作简单易学,界面人性化,实现直观方便,为传统的人工防雹分析指挥提供了新的技术和方法,在提高冰雹判识、预警能力和指导人工防雹减灾作业的应用研究中具有重要的实用价值和探索意义。

本文利用阿克苏 SCRXD-02P 型雷达和双偏振人工防雹应用系统产品对 2016 年 5 月 30 日新疆阿克苏地区西部阿瓦提县一次强冰雹天气的发展演变和分析指挥过程展开分析和研究,为提高冰雹判识、预警能力和指导人工防雹减灾作业提供参考。

2 天气概况和天气形势

2016 年 5 月 30 日午后,阿瓦提县出现的短时强降水和局地冰雹灾害性天气,多个乡镇 5~6

阵性大风(极大风速 13.7～18.7 m/s),冰雹伴随着大风倾泻而下,持续约 10 分钟、雹径约 20 mm,造成英艾日克乡、塔木托拉克乡、乌鲁却勒镇等乡镇共 3159.3 hm² 农作物和 967.7 hm² 受灾,直接经济损失达 13526.50 万元。

5 月 29 日 08 时 500 hPa 上欧亚范围内中高纬度为一脊两槽型,欧洲到里咸海及其伊朗地区为径向度较大的高压脊区,新地岛以东到西西伯利亚及其中亚地区南部为宽广的长波槽,黑海为低压槽区,阿克苏处于西西伯利亚槽底部分裂的短波槽前西南气流控制下,20 时伊朗副热带高压北挺,环流径向度进一步加大,致使西西伯利亚槽进一步南压,高空槽低的短波稳定少动。5 月 30 日 08 时由于新地岛以东到西西伯利亚低槽东南移,槽低的短波东移造成 30 日午后的强对流天气。

3 防雹指挥作业过程

5 月 30 日午后,乌什县南山南部开始有多个对流单体形成,对流云团在环境风影响下逐渐合并,不断增强发展,持续向东南移动造成阿瓦提县短时强降水伴有局地冰雹灾害。阿克苏人影指挥中心密切跟踪强对流云团发展演变情况,提早向阿瓦提县人影办发布冰雹预警和人工防雹指导意见,并调配流动作业车辆进行布防。

15:03BT(图 1a),云团最南端单体反射率因子已经达 53 dBZ,呈块状,结构密实,垂直剖面中 50 dBZ 强回波区高度为 5～9 km,在相态识别产品平扫中有表征霰粒子的浅绿色区域闪烁显示,范围不大,但垂直剖面中 4～10 km 高度(−6 ℃层以上)有范围较大、结构紧密的霰粒子区域(图 2a)。人影指挥中心根据云体强度、强回波区高度等回波参数,尤其是相态产品反映云体垂直结构中上部有大量霰粒子等指标综合判断此云体具备发展为冰雹云体的潜势条件,正处于雹云跃增阶段,立即向空域管制部门及早申请空域,向相关作业点发布作业预警。

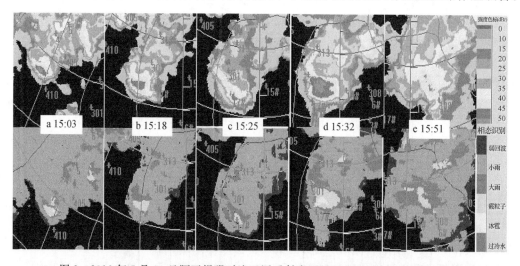

图 1　2016 年 5 月 30 日阿瓦提强对流云团反射率因子及相应时刻相态产品演变

15:25BT(图 1c),经防雹作业,云体反射率因子降至 48 dBZ,强中心范围缩小,但相态识别产品中多处出现红色的过冷水区域,间杂着霰粒子区交替闪烁。人影指挥中心判断虽然云体反射率因子略有减弱,但相态产品却反映云粒子分布非常有利于冰雹的持续增长,云体将会二次发展,立即命令阿瓦提县有效作业范围的作业点持续作业。

15:32BT(图1d),云体反射率因子突增至58 dBZ,强中心面积明显扩大,在相态识别产品出现密实的黄色冰雹区域,其外围包裹着大片霰粒子区域交替闪烁,指挥中心判断雹云显著增强,命令相关作业点持续大火力作业。

15:51BT(图1e),云体反射率因子降至45 dBZ,强中心结构分散,在垂直剖面中强中心区高度降低至5 km,在相态识别产品中仅剩范围缩小的霰粒子区,且霰粒子区域大部分在云体中下部−6 ℃层高度以下(图2 c),据此人影指挥中心判断云体减弱,已无降雹危险,停止防雹作业。

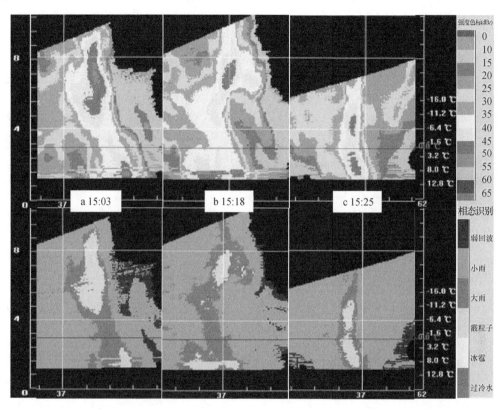

图2　2016年5月30日阿瓦提强对流云团垂直剖面的反射率因子及相应时刻相态产品演变

此次强冰雹天气过程中,阿克苏人影指挥中心根据双偏振雷达回波数据,结合双偏振人工防雹应用系统相态产品对雹云的发展演变趋势做出更加科学的分析和判断,命令阿瓦提县人影办出动流动作业车辆5辆,共9个作业点实施了防雹作业,共发射火箭弹105枚。但由于雹云移进阿瓦提县防区时已经发展成熟,加上部分时段作业点空域受限,仍导致阿瓦提县一些乡镇出现冰雹灾害。

4　结论

(1)双偏振人工防雹应用系统实现了对云粒子的相态识别,将云中弱回波、小雨、大雨、霰粒子、冰雹及过冷水等相态进行判识,并通过色标直观显示。在强对流天气过程中,利用相态识别产品可快速、有效地推断雹云的移向、移速,从而可提前向云体强中心附近及沿途作业点发出防雹作业预警信息。

（2）对人工防雹作业所关注的过冷却水、冰雹和霰粒子等区域着重闪烁表示，并对有降雹潜势的强对流云进行声音报警。防雹指挥分析过程中，人影指挥员可根据霰粒子、过冷水等标识区域来确定人工防雹作业的部位，加强精细化指挥作业，提高人工防雹作业的科学性和准确性。

（3）在 RHI 图中显示本地当日 0 ℃、−6 ℃层等高度线，可直观地掌握对流云初始回波形成高度和强回波区高度等，为早期判识雹云和人工防雹指挥作业提供重要依据。

（4）相态产品相比反射率因子产品能够更早反映云体未来的发展演变趋势，从而帮助人影指挥员及早做出判断，对人工防雹作业中提前预警布防、及早作业提供重要的参考依据。

（5）明确指出云体强中心距离雷达站的方位、距离及附近可实施作业、准备作业的作业点，包括作业方位、距离、发射仰角等，为人工防雹指挥提供参考依据。

由于双偏振人工防雹应用系统投入业务应用时间较短，还需要在今后的业务工作中进一步加强和完善其在作业时机、作业区域选择及作业效果评估等方面的应用和研究。

参考文献

[1] 尹忠海,胡绍萍,张沛源. 双线偏振多普勒雷达测量降水[J]. 气象科技,2002,30(4):204-213.

[2] 汪旭东,胡志群,刘浩,等. 双线偏振雷达性能测试方法研究[J]. 雷达科学与技术,2015,13(4):395-401.

[3] 曹俊武,刘黎平. 双线偏振多普勒天气雷达设备冰雹区方法研究[J]. 气象,2006,32(6):13-19.

[4] 刘黎平,刘鸿发,王致君,等. 利用双线偏振雷达识别冰雹区方法初探[J]. 高原气象,1993,12(3):333-337.

博州地区强对流冰雹天气特征分析

柴战山

（博州人工影响天气办公室，博乐 833400）

摘要 对博州地区强对流冰雹天气雷达资料进行了统计分析，初步掌握了博州地区强对流冰雹天气的气候特征，对雹云发生源地、移动路径及时空分布有了进一步了解，对人工防雹作业点的布局和人工消雹科学作业提供了依据。

关键词 冰雹天气 特征 分析

1 引言

博尔塔拉蒙古自治州位于准噶尔盆地西南端，北、西、南三面有阿拉套山、别珍套山、科古尔琴山环绕，东面为艾比湖盆地，从而形成北、西、南三面环山，地势西高东低，博尔塔拉河自西向东贯穿博州，形成自西向东逐渐开阔的喇叭口地形。

由于这种三面环山形成的谷地易于吸收太阳辐射，使地面及贴近地面的空气增温快，极易产生对流天气。

博州年均降水量 200 mm 左右，年均雷暴日数 55 d，最多达 69 d，平均 30%雷暴云最终形成冰雹云，年均强对流天气 20 天次左右，博州开展人工防受工作已有 40 年历史，人工防雹工作已成为农牧业生产防灾减灾的重要举措之一。

2 资料来源

根据博州地区 1999 年—2007 年连续 9 年数字化雷达回波资料，选取了其中 160 次达到人工消雹作业指标的雷达回波资料，结合作业后的实况资料分析了博州地区冰雹云的生成源地，移动路径，移动速度、雹云回波特征及时空分布。

3 强对流冰雹天气气候特征分析

在此所说的强对流冰雹天气，是指在雷达观测中，回波强中心≥35 dBZ，0 dBZ 回波顶高≥8 km，且 35 dBZ 中心高度≥6 km，回波直径≥5 km 的强对流云。

3.1 冰雹云生成源地

通过对雷达回波资料统计分析，发现博州地区冰雹云生成主要在河谷、湖区及地形复杂的山区，博州地区冰雹云生成源地主要有 5 处：

第 1 处在博乐市西北偏北方的哈拉吐鲁克山区。

第 2 处在博乐市西北方的米尔其克山区。

第 3 处在博尔塔拉河中上游山区。

第 4 处在博乐市西南偏西方向的鄂克托赛尔河中上游山区。

第 5 处在博乐市西南方向的赛里木湖到三台林场山区。

3.2　冰雹云移动路径

冰雹移动主要有五条路径：

第一条路径(北路)，从哈拉吐鲁克山区形成东南下经过博乐市小营盘镇北部 241 炮点和 242 炮点、84 团、青德里乡北部、有时可到 89 团。

第二条路径(西北路)，从米尔其克及西北山区形成东南下，查干屯格乡的 246 炮点和 301 炮点，哈日布呼镇 243 炮点，塔秀乡 244 炮点、87 团、阿热勒托海牧场 240 炮点，小营盘 242 和 241 炮点、84 团移出。

第三条路径(中路)，雹云在博河和鄂河中上游形成，经扎勒木特乡、88 团、安格里格乡、呼和托哈种畜场、阿热勒托海牧场、小营盘、84 团、89 团东移。

第四条路径(西南路)，形成于赛里木湖区，东移影响阿合奇农场 334 和大河沿子镇 335 炮点、83 团、八家户、芒丁乡。

第五条路径(南路)，形成于赛里木湖到三台林场，沿南山东移，影响托托乡和 91 团。冰雹云源地及移动路径如图 1 所示。

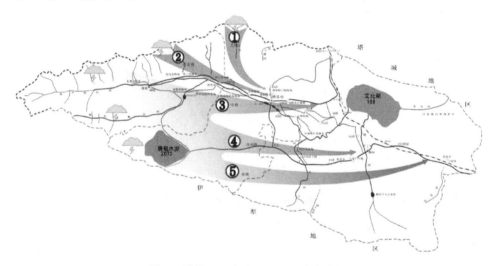

图 1　博州地区冰雹云源地及移动路径

3.3　冰雹云类型

博州地区冰雹云主要有三类：即，复合单体(多单体)冰雹云、超级单体冰雹云和对称单体(弱单体)冰雹云。其中，复合单体冰雹云占 73% 左右，对称单体占 15% 左右，超级单体占 12% 左右(表 1)。

表 1　冰雹云类型

雹云类型	复合单体	超级单体	对称单体	合计
发生次数	118	19	23	160
占百分比(%)	73	12	15	100

　　博州绝大多数冰雹灾害产生是由复合单体冰雹云造成,复合单体冰雹云强度大,维持时间长,常常在特殊区域多个单体合并加强,发展旺盛时云顶高度可伸展到 12 km 以上,回波强度可达到 60 dBZ 以上,回波宽度有时可达 30 km 以上,如图 2 所示。

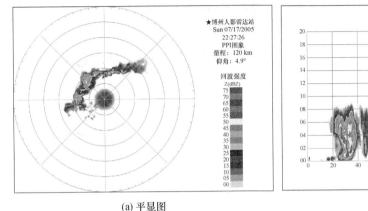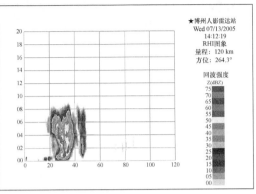

(a) 平显图　　　　　　　　　　　　　　　　(b) 高显图

图 2　复合单体冰雹云回波图

　　超级单体冰雹云出现的频率较低,但一旦形成极易造成冰雹灾害,超级单体内只含一个单体,云体高耸稳定,云体的垂直高度数倍于云体的水平宽度。同时,超级单体冰雹云有以下明显特征:(1)云体移动前方存在一支有组织的上升气流区(弱回波区),(2)在弱回波区前方有悬垂回波,(3)在回波的中后部有一强回波区,称为回波墙,这里是强降雹区。如图 3 所示。

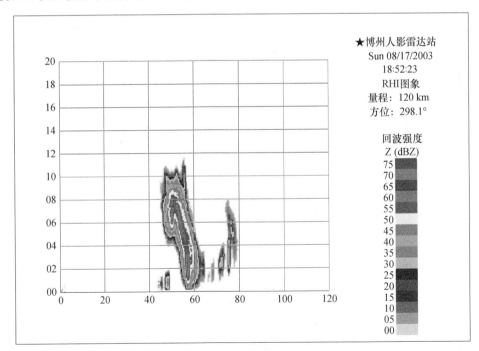

图 3　超级单体冰雹云回波图(高显图)

　　对称单体(弱单体)冰雹云只有一个孤立的单体,单体强度尺度均较小,一般不会造成大的冰雹灾害。

3.4 冰雹云移动速度

冰雹云移速与下垫面植被情况、地形及天气系统有关,掌握不同类型冰雹云的移动速度对人工防雹作业方案设计及人工防雹作业指挥有重要意义,通过对雷达回波资料(160次强对流云)统计分析,博州地区强对流冰雹云移速大多为 25～55 km/h。

表2 冰雹云移动速度统计(单位:km/h)

移速	10～25	25～40	40～55	55～70	合计
次数	12	80	60	8	160
百分比(%)	7.5	50	37.5	5	100

从表2可看出:移速在 25～40 km/h 的冰雹云占 50%,移速在 40～55 km/h 的冰雹云占 37.5%,移速在 25～55 km/h 的冰雹云占 87.5%,移速≥60 km/h 的冰雹云所占比例只有 5%。统计发现冰雹云在山区移动慢,移出山区进入平原及谷地移速明显加快。

3.5 冰雹云作业指标

冰雹云是强对流天气的产物,冰雹云指标是经过长期雷达观测资料的积累和实践检验后确定的,冰雹云指标在不同地区、不同季节、不同气候背景都可能有所不同,确定冰雹云指标对人工防雹作业指挥具有重要意义,博州地区冰雹云指标如表3所示。

表3 博州地区冰雹云识别作业指标

类型	弱雹云	中等雹云	强雹云	备注
0 dB 高度(km)	≥8	≥10	≥12	
中心强度(dBZ)	≥35	≥40	≥45	
中心高度(km)	≥5	≥6	≥8	不同季节略有差异,
35 dBZ 宽度(km)	≥3	≥5	≥10	并伴有雷暴、闪电特征
负温区/正温区	≥1.2	≥1.5	≥2.0	
RHI回波特征	柱状结构	柱状结构	回波墙、回波穹窿	
PPI回波特征	片状块状	V形缺口、钩状、指状	V形缺口、钩状、指状	

4 强对流冰雹云发生时空分布

4.1 日分布

通过对160次强对流冰雹云统计分析,各时段发生次数见表4所示。

表4 强对流冰雹云发生时间统计

时间	14时前	14—20时	20时后	合计
次数	22	119	19	160
百分比(%)	13.8	74.3	11.9	100

从表4可看出,74.3%的冰雹云发生在 14—20时,14时前和20时后所占比例只有20%左右。

4.2 月分布

博州地区强对流冰雹云主要集中在 6—8 月,冰雹云最早出现在 4 月,最晚出现在 10 月,通过博州地区 160 次强对流冰雹云统计,强冰雹云各月发生次数见表 5 所示。

表 5 强对流冰雹云各月发生次数

时间	5 月	6 月	7 月	8 月	9 月	合计
次数	19	49	54	29	9	160
百分比(%)	12	32	33	18	6	100

从表 5 可看出:6—7 月是博州地区强对流冰雹云发生最集中的时段,6—7 月强对流冰雹云发生次数占全年的 65%,进入 8 月后强对流天气逐渐减少。

4.3 地域分布

从统计分析得出:博州地区冰雹天气西部多于东部,山区多于平原,70% 以上冰雹天气发生在地处西部山区的温泉县,地处中部的博乐市次之,地处东部的精河县冰雹天气相对较少。

4.4 有利于强对流冰雹发生的天气条件

强对流冰雹天气大多发生于前期连续多日晴好天气,气温较高,当有系统天气入侵时。

有利于博州产生强对流天气的影响系统主要是巴尔喀什湖低槽(涡)和中亚低槽(涡)。在系统性天气入境的前 1~2 天,500 hPa 高空图上里咸海地区为高压脊区,巴尔喀什湖一带为低压槽区,博州位于槽前西南气流中,位于巴尔喀什湖的低槽不断分裂短波东移经常造成博州强对流冰雹天气。

当天 08 时,对流层下层 850—700 hPa 有增温(暖平流),对流层中上层 500 hPa 有降温(冷平流)活动,500 hPa 图上博州上空有 >15 m/s 的急流带,易产生对流冰雹天气。

5 小结

(1)由于博州地区特殊的地理环境,冰雹云移动路线相对比较有规律性,掌握其规律性对提前防范冰雹天气及炮点的合理布局是有利的。

(2)雷达观测中发现,从不同源地、不同路径的冰雹云东移到哈日布呼镇到阿热勒托海牧场一带经常会合并加强,因此,这一带也常常是冰雹和洪水的多发区。

(3)同一源地的冰雹云有两种以上不同移动路径,这可能与当天的高空引导气流有关。

(4)博州西部的赛里木湖海拔高度 2073 m,东部的艾比湖海拔高度 189 m,两湖相距只有 120 km,西高东低落差悬殊,自西方的冷湿空气在东移过程中下沉,迫使地面热空气上升,有利于对流加强。

参考文献

[1] 施文全,等 . 新疆昭苏地区冰雹云若干问题的研究[M]. 北京:气象出版社,1989.

[2] 高子毅,等 . 新疆云物理及人工影响天气文集[M]. 北京:气象出版社,1999.

[3] 张家宝,等 . 新疆短期天气预报指导手册[M]. 乌鲁木齐:新疆人民出版社,1986.

新疆石河子垦区沙漠边缘地带冰雹天气的多普勒天气雷达产品预警指标初探

魏 勇

（石河子气象局，石河子 832000）

摘 要 本文利用 2006—2015 年新一代多普勒天气雷达资料等资料，运用统计学、雷达气象学等方法分析研究了新疆石河子垦区沙漠边缘地带的冰雹天气的多普勒天气雷达产品特征，初步建立了冰雹天气的多普勒雷达产品的预警指标：（1）春季对流云的雷达回波中心强度为 45 dBZ，回波顶高度为 7 km，−20 ℃等温线以上超过 45 dBZ 的反射率因子的出现；夏季对流云的雷达回波中心强度为 50 dBZ，回波顶高度为 8 km，−20 ℃等温线以上超过 45 dBZ 的反射率因子的出现。（2）逆风区和正负速度对的出现对冰雹天气预警有一定指导作用。（3）垂直累积液态水含量（VIL）的跃增，VIL 中心值大于 15 kg/m² 时，对流性天气降雹的概率较大，VIL 值的大小与冰雹的直径成正比，其高值区范围的大小与降水量成正比。（4）中尺度气旋产品、冰雹指数 HI 产品和 1 h 累积降水量等产品和雷达组合反射率因子、垂直累积液态水含量（VIL）结合使用时，对冰雹天气的预警有一定的指导意义。

关键词 沙漠边缘 冰雹 多普勒雷达 预警指标

1 引言

新疆石河子垦区沙漠边缘地带的地形、地貌特征复杂，气候条件独特多变，冰雹等气象灾害频发。新疆石河子垦区沙漠边缘地带共有 8 个团场（136 团、134 团、133 团、121 团、150 团、148 团、149 团、147 团），是石河子垦区防雹的前沿团场，更是石河子垦区防雹重点区域，据统计石河子垦区 70% 左右的冰雹天气发生在沙漠边缘地带的团场，为了更好地应对石河子垦区沙漠边缘地带严峻的人影防雹形势，迫切要求我们做好对石河子垦区沙漠边缘地带的冰雹天气的预警指标的研究和建立工作，更加科学有效地进行人影防雹，减少冰雹灾害，提高为农服务效益及气象防灾减灾的综合能力，对保障石河子垦区的农业的持续、稳定发展，具有十分重要的意义。

2 雷达组合反射率因子（CR）和反射率因子剖面（RCS）及回波顶高特征

通过对 2006—2015 年发生在新疆石河子垦区沙漠边缘地带 20 次冰雹天气的组合反射率因子（CR）、反射率因子剖面（RCS）及回波顶高特征进行统计分析得出：石河子垦区沙漠边缘地带冰雹出现时，回波强度一般大于 60 dBZ，回波顶高度大于 9 km，且冰雹的大小和回波强度、回波顶高度及大于 55 dBZ 强回波的范围成正比；−20 ℃等温线以上超过 45 dBZ 的反射率因子的出现，能够提前近 15～30 min 提示冰雹预警。由于春、夏两季特征层高度的差别，同时为了体现石河子人影防雹以防为主的中心理念。将春季石河子垦区沙漠边缘地带对流云的雷达回波强度定为 45 dBZ，回波顶高度定为 7 km，−20 ℃等温线以上超过 45 dBZ 的反射率因子的出现,作为春季冰雹预警指标;将夏季石河子垦区沙漠边缘地带对流云的雷达回波强度定为 50 dBZ,回波顶高度定为 8 km,$-20\,^{\circ}\mathrm{C}$ 等温线以上超过 45 dBZ 的反射率因子的出现,作为夏季冰雹预警指标。通过 2016 年石河子垦区防雹的实践检验,2016 年出现了 30 次对流天气,通过早期防御,提前作业,石河子垦区仅出现了 2 场冰雹天气,造成少量的冰雹灾情,而这2 场冰雹天气造成灾害的原因是强对流单体已在上游地区产生了成熟的冰雹云,到达石河子垦区的防区时已经开始降雹,造成了局地的雹灾。

3 基本径向速度(V)特征

通过对发生在新疆石河子垦区沙漠边缘地带 20 次冰雹天气的基本径向速度特征进行了统计和分析得出:低层辐合,高层辐散预示强对流天气的发生;逆风区的出现预示强对流天气进一步的发展和加强,当对流单体的强中心进入"逆风区"后,强烈的辐合上升运动不断将低层丰沛的暖湿气流带往中高层,对流发展继续增强,维持时间增长,强度和强回波范围迅速增大,从而形成冰雹等强对流天气;当中气旋出现时,一般预示超级风暴单体的出现,风切变达到极值,冰雹云发展成熟,从而产生冰雹天气。通过统计分析得出:速度场特征能提前 15 分钟到30 min 对强对流天气提示预警,对冰雹天气预警有一定的指示意义。

4 垂直累积液态含水量(VIL)

垂直累积液态含水量(VIL)是判别强降水及其降水潜力、强对流天气造成的暴雨、暴雪和冰雹等灾害性天气的有效工具之一[1]。通过对发生在新疆石河子垦区沙漠边缘地带 20 次冰雹天气的垂直累积液态含水量 VIL 特征进行了统计和分析得出:VIL 从陡增到陡降的过程和冰雹天气形成和减弱过程有着密切的关系。20 次冰雹天气的 VIL 最小值为 15 kg/m²,所以当 VIL 陡增到大于 15 kg/m² 时,强对流天气形成冰雹的概率较大。冰雹的大小和降雹区与组合反射率 CR 和 VIL 值的中心值的大小和强中心区域有着很好的相对应的关系。

5 风暴跟踪信息(STI)特征

准确的风暴识别和跟踪是雷达及强天气预警的基本组成部分。多普勒天气雷达提供的风暴跟踪信息产品反映了所探测到的每个风暴单体各种跟踪信息,包括风暴单体现在的位置、过去 1 小时中的实况位置和未来 1 小时每隔 15 分钟的位置以及风暴移动的速度和方向等信息[2]。通过对发生在新疆石河子垦区沙漠边缘地带 20 次冰雹天气过程中风暴跟踪信息(STI)产品进行对比分析,发现 STI 产品对冰雹预报有一定的指示作用。需要注意的是如果在 STI 图中出现多个风暴单体,一定要选择和在雷达反射率因子(Z)图的强中心所对应的风暴中心进行跟踪观测,这样就可以很好跟踪和预测强对流风暴的发展和移动方向;通过将 STI产品和组合反射率 CR 产品结合使用,能提前预报强对流天气移动的速度和方向,从而有利于冰雹天气的临近预警。由此可知,风暴跟踪信息产品对于短时间内的预报强对流天气移动的速度和方向以及降水落区具有很好的指示作用。

6 中气旋(M)产品

中气旋产品是用来显示与三种方位切变类型的识别有关的信息,即非相关切变,三维的相关切变及中气旋[2]。对发生在新疆石河子垦区沙漠边缘地带 20 次冰雹天气过程的中气旋

（M）产品进行对比分析得出：当单个体扫中的中尺度气旋产品出现中气旋时，误报率较高。但在基本径向速度场出现低层辐合高层辐散特征时，同时在中气旋产品中连续 3 次以上在相同的区域出现中气旋，出现冰雹等强对流天气的概率在 90% 以上。将中气旋（M）产品和径向速度配合使用时对冰雹天气的预警有一定的指导作用。

7 冰雹指数（HI）和 1 h 累积降水量（OHP）

新一代天气雷达的冰雹探测算法 HDA（hail detection algorithm）是通过寻找风暴单体中冻结层之上的高反射率因子以获得导出产品——冰雹指数 HI（hail idex）[3]。在 HI 图中，小的空的或实的绿色三角是表示冰雹概率 POH（probability of hail），而大的空的或实的绿色三角是表示强冰雹概率 POSH（probability of strong hail），无论大小三角形显示都必须超过"最小显示阈值"，而且三角是空心的还是实心的都要取决于"填充阈值"，其空心和实心的阈值通常分别为 30% 和 50%。通过对 20 次冰雹天气过程中冰雹指数产品的统计分析，得出冰雹指数对冰雹预警有一定的指示意义，但误报较多。当出现 POH＝100、POSH＝100、SMEH≥3 cm 的实心冰雹指数产品出现时，对应的强对流单体有产生冰雹的可能，应进行连续观测。将冰雹指数 HI 产品结合垂直累积液态含水量 VIL 产品及组合反射率 CR 产品综合使用，将对提高冰雹等强对流天气预报的准确性和时效性具有很大的帮助。同时通过对 20 次冰雹天气过程中 1 h 累积降水量（one hour precipitation，OHP）产品进行统计分析，得出 OHP 值的跃增和强对流云的发展有对应关系，同时 OHP 值大值区和强对流天气产生的降水落区和冰雹落区有一定联系，对冰雹落区有一定的指示意义。

8 总结

（1）新疆石河子垦区沙漠边缘地带的雷达组合反射率因子（CR）和反射率因子剖面（RCS）及回波顶高的预警指标为：春季对流云的雷达回波强度为 45 dBZ，回波顶高度为 7 km，−20 ℃等温线以上超过 45 dBZ 的反射率因子的出现；夏季对流云的雷达回波强度为 50 dBZ，回波顶高度为 8 km，−20 ℃等温线以上超过 45 dBZ 的反射率因子的出现。

（2）新疆石河子垦区沙漠边缘地带速度场的变化特征，对冰雹天气的临近预警有一定指导意义。

（3）新疆石河子垦区沙漠边缘地带的垂直累积液态水含量（VIL）的陡增到陡降的过程和冰雹天气形成和减弱有着密切的关系，$VIL \geq 15 \text{ kg/m}^2$ 时，将有冰雹出现的可能；VIL 值的大小与冰雹的直径成正比，其高值区范围的大小与降水量成正比。

（4）中尺度气旋产品、冰雹指数 HI 产品和 1 h 累积降水量等产品都能在石河子地区沙漠边缘地带冰雹天气出现前起到一定提示作用，在实际工作中有一定的指导意义。

参考文献

[1] 付双喜,安林,康凤琴,等.VIL 在识别冰雹云中的应用及估测误差分析[J]. 高原气象,2004,23(6):810-814.

[2] 俞小鼎,姚秀萍,熊廷南,等. 多普勒天气雷达原理与业务应用[M]. 北京:气象出版社,2006:93-96.

第三部分　人影作业效果与效益评估

河西走廊西部旱区火箭增雨试验效果评估

郭良才[1,2,4]　丑　伟[2]　付双喜[3]　朱彩霞[2]　杨莉丽[2]

(1. 中国气象局兰州干旱气象研究所,兰州 730020;2. 甘肃省酒泉市气象局,酒泉 735000;

3. 甘肃省人工影响天气办公室,兰州 730020;4. 甘肃省干旱气候变化与减灾重点实验室,兰州 730020)

摘　要　本文运用直观图示分析法、区域对比试验法和降水量区域历史回归试验法,运用国家基本气象站和季节性自动雨量监测点资料,对 2015—2016 年 3—9 月在河西走廊西部旱区进行的火箭人工增雨作业进行了非随机试验效果评估。应用多元回归法计算增加雨量约 26.99 mm,约 0.5413 亿 m³,平均相对增雨率为 32.84%,投入与产出比约 1:16。增雨试验期间对数值预报模式、卫星云图和多普勒雷达等输出产品资料在效果评估方面的应用进行了初步探讨,使用效果较好。

关键词　人工增雨　效果评估　河西走廊

1　引言

河西走廊西部旱区一带开展人工增雨作业,目的就是增加南部祁连山的积雪量和域内内陆河流量,为区域内提供更多的工农业和生态用水。在相对干旱的年份,降水相对减少,虽然人工增雨作业次数增多,但干旱的气候加大了积雪的消融速度,表现为积雪雪线升高,河流来水量增加,另外,由于气温的作用,有时候降水增加了,积雪面积反而有所减小,但从大部分个例来看,随着耗弹量的增加,降水量也呈现增加的趋势,说明人工增雨作业增加了有效降水量,对改善区域内生态环境是有贡献的。

随着人工增雨业务的不断拓宽和发展,人工影响天气作业的效果评估已成为人工增雨工作中必不可少的重要一环,也是这项业务开展中的一项难题,人工增雨作业目标区的选择,通常总是考虑最有利于降水或自然发展已成熟的云团或云区,但是由于云和降水自然变率大,评估对象具有不确定性,不同的时间、空间条件下各种因子互相制约,复杂多变,因此进行严格的效果检验,在国内外都仍然是一个困难的问题。在许多地方开展的试验中,有关于非随机化统计试验、统计检验与物理检验相结合的试验报告,如数值模式评估[1]、统计模拟方法[2],移动目标区的评估方法[3],历史回归法[4]等评估方法;另外,胡志晋[5]评述了数值模拟在人工影响天气作业设计与效果评估中的应用等问题;曾光平等[6-7]对古田人工增雨中多种非随机化效果评估方法进行了分析。近 10 年来,作者及其团队在河西走廊中西部进行了数百次的火箭增雨作业,通过 EOS/MODIS 卫星遥感检测和实地考察,发现祁连山区积雪量稳中有升,牧区草原草场正在逐步转入生态旺盛期,直观上已经产生了较为理想的作业效果。然而对干旱少雨的河西走廊中西部,灌溉农业的特殊性需要有一套适合当地气候条件的人工影响天气作业效果的评估方法,因此,科学地评价增雨效果的研究十分必要。

2　地理环境与作业方式

河西走廊西部旱区南靠祁连山脉,北邻巴丹吉林沙漠,属温带大陆性气候区,年降水量为

40～160 mm，分布极不均匀，80％以上的降水主要集中在4—9月，年蒸发量高居2000 mm以上，工农业生产基本依赖于祁连山冰雪融水和山区降水形成的内陆河及其地下水资源。全球气候变暖给该地区的环境带来了负面影响，总趋势趋于冰川雪线上升，河流径流减少，地下水位下降，为了减缓和遏制这一气候不利因素，河西走廊自20世纪90年代开始引进人工影响天气装置进行人工增雨作业，以减缓气候变化带来的环境恶化压力。河西走廊西部的酒泉市2006年开始引进"WR-98"移动火箭人工增雨作业系统，逐步在各市县近12万km²的范围开展了祁连山蓄雪型、抗旱型和水库蓄水型人工增雨作业。2015—2016年，市人工影响天气办公室采用向空中发射增雨火箭弹的形式，在所辖的肃州区进行了人工增雨效果评估试验。试验期内共进行增雨作业30次（点），发射增雨火箭弹240枚，作业的主要对象为大范围的系统性层状云系及部分地方性云系，作业试验区和对比区的平均降水总量分别为109.2 mm和56.6 mm，最大降雨总量为155.7 mm，出现在试验区的屯升观测点。

3 检验方法确定

3.1 效果检验方法

以增加降水为目的的业务性人工增雨，效果检验属于一种非随机试验，是一项既重要又困难的业务性问题[8]，即必须明确回答人工增雨作业效果到底有多大？20世纪80—90年代，随着计算机技术的迅速发展，非参数检验获得新的突破和应用，检验功效有所提高。我国人工增雨试验研究取得了卓有成效的进展，对于作业区的设置、催化对象的选择以及播撒方案和剂量控制等技术方面积累了很多的经验，也提出了公认可行的一些方法进行检验[9-11]。本文采用直观图示分析法、有一定物理条件约束的区域对比试验法和降水量区域历史回归试验法进行探讨研究，在回归方程的建立过程中，引进了数值预报模式输出产品、云图和多普勒雷达实时资料等因子，应用效果较好。

3.2 确定作业试验区和对比区

在对人工增雨作业点分布区域和作业天气系统进行分析的基础上，结合预定的增雨目标确定试验目标区。由于试验是在自然条件无法控制，甚至难以预测或监测的大自然环境中进行的，为了使试验更具科学性，我们采用了随机化试验设计，将适于作业的对象随机地分出一部分不作业，保持其自然状态作为对比样本，并据以检验作业样本的效果。对于适宜作业的降水过程，均采用区域趋势对比分析方法评估作业效果，即选择云系结构与作业区相似的邻近地带作为对比区。

增雨试验区和对比区的确定应满足以下基本条件[9]：(1)基本的气候指标具有可比性；(2)出现的降水系统和主要云系相似；(3)地理特征相似；(4)区域面积相似；(5)对比区不受试验区催化剂的污染；(6)区内的比较站点分布较为合理，具有代表性；(7)所取资料基本同步。根据以上条件，选取酒泉市肃州区SEE方向的金佛寺、丰乐、下河清、清水、屯升5个乡镇和高台县西部区域为试验区，域内有15个观测站点，对比区选择在作业点上风方向（700 hPa风向为NW），包括嘉峪关市、肃州区、怀茂、西洞和泉湖4个乡镇（区）的区域中，域内有14个观测站点，两区相距85 km，具体情况见表1和图1。图1中干扰区为可能受到催化剂影响的区域，本试验对干扰区不做考虑。

表 1 试验区和对比区基本情况

区域	地点	面积(km²)	海拔(m)	年均降水量(mm)	气候特征
试验区	A 区	2012	1580	112.3	大陆性气候
对比区	B 区	2118	1410	87.8	大陆性气候

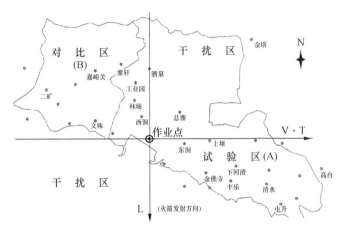

图 1 试验区(A)和对比区(B)示意图

(L:催化剂播撒长度;V 向:500 hPa 风向;V·T:500 hPa 风速与影响时间的乘积)

3.3 资料的选取和处理

2015—2016 年 3—9 月,在设定试验的作业点共进行了 30 场(次)人工增雨作业,按照天气系统的移动演变路径和地方性云系的发展状况,火箭弹发射基本选择在作业点偏南(祁连山)方向,同步对比区未实施增雨作业,试验获取 870 个降水量样本;考虑到地形、气候、降水系统差异性和资料的可代表性,历史回归资料采用 1981—2010 年酒泉市观测站(对比区)和高台县气象站(试验区)同期的月平均降水资料。

4 效果分析

4.1 定性图示分析

运用直观的雨量平面分布图和垂直效果分析图,对试验期进行人工增雨过程中的降水量进行累加,点绘成图表,可以定性看出增雨后的效果。

4.1.1 作业效果总雨量分布

试验使用的 WR-98 型增雨火箭弹,对作业点环境的风向、风速及其火箭运行轨迹的相对位置以及地形高度的变化比较灵敏,在云内不同方向,催化剂扩散速率变化范围在 6～60 m/s,其中包括受电场的影响[10]。分析表明,此次试验中,降水中心出现在作业区系统移动的下风方试验区内(图略),可以定性地说明作业后在下风方呈现增雨效果,当作业点实施增雨作业后,按照 5500 m(500 hPa)高度处平均风速 16 m/s 计算,降水云系的移动速度在 60 km/h 左右,距作业点 SEE 方向 75 km 和 82 km 的丰乐和的屯升一带出现降水中心,符合人工增雨触发降水机制的作用时间和距离。

4.1.2 作业效果的垂直分布

对空间、角度、云层条件基本一致的降水系统,从作业效果垂直雨量分布图2可以看出,增雨效果是明显的,作业点(A、B交界处)附近10 km范围为自然降水,垂直变化分布不明显,下风方向20 km开始增雨效果显现,降雨量明显增加,最大降水区出现在距作业点60~85 km的区域,85 km之后由于催化作用消失,降水量迅速减小。图形效果呈现单峰型,且峰值反应明显。

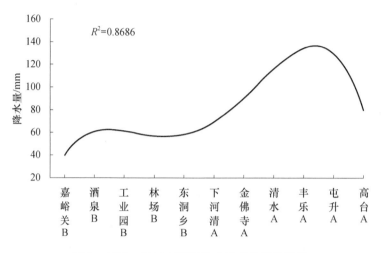

图2 2015—2016年增雨作业垂直效果分析图

4.2 对比试验分析

对2015—2016年3—9月期间河西走廊西部火箭人工增雨效果进行定性分析,分析统计的计算公式如下:

$$R = (\bar{X}_1 / \bar{Y}_1)/(\bar{Y}_2 / \bar{X}_2) \tag{1}$$

式中,$\bar{X}_1$为试验催化作业区域月平均降水量,$\bar{Y}_1$为同期对比区域平均降水量,$\bar{X}_2$为试验区历史降水量的平均值,$\bar{Y}_2$为对比区相应历史区域降水量的平均值。

$R>1$则为正的增雨效果,$R<1$则为负的增雨效果即消雨。由表2可看出对比分析结果,所有月份均为正效果,且4月份最大,为3.44,9月次之,为2.82,3月最小,为1.72,但总体R值较大,说明增雨作业效果明显。

表2 各月对比分析表

月份	$\bar{X}_1$	$\bar{Y}_1$	$\bar{X}_2$	$\bar{Y}_2$	$\bar{X}_1 / \bar{Y}_1$	$\bar{X}_2 / \bar{Y}_2$	R
3	11.5	6.0	6.1	5.5	1.91	1.11	1.72
4	6.7	3.5	3.3	5.9	1.92	0.56	3.44
5	15.5	8.1	8.4	10.8	1.91	0.78	2.45
6	25	13.2	14	16.1	1.89	0.87	2.18
7	33.2	17.6	18.8	22.3	1.89	0.84	2.24
8	30.3	16.0	17.1	22	1.89	0.78	2.43
9	19.7	10.4	10.9	16.2	1.90	0.67	2.82

5 历史回归分析

对试验区和对比区的历史资料进行正态分布检验,以检查其是否服从正态分布;其次进行相关系数检验,以确定概率意义上解释试验区和对比区之间的相关程度;而后进行回归分析,确定回归方程,同时对回归方程进行显著性检验;最后以对比区试验作业月的实测资料代入回归方程得到试验区的期望值,并与试验区试验作业月的实测降水量相比较得出增雨量,并对增雨量的显著性进行检验。

5.1 正态分布检验及相关系数显著性检验

将 1981—2010 年 3—9 月试验区和对比区的月平均降水量历史资料作为随机变量,考察其分布规律,检验 X_i,Y_i 是否服从正态分布,采用非参数方法的 K-S(柯尔莫哥洛夫-斯米尔诺夫)检验法。K-S 检验法是用来检验样本来自同一个总体的假设,这也是一种拟合优度检验方法,它主要是运用某随机变量 X 的顺序样本来构造样本分布函数,使得能以一定的概率保证 X 的分布函数 $F(x)$ 落在某个区域内。

相关系数显著性检验采用 t 检验法。即在所采用的对比区和目标区历史资料均总体服从正态分布的条件下,检验其是否存在显著的相关性,计算公式如下:

$$t = r \times \mathrm{sqr}((n-2)/(1-r^2)) \tag{2}$$

式中,r 为相关系数,$n=30$ 为历史资料年份。利用统计软件 SPSS 计算 t 分布函数即可确定显著性水平 α 及可信度 $1-\alpha$。如果 $t \geqslant t_\alpha$,表明对比区和试验区月降水量的线性相关是显著的。一般要求相关系数的显著性水平 $\alpha < 0.1$。

表 3 为各月对比区及试验区 K-S 检验及相关系数检验结果,其中 S_X,S_Y 分别为对比区和目标区各月降水量的标准差,P_X 和 P_Y 为正态分布值,只要各月份 P_X 和 P_Y 的值>0.05,则说明其符合正态分布,由表 3 可知,各月降水量均>0.05 的阈值,全部符合正态分布。另外,各月相关系数显著度均>99%,也表明相关性显著。

表 3 各月试验区及对比区 K-S 及相关系数检验

月份	K-S 检验				相关系数检验			
	S_X	P_X	S_Y	P_Y	t	μ	α	$1-\alpha$
3	7.47	0.437	8.52	0.363	6.85	28	<0.01	99%
4	4.96	0.205	5.92	0.239	5.29	28	<0.01	99%
5	5.85	0.773	11.11	0.346	8.85	28	<0.01	99%
6	14.09	0.381	16.00	0.344	7.10	28	<0.01	99%
7	16.38	0.360	18.32	0.444	5.27	28	<0.01	99%
8	10.53	0.833	18.22	0.419	4.04	28	<0.01	99%
9	14.86	0.331	16.58	0.314	7.97	28	<0.01	99%

5.2 回归方程的确定

在回归方程的组建中,作为基本资料主要考虑了以下几个因子:x_1 对比区历史逐月平均降水资料;x_2 作业区作业开始前 1~2 h 雷达回波最大回波强度;x_3 作业区作业开始前 1 h 内卫星云图红外探测云顶温度；x_4 ECMWF 数值预报中作业开始前最近时段的 700 hPa 作业区上空相对湿度预报最大值，用 SPSS 统计软件对回归方程进行拟合。

5.3 回归方程显著性检验

运用方差分析法，采用 F 检验，F 检验是针对整个回归方程模型的，如果检验显著那么说明自变量对因变量能够较好地解释，即在所采用对比区和试验区历史资料均总体服从正态分布，且有良好相关性的条件下，检验所确定的回归方程的显著性。表 4 给出了拟合得到的试验区-对比区相关系数、回归方程、显著性水平和可信度检验，可见试验区和对比区资料回归方程显著性水平均 < 0.01，回归方程的显著性检验信度达 99%。

表 4 中，r 为相关系数，F 为分布函数值，α 为回归方程的显著性水平，$1-\alpha$ 为可信度。

表 4 试验区和对比区回归方程显著性及可信度

月份	3	4	5	6	7	8	9
r	0.85	0.744	0.751	0.741	0.676	0.725	0.861
F	75.63	35.987	37.599	35.372	28.951	32.195	83.432
α	<0.01	<0.01	<0.01	<0.01	<0.01	<0.01	<0.01
$1-\alpha$	99%	99%	99%	99%	99%	99%	99%

表 5 是运用回归方程模型计算所得的人工增雨作业效果分布，Y_1 为根据回归方程计算的作业区不实施人工增雨作业的期待值，Y_2 为实施了人工增雨作业后的实测雨量，$\Delta Y = Y_2 - Y_1$ 为人工增雨的作业效果，η 为相对增雨量。

表 5 2015—2016 年人工增雨作业效果统计

月份	3	4	5	6	7	8	9	合计
Y_1(mm)	5.85	4.44	8.52	13.008	18.30	16.11	12.13	78.36
Y_2(mm)	6.47	5.92	11.99	17.09	23.12	23.82	16.94	105.35
ΔY(mm)	0.62	1.487	3.47	4.09	4.81	7.71	4.81	26.99
η(%)	10.60	33.32	40.74	31.48	26.29	47.84	39.62	—

综合分析表 5 可以看出，2015—2016 年 3—9 月间相对增雨量为 10.60%～47.84%，试验区 15 个观测点统计共增加雨量 26.99 mm，总水量约增加 0.5413 亿 m³。按酒泉市肃州区农业灌溉平均单价 0.102 元/m³ 计算，仅抗旱灌溉产生的效益项约为 552.10 万元，2015—2016 年 3—9 月人工增雨各种作业经费共投入 35.06 万元，投入与产出比为 1∶16。

5.4 增雨量显著性检验

对人工增雨的效果，采用 t 分布单边检验增雨量的统计显著性，以确定增雨量 ΔY 是否为人工影响所致，抑或仅仅是降水的自然变量 ΔY 显著性的 t 值计算公式：

$$t = (\Delta Y\, S_x/S_y)\, \mathrm{sqr}((1-r^2)(n^2-2)\, S_x{}^2(X^t-y)^2/(n^2-2n)) \tag{3}$$

式中，S_x，S_y 为对比区和目标区的标准差，r 为相关系数，X^t 为作业期间对比区的实测值，Y 为目标区降水量的历史平均值。由 SPSS 统计软件计算出 t 分布函数值，即可确定显著性水平 α

及可信度 $1-\alpha$,若 $\alpha \leqslant 0.05$,则雨量增加值是显著的,且显著性水平为 α(单边检验)。

由表6可见,2015—2016年3—9月作业试验区的作业效果都很显著,均超过有效的显著水平,除7月份增雨效果可信度为95%,效果显著性水平0.05外,其他月份效果可信度均为99%,效果显著性水平均低于0.01。

表6 2015—2016年人工增雨效果单边检验统计

月份	3	4	5	6	7	8	9
t	8.697	5.999	6.130	5.947	2.992	5.674	9.134
α	0.01	0.01	0.01	0.01	0.05	0.01	0.01
$1-\alpha$	99%	99%	99%	99%	95%	99%	99%

6 总结

(1)在河西走廊西部旱区进行火箭人工增雨试验效果是明显的,直观图示分析法、区域对比试验法和降水量区域历史回归试验法的分析结果均有显著的增雨效果,检验可信度绝大多数在99%以上,即在河西走廊西部进行人工增雨作业是可行的。

(2)区域历史回归试验法中,除使用原始的历史资料外,新加入了雷达回波、卫星云图红外探测、ECMWF数值预报资料,克服了某些增雨假效果杂波的影响,试验增雨效果为32.8%,可见回归分析更具客观性。

(3)增雨作业点附近未出现大的降水,中心区出现在增雨区的下风方60 km以后区域,说明火箭弹升空进入云区后播撒催化剂需要一定的时间,这个时间与高空风速的大小成正比,即设置增雨作业点时,应尽可能设置在增雨区域的上风方向。

(4)在气候、地形差异不明显,对比区和试验区所受天气系统影响基本上一致的条件下,历史资料年份比较长($n>20$)时,具有良好的正态分布性及相关、回归方程和增雨量的显著性。

(5)在同一区域多设增雨点,不同区域间进行联合作业,增雨效果将会更为显著。

参考文献

[1] 胡鹏,谷湘潜,冶林茂,等. 人工增雨效果的数值统计评估方法[J]. 气象科技,2005,33(2):189-192.

[2] 曾光平. 非随机化人工增雨效果的统计模拟研究[J]. 应用气象学报,1999,10(2):255-256.

[3] 曾光平,刘峻. 人工降水试验效果检验的统计模拟方法研究[J]. 气象学报,1993,51(2):241-247.

[4] 夏彭年. 内蒙古地区层状云催化的条件和效果//人工影响天气(十一)[M]. 北京:气象出版社,1998:33-40.

[5] 胡志晋. 检验人工降水效果的协变量统计分析方法[J]. 气象,1979,6(9):31-33.

[6] 曾光平,方化珍,肖锋. 1975—1986年古田水库人工降雨效果总分析[J]. 大气科学,1991,15(4):97-108.

[7] 曾光平. 非随机化人工降雨试验效果评价方法研究[J]. 大气科学,1998,18(2)232-242.

[8] 章澄昌. 当前国外人工增雨防雹作业效果评估[J]. 气象,1998,24(10):3-8.

[9] 叶家东,范蓓芬. 人工影响天气的统计数学方法[M]. 北京:科学出版社,1982.

[10] 中国气象局科技发展司. 人工影响天气岗位培训教材[M]. 北京:气象出版社,2003.

[11] 章澄昌. 人工影响天气概论[M]. 北京:气象出版社,1992.

卫星反演产品在一次飞机增雨效果检验中的应用

田　磊[1,2]　翟　涛[1,2]　常倬林[1,2]　穆建华[1,2]　曹　宁[1,2]　孙艳桥[1,2]

（1. 中国气象局旱区特色农业气象灾害监测预警与风险管理重点实验室，银川 750002；

2. 宁夏气象防灾减灾重点实验室，银川 750002）

摘　要　本文利用风云 2G 静止卫星反演产品，对宁夏一次典型飞机增雨催化作业后云参数变化情况进行了分析。结果表明，经过催化后，作业区的云光学厚度、液态水含量、云有效粒子半径相比对比区均有明显增长，同时作业区云过冷水含量相比对比区在催化后下降较快。从这一结果可以反映，对作业区目标云进行催化后，促进了目标云的发展，加速了目标云过冷水向液态水转化的过程，有利于地面降水的增加。

关键词　飞机增雨　云顶高度　过冷水厚度　光学厚度

1　引言

宁夏深居内陆，地处干旱半干旱地区，降水偏少，地表水和地下水都十分贫乏，是全国干旱危害最严重的地区之一。水资源短缺严重影响着宁夏农牧业生产、生态环境建设及社会可持续发展。据各地的气象观测资料和卫星遥感观测数据推算全球大气云中的含水量约为 900 亿吨，与大气中气态水总量比，"云水"仅占 0.7%。因此，合理开发利用空中云水资源，无疑是一条缓解此难题的"开源"之路。

我们认识到要合理地开发空中水资源、增强人工增雨能力，首先需要客观地认识降水云的微物理特征、作业催化效果。飞机携带观测仪器飞入云中对云进行直接观测将得到客观的、高时间分辨率的云微物理参数，但这种观测手段价格非常昂贵。近年来，随着卫星资料应用技术的逐渐成熟，研究者开始尝试利用卫星资料来反演云的微物理参数，这种方法有价格低廉、观测范围大等优点。目前利用卫星资料反演云微物理量的方法已经成熟，国内外应用都比较广泛。

在国外，Nakajima 和 King[1] 在渐近理论的基础上，使用 0.75 μm 和 2.16 μm 波段的太阳反射辐射同时反演了云的光学厚度和有效粒子半径。Rosenfeld 等[2-4] 利用 NOAA 上的 AVHRR 数据反演云顶附近的云粒子有效半径，通过与雷达回波的对比发现，3.7 μm 的辐射中确实包含降水云云顶粒子物理状态的信息；他利用这一反演方法分析了城市和工业污染对降水的影响，分析了播撒作业之后，云微物理特性的变化。

在国内，刘健等[5] 利用 NOAA 卫星的 AVHRR 资料的通道 3 数据中所包含的太阳反射光信息，分析了云和雾中粒子的大小分布状况，并把分析结果与地面观测资料相对比，发现具有 CH3 反射率小值的云中大粒子区与降水区间存在一定的关系。叶晶等[6] 利用中分辨率成像光谱仪（MODIS）吸收通道和非吸收通道，研究了多层云的光学厚度和有效粒子半径微物理参数的反演算法，利用 SBDART 辐射传输模式模拟冰云覆盖在低层水云上的多层云对云微物理参数反演的影响。濮江平等[7] 结合飞机观测到的云物理参数，反演计算云顶向上的辐射谱分布,并且与静止地球卫星观测到的辐射通量密度进行了对比。发现,通过卫星若干辐射通道资料反演云的云底高度与厚度、云体光学厚度(云液态水路径)和粒子有效半径在技术上是可行的。邓军等[8]利用 EOSS/MODIS 可见光和近/短波红外通道的光学特性,反演了云雾光学厚度和有效粒子半径。研究表明,不同波长的近/短波红外波段反射率对不同高度上的粒子敏感,使用不同通道组合反演所得的有效粒子半径反映了云层不同高度上的粒子尺度特征。陈英英等[9]利用 FY-2C 静止卫星在通道 4 的探测数据,反演了云粒子有效半径,并与 TERRA 上 MODIS 的相应产品做了比较。结果表明,FY-2C 和 MODIS 资料能一致地反映云粒子有效半径分布的主要特征,但反演的粒子大小存在差异。

本文利用风云 2 系列静止卫星的反演产品,分析典型人工增雨作业过程中作业单元和对比单元云微观参量的变化特征,从云微物理参量在人工催化前后变化特征的角度,研究分析对目标云的催化作业效果。

2 研究方法

本文使用风云 2 系列卫星资料,并通过反演得到云顶高度、过冷水厚度、液水路径(液态水含量)、光学厚度、有效粒子半径等云宏微观特征参量产品,产品水平分辨率为 5 km。选择了一次典型的针对大范围层状云降水的飞机人工增雨作业过程个例,根据一定原则作业单元与对比单元,分析作业前后卫星反演的云宏微观特征变化。

作业单元与对比单元的选择原则:

(1)选择开展飞机绕飞作业的区域为作业单元。

(2)选择在作业单元上风或侧风方向且没有开展作业的区域作为对比单元。

(3)选择的作业单元和对比单元在催化作业时的云参数一致。

3 数据分析

如图 1 所示,2016 年 9 月 5 日白天到夜间,从天气形势图看,500 hPa 形势场形成明显的南支槽,西南水汽输送通道建立;700 hPa 风场来看,在宁夏中南部有风向切变,形成辐合区。受此系统影响,宁夏大部出现小到中雨。5 日 10:18,增雨飞机在河东机场起飞,在宁夏中南部地区开展飞机增雨作业,飞机沿预定航线进行了增雨催化作业,其中依次在航点中卫、海原、西吉、固原、同心、盐池进行了绕飞催化作业,共使用碘化银烟条 30 根,共飞行 4 小时 36 分,14:54 返回河东机场(图 2)。增雨飞机催化作业高度约为 5000 m,催化高度层的温度为 -5~-3 ℃;催化作业时,西吉、隆德、原州区一带有大片雷达回波强度为 20~30 dBZ 的中等偏弱的降水云系。该云系云顶高度约为 6 km,过冷水厚度为 2~3 km,从西南向东北方向移动,移动速度为 20~25 km/h。

图 3 为催化作业开始时(12:00)云顶高度、过冷水厚度、液水路径、光学厚度、有效粒子半径的分布图。

选择云水条件较好(作业时,云顶高度大于 5 km,过冷水厚度大于 2.5 km),在 12:00 左右开展了绕飞催化作业的航点西吉县城所在的方形区域(纬度范围为 35°51′—36°02′N,经度范围为 105°36′—105°50′E)作为增雨催化作业区;选择相对云系移动方向在西吉县城侧风方向离西吉县城约 55 km 处且没开展催化作业的隆德县城所在的方形区域(纬度范围为 35°28′—35°39′N,经度范围为 106°02′—106°16′E)作为增雨作业对比区。两者作业前后的云微物理参量的变化特征如下。

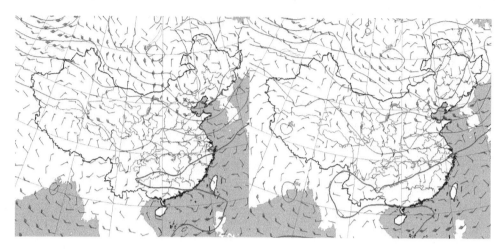

图1　2016年9月5日08时和20时天气形势图

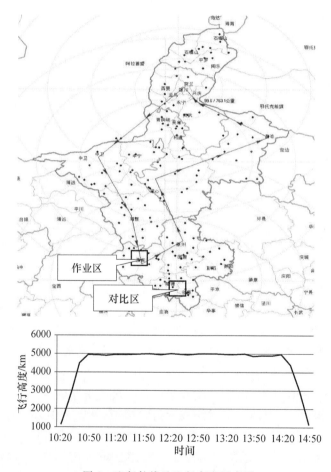

图2　飞行航线及飞行高度示意图

图 3 从左到右依次为催化作业开始时(12:00)云顶高度、过冷水厚度、
液水路径、光学厚度、有效粒子半径的分布图

(1)从图 4 可以看出,在催化作业 2 个半小时前,作业区和对比区的云顶高度基本一致,均为 6 km 左右,作业区云顶高度在作业前在 6~7 km 之间波动,对比区云顶高度先上升,然后维持在 7 km 左右;增雨催化作业半小时后,作业区云顶高度基本维持不变,对比区云顶高度呈先下降,后上升的趋势。

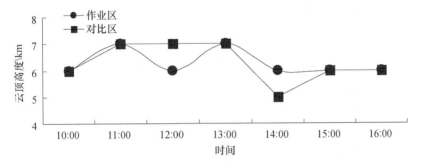

图 4 催化前后云顶高度变化特征

(2)从图 5 可以看出,在增雨催化作业前,作业区及对比区的过冷水厚度变化趋势一致,均在 2~4 km 之间波动;催化作业后,作业区和对比的过冷水厚度均呈下降趋势,但作业区过冷水厚度的下降速度比对比区明显较快。

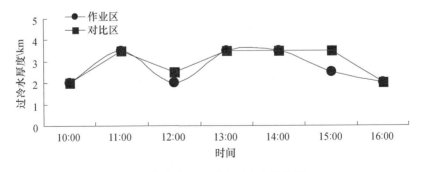

图 5 催化前后过冷水厚度变化特征

(3)从图 6 可以看出,作业区和对比的液水路径在增雨催化作业前变化较小,为 100~400 mm;催化作业后,作业区和对比区的液水路径均有呈现增大后减小的趋势,但作业区液水含量比对比区增长明显较快,两小时内由不到 200 mm 增长到 800 mm。

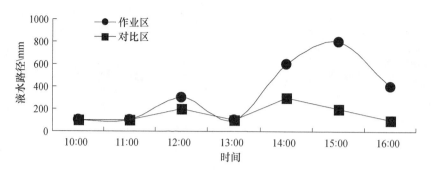

图 6 催化前后液水路径变化特征

(4)从图 7 可以看出,作业区和对比区的光学厚度在增雨催化作业前均呈增长缓慢增长趋势,且增长幅度比较一致。催化作业后,作业区的光学厚度呈增大趋势,催化作业后增长幅度较大,随后增长幅度逐渐变小,对比区光学厚度呈先增大后减小趋势。

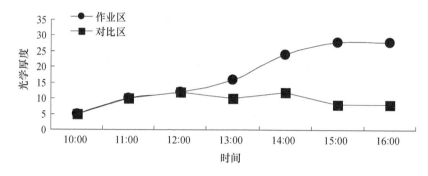

图 7 催化前后光学厚度变化特征

(5)从图 8 可以看出,作业区及对比区的云有效粒子半径变化趋势及变化幅度基本一致;催化作业后,作业区和对比区的云有效粒子半径均有呈先增大后减小的趋势,但作业区云有效粒子半径比对比区增长明显较快,且相对对比区,作业区云有效粒子半径大值的维持时间较长。

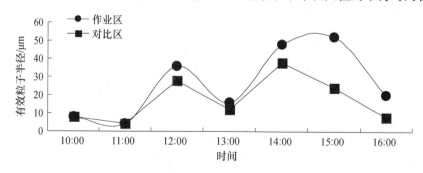

图 8 催化前后有效粒子半径变化特征

表 1 催化后云微物理参数统计表

	云顶高度(km)	过冷水厚度(km)	液水路径(mm)	光学厚度	有效粒子半径(μm)
作业区	6.3	2.9	475	24	34
对比区	6	3.1	175	9.5	20.5

从催化后 4 小时内作业区和对比区云微物理各参数的平均值来看(表 1),作业区云顶高度和对比区相差不大,作业区比对比区高 0.2 km;作业区过冷水厚度比对比区小 0.2 km;作业区液水路径、光学厚度及有效离子半径比对比区大,其中液水路径为对比区的 2.71 倍,光学厚度为对比区的 2.53 倍,有效粒子半径为对比区的 1.66 倍。可以从一定程度上反映出在地面催化作业下,作业区有更多的过冷水转化为较大粒径的云滴;较高的光学厚度反映出作业区的云中相比对比区有更多云粒子;人工催化有效地促进了云滴增长,有利于形成更多降水。

4 小结

本文通过对比催化作业区及对比区在催化后的云微物理参数变化特征,发现当云水条件比较好(云顶高度大于 5 km,过冷水厚度大于 2.5 km)时,经过催化后,作业区的云光学厚度、液态水含量、云有效粒子半径相比对比区均有明显增长,同时作业区云过冷水含量相比对比区在催化后下降较快。从这一结果可以反映,对作业区目标云进行催化后,促进了目标云的发展,加速了目标云过冷水向液态水转化的过程,有利于地面降水的增加。

在开展飞机增雨作业时,根据运七型飞机性能及空域管制部门要求,宁夏增雨飞机巡航高度一般为 4000～5500 m,为保证飞机能在云中穿梭播撒催化剂,针对云顶高度大于 5500 m,且过冷水厚度大于 2500 m 的层状云进行催化比较适宜,且层状云过冷水厚度越厚,层状云飞机增雨潜力越大。

宁夏中南部地区一次降雪过程人工增雪作业技术总结

马思敏

（宁夏气象灾害防御技术中心，银川 750002）

摘　要　2017 年 11 月以来宁夏大部地区 110 多天未出现有效降水，气候异常偏暖，土壤失墒严重，各地出现了不同程度干旱。宁夏人影中心抓住 2018 年 3 月 9—12 日宁夏中南部一次适合开展人工增雪作业的天气过程，组织开展大规模火箭增雪作业。本文通过利用人影模式预报产品、风云卫星反演产品、固原多普勒天气雷达产品、宁夏土壤水分自动站资料对此次人影作业进行分析，并对人影 MM5_CAMS 模式进行检验分析。

关键词　增雪作业　技术分析

1　引言

2017 年 11 月以来宁夏大部地区 110 多天未出现有效降水，气候异常偏暖，土壤失墒严重，各地出现了不同程度干旱，旱情十分严峻，中南部地区农业生产和人民群众正常生活受到了严重威胁。2018 年 3 月 9 日至 12 日宁夏中部干旱带和南部山区迎来了一次非常适合开展人工增雪作业的天气过程，宁夏人影中心密切监视天气变化，紧抓增雪作业时机，集结区市县三级人影部门全部力量，选调区人影中心应急小分队及各市精干力量组建 8 个移动集中作业小分队赴中南部地区开展了大规模地面火箭增雪作业，增雪效果明显。中南部地区普遍出现中到大雪天气，局地可达暴雪量级。经评估，作业区及影响区平均降雪量达 9.3 mm，累积作业影响面积约 4.97 万 km²，对中南部地区缓解旱情、改善土壤墒情、为春播备耕积蓄底墒以及水库窖窖蓄水等十分有利，取得了良好的社会效益和经济效益。本文将通过利用人影模式预报产品、风云卫星反演产品、固原多普勒天气雷达产品、宁夏土壤水分自动站资料对此次人影作业进行分析，并对人影 MM5_CAMS 模式进行检验分析。

2　过程潜力预报和需求分析

根据宁夏人影综合业务系统、宁夏人影作业需求分析系统，对此次增雪过程的重点区域及作业潜力区进行了提前科学研判。综合目前全区未出现 5 mm 以上降水天数分布、0～30 cm 土壤重量含水率及土壤相对湿度分布，吴忠市、中卫市及固原西北部地区作业需求等级均较大。根据目前旱情、农业生产需求、改善空气质量的需求以及天气条件综合分析，中部干旱带及南部山区为本次增雨雪作业的重点作业区域。根据中尺度人工影响天气数值模式预报结果，从 3 月 10 日上午开始，降水云带自西向东、自南向北影响全区，全区大部地区云带大于 0.5 mm，其中中卫和吴忠市南部、固原东北部云带大于 1 mm；全区大部垂直累积过冷水含量处于 0.01～0.3 mm，其中固原市东部大于 0.3 mm，云中水汽、过冷水比较充足。从云体垂直结构分析显示，在典型时刻 700～500 hPa，3000～6000 m 左右的高度上，云水含量较大，该高度层的温度大约在 −10～−20 ℃，冰晶数浓度 1～10 个/L，云内缺乏冰晶，适合通过播撒

AgI 催化剂提高云中冰核浓度,使云中多余的过冷水转化成足够的冰晶,从而增加更多的降水。

3 卫星反演产品及雷达产品参数分析

3.1 卫星反演产品参数分析

通过分析此次过程不同时段 FY-2 反演产品(云顶高度 Z_{top}、云顶温度 T_{top}、过冷层厚度 H_{sc}、光学厚度 O_{ptn}、有效粒子半径 R_{ef}、液水路径 L_{wp}、黑体亮温 T_{bb})参数,得出此次增雪作业各项产品阈值。具体见表 1。分析已经开展或适合开展增雪作业时段的卫星反演产品参数,得出此次降雪卫星反演产品阈值:云顶高度≥5 km、云顶温度≤−10 ℃、过冷层厚度≥2.5 km、液水路径≥200 mm、黑体亮温≤−20 ℃。光学厚度和有效粒子半径在此次过程中表现较不稳定,与降水强度相关性较差。

表 1 不同时段卫星反演产品阈值

时段	最大累计降水量(mm)	Z_{top} (km)	T_{top} (℃)	H_{sc} (km)	O_{ptn}	R_{ef} (μm)	L_{wp} (mm)	T_{bb} (℃)
11 日 08—14 时	3.7	≥3	≤−5	≥1.5	≥4	≥4	≥100	≤−10
11 日 14—20 时	6.3	≥5	≤−10	≥3	≥4	≥4	≥200	≤−30
11 日 20—12 日 02 时	5.6	≥5	≤−10	≥2.5	≥6	≥20	≥200	≤−30
12 日 02—08 时	7.3	≥5	≤−15	≥2.5	≥4	≥4	≥200	≤−30
12 日 08—14 时	8.6	≥5	≤−10	≥2.5	≥4	≥4	≥200	≤−20
12 日 14—20 时	8.7	≥6	≤−15	≥2.5	≥8	≥4	≥200	≤−30
12 日 20—13 日 02 时	5.9	≥6	≤−15	≥2.5	≥12	≥40	≥300	≤−20

3.2 雷达产品参数分析

通过分析此次过程不同发展阶段固原新一代多普勒天气雷达产品(组合反射率 CR、回波顶高 H、垂直积分液态水含量 VIL),得出此次增雪作业各项产品阈值。由于层状云云层相对较薄,高度较低,仰角越高,反射率因子范围越小,一般在距雷达中心 80 km 范围以外没有降水回波的显示,具体见表 2。考虑由于固原新一代天气雷达布设在六盘山气象站,海拔较高,冬季降雪云顶高度较低,所以雷达回波强度较弱。分析已经开展或适合开展增雪作业时段的雷达产品参数,得出此次降雪固原雷达产品阈值:CR≥5 dBZ、VIL≥1g/m²、雷达等高平面位置显示 CAPPI≥3 dBZ。

表 2 不同发展阶段雷达产品参数

发展阶段	R(dBZ)	H(km)	VIL(g/m²)	CAPPI(dBZ)
生长	5≤R≤15	—	0≤VIL≤1	3≤CAPPI≤15
成熟	5≤R≤25	1≤VIL≤3	1≤VIL≤3	3≤CAPPI≤25
消散	5≤R≤13	—	0≤VIL≤1	3≤CAPPI≤10

4 MM5_CAMS 人影模式预报检验分析

4.1 预报降水场检验

对比 11 日 08 时至 13 日 08 时逐 24 h 累计降水量场实况和 GRAPES_MM5 模式预报分布图(图 1,图 2),得出:(1)11 日 08 时至 12 日 08 累计降水量模式预报范围较实况偏大,量级偏小;(2)12 日 08 时至 1 量级偏小 3 日 08 累计降水量模式预报范围较实况偏大,量级偏小。但是模式对于把握降水云系自南向北影响宁夏发展演变的特征模拟较好,对于强降水中心的预报考虑是因为模式本身分辨率(10 km×10 km)偏大造成的。

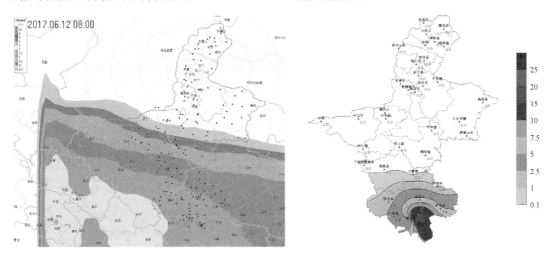

图 1 3 月 12 日 08 时过去 24 h 累计降水量分布图(左:预报;右:实况)

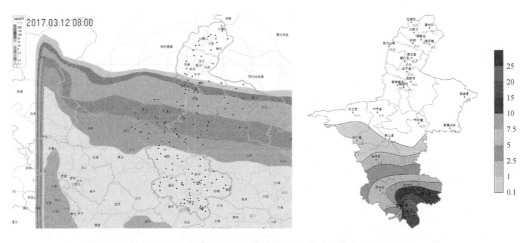

图 2 3 月 13 日 08 时过去 24 h 累计降水量分布图(左:预报;右:实况)

4.2 云系的发展演变特征检验

在无云或少云区,卫星反演的黑体亮温 T_{bb} 是地表黑体辐射温度,值较高,T_{bb} 高值区常与高气压系统相对应;在云区里,T_{bb} 是云顶的辐射温度,值较低,T_{bb} 低值区一般为云区。可以用此反衍产品当作实况检验模式预报云带。

从 11 日 08 时至 13 日 08 时逐 6 小时 T_{bb} 变化来看(图 3),中南部地区云系覆盖范围呈现从南向北逐渐延伸加强,后期呈现南退逐渐减弱的趋势,12 日 08 时强度最强。从 11 日 08 时至 13 日 08 时逐 6 小时模拟的云带变化来看(图 4),云带发展呈自南向北逐渐延伸加强的过程,后期逐渐南退减弱,与 T_{bb} 变化较为吻合,且 12 日 08 时云带大值区范围最大,与实况一致。

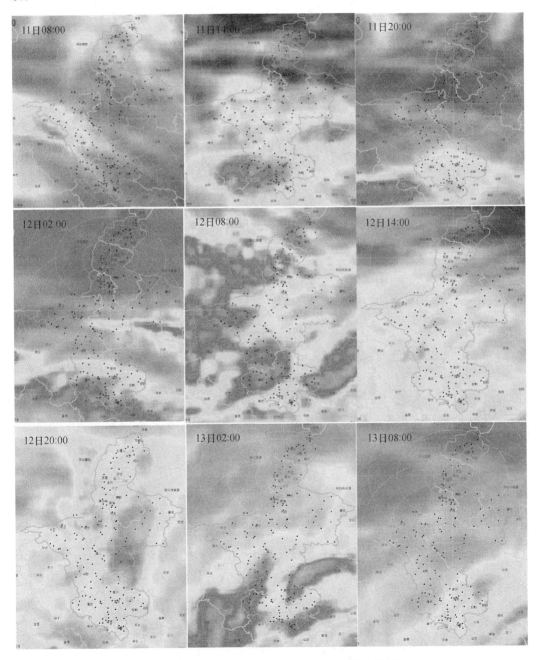

图 3   3 月 11 日 08 时至 13 日 08 时卫星反演的 T_{bb} 变化

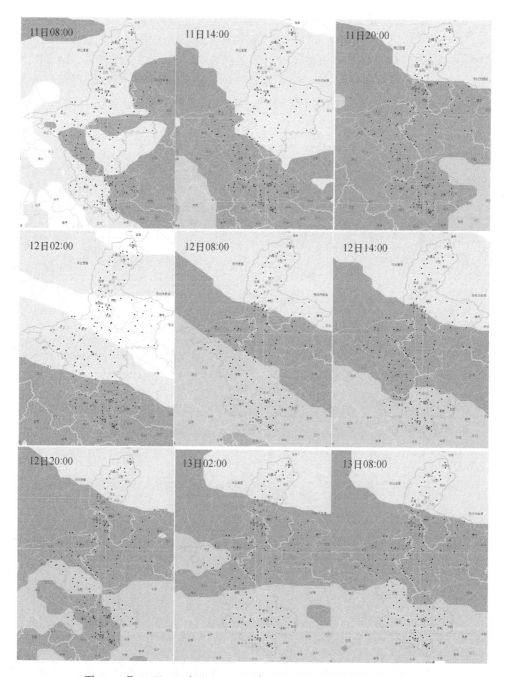

图4 3月11日08时至13日08时 GRAPES_MM5 模拟云带变化

4.3 云垂直结构和性质检验

选取典型时刻（12日20时）对比模式预报云垂直结构和雷达回波垂直剖面结构。

雷达回波图显示，大范围均匀片状回波，强度弱而平均，强度在5～25 dBZ，顶高为4 km 左右，是典型的层状云降水回波，雷达探测到的云层较薄。

模式预报此时海原同心以南地区云水主要集中在2～4 km，此时0 ℃层高度位于1 km以下,云水含量在 0.001～0.05g/kg（－5～－15 ℃），为冰晶增长提供充足水汽条件。模式预报雪霰含量垂直结构图可以看出,降雪区域位于南部山区和中部干旱带偏南地区,且大值区位于南部山区,与实况降水较一致（图 5）。

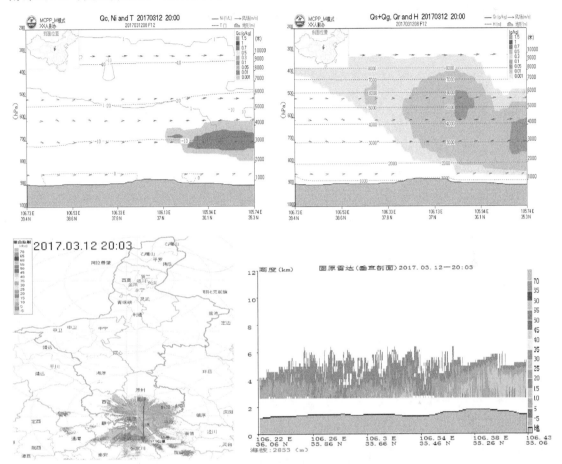

图 5   12 日 20 时模式预报云水（左上）、雪霰（右上）含量
垂直剖面图以及雷达回波分布图（左下）、雷达回波垂直剖面图（右下）

5   结论

（1）利用 MM5_CAMS 人影模式前期分析此次过程增雪潜力,中卫和吴忠市南部、固原东北部云带大于 1 mm,云中水汽、过冷水比较充足。云水集中分布在 700～500 hPa,该高度层的温度大约在－10～－20 ℃,冰晶数浓度 1～10 个/L,云内缺乏冰晶,这远远不能有效利用云中过冷却水的,适合通过播撒 AgI 催化剂提高云中冰核浓度,使云中多余的过冷水转化成足够的冰晶,从而增加更多的降水。

（2）通过分析此次过程不同时段 FY-2 反演产品和雷达产品,得出此次降雪卫星反演产品阈值：云顶高度≥5 km、云顶温度≤－10 ℃、过冷层厚度≥2.5 km、液水路径≥200 mm、T_{bb}≤－20 ℃；组合反射率因子≥5 dBZ、垂直积分液态水含量≥1g/m² 、CAPPI≥3 dBZ。各项雷达产品较其他文献中分析得出的结论普遍偏小,是因为固原新一代天气雷达布设在六盘山气象站,海拔为 2841 m 比较高,而冬季降雪云顶高度较低,所以雷达回波强度较弱。

（3）综合云系发展演变特征、云系宏观特征、降水场及其演变检验分析,MM5_CAMS 模式较好地预报了宁夏地区此次云降水过程。在云的性质、云系的发展演变趋势等方面的预报效果较好,降水量场预报位置基本与实况吻合,但量级较实况偏小。

参考文献

［1］伍志方,叶爱芬,何如意,等.广东春季降水特征和人工增雨作业条件分析中多普勒雷达产品应用[J].气象科技,2009,39(2):224-229.

［2］林娜,施春华.利用新一代多普勒雷达产品判别重庆市人工增雨作业指标[J].黑龙江气象,2013,30(1):40-43.

［3］丁莉,汪玲,唐林,等.MM5_CAMS 模式在湖南的应用研究[A]//第 34 届中国气象学会年会-S14 云降水物理与人工影响天气进展,2017.

雷达资料在青海省东部人工增雨效果检验中的应用研究

康晓燕　王丽霞　马学谦　张博越　韩辉邦

（青海省人工影响天气办公室，西宁 810001）

摘　要　利用 2013—2014 年青海省东部农业区人工增雨作业期间雷达资料，根据层状云和对流云 2 种类型云地面增雨作业，分析了作业云体（或对比云体）催化前后的组合反射率、回波顶高和垂直积分液态水含量等雷达参数的变化规律。结果表明，(1)层状云地面增雨作业后各雷达参量在一定时间内处于上升趋势，第 5～7 个体扫时达到最大，之后才出现下降趋势。因此可考虑对此类降水云系重复作业时机应选择在作业后第 5～7 个体扫，即作业后 30～40 min。(2)在对流云增雨过程中，通过对照对比云，增雨作业有助于延长对流单体的生命史，具有较大的增雨潜力。

关键词　雷达　人工增雨　效果检验　青海

1　引言

干旱是我国乃至全球常见和最大的自然灾害之一，其发生频率高、持续时间长、影响范围广，对农业生产、生态环境和人民生活均有重要影响，是制约我国社会进步和经济发展的重要因素之一[1]。青海地处高原气候的典型区域，其东部农业区属暖凉温半干旱气候区，作为青海省主要的粮食产区，干旱一直是制约产量水平的主要气象灾害[2]。人工增雨则在一定的条件下，通过人工途径对云施加影响，达到增大降水量缓解旱情的科学技术[3]。青海省东部农业区从 1992 年开始开展有组织的人工影响天气工作，近年来随着人工增雨的作业范围不断扩大，投入的资金的不断增加，如何客观、科学、定量地评价人工增雨效果成为人工影响天气研究和作业的关键性问题，但同时也是人工影响天气研究中最困难的科学问题之一[4-7]。相比于统计学检验，人工影响天气效果的物理检验可以为效果评估提供物理依据[8]。因为通过对雷达扫描图像产品的分析，研究作业的目标云催化前后的变化或目标云与对比云的异同等特征，可以在较直观地判断作业的效果，为人工增雨效果检验提供直接的证据[9-11]。近几年，采用雷达进行物理检验在我国许多省（区、市）已进行了一些探索，如李红斌[12]等在 2007 年应用多普勒雷达数值产品对火箭增雨效果进行了分析，总结出利用雷达实时指挥作业其雷达回波几个主要参数随时间的变化规律；张中波[13]等利用湖南省境内的多普勒天气雷达探测资料，结合湖南省中小尺度地面降雨量资料，对催化作业前后目标云与对比云的多普勒天气雷达参数（回波顶高、最大反射率因子、垂直积分液态水含量等）的变化特征进行对比分析；崔丹[14]等采用地面降水资料、多普勒雷达数据、探空资料等，通过目标区作业前后雷达参量的演变或目标区与对比区的回波参量的差异，来完整地分析 2010 年 8 月 11 日海南西部多点作业情况的催化效果。目前对青海省东部农业区雷达资料进行分析研究主要集中在冰雹监测与预警等方面，在应用雷达进行增雨效果分析方面则相对比较薄弱。因此，作者利用 2013—2014 年青海省东部农业区人工增雨作业期间雷达资料，根据层状云和对流云 2 种类型云地面增雨作业，分析了作业云体（或对比云体）催化前后的组合反射率、回波顶高和垂直积分液态水含量等雷达参数，从而直观、客观地判断作业效果,为进一步完善青海省人工增雨作业雷达指标,充分开发空中云水资源提供科学依据。

2 层状云地面增雨作业效果分析

2.1 个例分析

2013 年 5 月 7 日 20 时,在 500 hPa 高空图上(图 1),亚洲中高纬度维持两槽一脊,一个位于日本海以东,一个位于贝加尔湖到青海东部;地面图上,青海东南部倒槽继续发展,将水汽源源不断输送到青海东部。充足的水汽输送和高空切变线有利于进行人影作业。

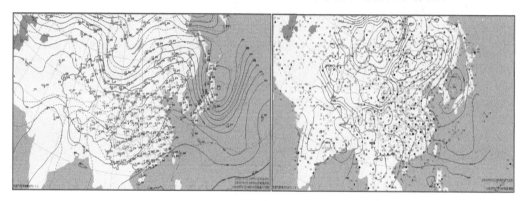

图 1 2013 年 5 月 7 日 20 时 500 hPa 高空图、地面图

根据天气条件,青海省人影办在西宁、海东、海北、海南以及黄南等地区进行地面大规模人工增雨作业。其中湟中于 21:39 作业 3 次,耗用火箭弹 6 枚。由图 2 可见,作业前作业区内云体已出现减弱趋势,随着作业的进行,目标云明显出现增强趋势。

从图 3 可以看出,作业前云体已出现减弱现象,作业后组合反射率在较长时间保持在 35 dBZ,之后才缓慢减弱。回波顶高在作业后一直保持升高趋势。作业前垂直积分液态水含量呈现起伏现象,作业后迅速增大,并在很长时间内保持平稳。同时结合自动站 10 min 降水资料也可以看出,随着地面增雨作业的进行,湟中的降水强度明显增大。说明此次作业效果较好。

此外,2013 年 5 月 7 日层状云人工增雨雷达参量在作业前后的独立样本 t 检验结果表明,层状云地面人工增雨作业后回波顶高、垂直积分液态水含量显著大于作业前,分别通过 0.05 和 0.1 显著性检验。

2.2 平均值统计

对层状云地面增雨作业的 20 个个例的雷达组合反射率、回波顶高及垂直积分液态水含量进行统计和分析,得到了其平均值作业前后的变化规律(图 4):作业前组合反射率趋于上升,之后又呈下降趋势,随着地面增雨作业,又趋于上升,并在作业后第 7 个体扫,即作业后 42 min,达到最大。回波顶高作业后较作业前有上升趋势,且在作业后第 6 个体扫达到最大,7.7 km。垂直积分液态水含量的变化趋势与回波顶高变化相似,在作业后第 5~6 个体扫达到最大。根据上述几个特征值在第 5~7 个体扫时达到最大,之后出现下降的变化趋势,可考虑对层状云

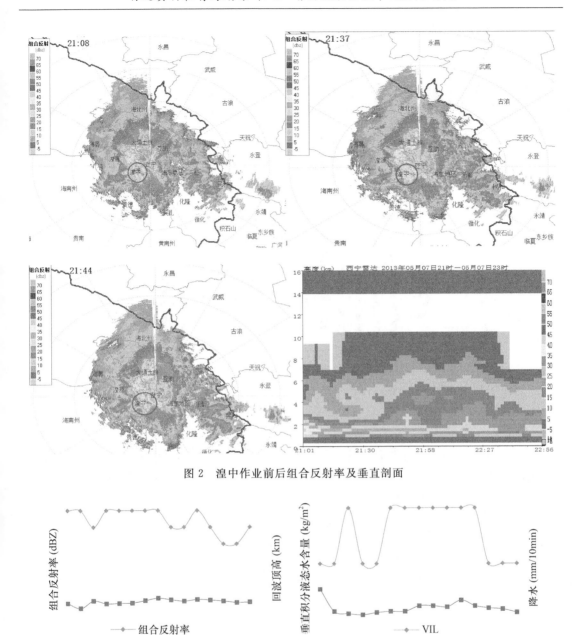

图 2　湟中作业前后组合反射率及垂直剖面

图 3　湟中作业前后组合反射率、回波顶高、垂直积分液态水含量及降水变化图

（横坐标雷达参数为体扫次数；降水为时间，间隔为 10 min）

重复作业时机应选择在作业后第 5～7 个体扫，即作业后 30～40 min，这一结论与李红斌等应用雷达数据分析火箭增雨效果结论一致[12]。

此外，层状云 20 个地面人工增雨个例雷达参量在作业前后的独立样本 t 检验结果表明，层状云地面人工增雨作业后仅回波顶高显著大于作业前，并通过 0.1 显著性检验。由此说明在对层状云地面人工增雨作业中，回波顶高是比较敏感的一个参量，可作为评判人工增雨效果的一个重要参数。

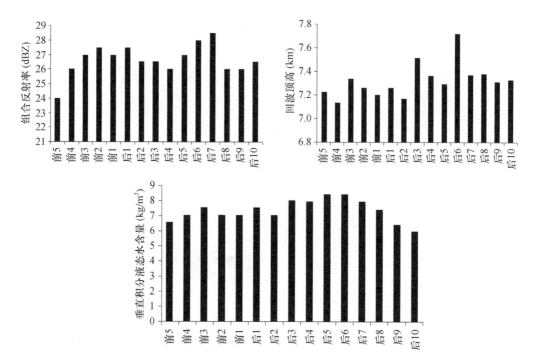

图 4　地面作业前后平均组合反射率、回波顶高、垂直积分液态水含量变化

3　2014 年 4 月 15 日对流云增雨作业效果个例分析

2014 年 4 月 15 日,受蒙古槽分裂冷空气和局部气流抬升影响,青海省东部农业区出现了一次强对流降水天气过程(图略)。针对上述情况,海东地区平安县于 22:46 开展了人工增雨作业,作业耗用火箭弹 6 枚(表 1)。

表 1　2014 年 4 月 15 日增雨作业信息

作业日期	作业点	经度(°E)	纬度(°N)	作业开始时间	作业结束时间	作业工具	用弹量
2014/4/15	平安县洪水乡	102.06	36.6	22:46	22:48	火箭	6

对流云地面增雨作业时,作业范围较小,可在作业云上风方向选取相似云体特征及云体发展演变类似的对比云进行作业前后雷达产品的分析[15]。从此次作业前选取的目标云和对比云雷达特征看,其发展和变化趋势相似(详见图 5—图 7)。

3.1　作业前后垂直剖面

作业前后,比较目标云与对比云整个生命期的回波参数变化情况。图 5 为作业过程选定的目标云与对比云作业前后雷达垂直剖面演变情况。从图 6 可以看出,作业前目标云和对比云在稳定发展中,作业后近 1 h 目标云仍有持续发展或增强的趋势,而对比云在此时已经明显减弱或消散。为更清晰地掌握目标云和对比云雷达回波参数的发展演变,图 7 给出目标云和对比云每隔 6 min 的发展变化。

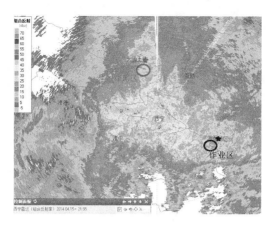

图 5　2014 年 4 月 15 日作业前雷达回波及作业区、对比区分布示意图
（五角星为雨量点）

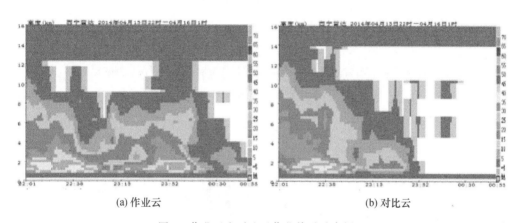

(a) 作业云　　　　　　　　　　　　　(b) 对比云

图 6　作业云和对比云作业前后垂直剖面

3.2　回波参数变化特征

从图 7 可以知道,作业过程目标云和对比云变化规律比较接近,但目标云持续发展的时间明显比对比云要长。分析作业回波参数特征发现,目标云的组合反射率在催化后 10 个体扫,即 1 h,仍有增强趋势,而对比云已经趋于减弱。回波顶高在作业前已趋于下降趋势,但随着催化作业的进行,目标云的回波顶高又出现上升趋势。各回波面积所占比例中,目标云主要增加的是 30 dBZ 回波面积,其他回波增加幅度不明显,而对比云增加的是较小回波面积,说明作业催化主要提高了较强回波区的强度,这一结论与崔丹等应用海南雷达数据分析增雨效果结论一致[14]。

此外,2014 年 4 月 15 日对流云人工增雨雷达参量目标云和对比云配对 t 检验结果表明,目标云地面人工增雨作业后垂直积分液态水含量显著大于对比云,且通过 0.01 显著性检验。

3.3　地面降水量分析

取靠近作业点下风方向的自动雨量站的 10 min 降水资料与对比区降水资料进行对比,见图 8,作业前作业区和对比区降水均不明显,但催化后作业区内降水明显增大,最大达到

1.1 mm/10 min,且持续到作业后 1 h 仍有降水。而对比区降水一直保持较小水平。由此可见,本次地面人工增雨作业效果明显。

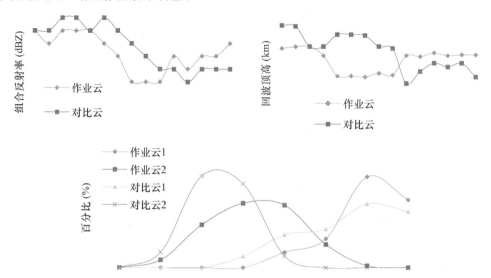

图 7 平安作业前后雷达组合反射率、回波顶高及回波面积所占比例变化曲线
(下图中作业云 1、对比云 1 表示作业前,作业云 2、对比云 2 表示作业后)

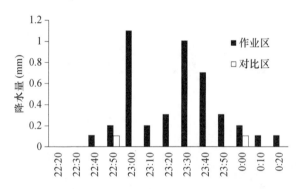

图 8 2014 年 4 月 15 日作业区及对比区地面降水情况

4 结论与讨论

(1)通过对层状云地面增雨作业的 20 个个例的雷达组合反射率、回波顶高及垂直积分液态水含量进行统计和分析,得到了其平均值作业前后的变化规律。发现对此类云系进行地面增雨作业,雷达几个特征参量在第 5～7 个体扫时达到最大,之后出现下降的变化趋势,可考虑对此类降水云系重复作业时机应选择在作业后第 5～7 个体扫,即作业后 30～40 min。此外,通过对层状云人工增雨作业前后雷达平均参量独立样本 t 检验,回波顶高显著增高,可作为效果判识的一个参量,用以评判人工增雨效果。

(2)在对流云增雨过程中,通过分析 2014 年 4 月 15 日催化影响目标云微物理过程,发现其催化后反射率因子、回波顶高、垂直液态水含量和回波面积等参量得到快速增长,从而延长对流单体的生命史,具有较大的增雨潜力。并通过配对 t 检验发现目标云地面人工增雨作业后垂直积分液态水含量显著大于对比云。

(3)青海省东部农业区人工增雨主要在春季开展,层状云地面增雨作业一般进行大规模、大范围地抗旱增雨作业,在对比区的选择上有一定的困难,也就导致效果检验缺乏一定的说服力。而针对对流云增雨作业的个例较少,不能很好地归纳其变化规律。在以后的作业过程中可以尝试开展一些试验性、有选择性地增雨作业。

参考文献

[1] 权文婷,李红梅,周辉,等.FY-3C/MERSI数据应用于陕西省干旱时空动态监测研究[J].干旱地区农业研究,2016,34(3):193-197.

[2] 姚瑶,张鑫,马全,等.青海省东部农业区作物生长期不同气象干旱指标应用研究[J].自然灾害学报,2014,23(4):177-184.

[3] 郭红艳,李春光,刘强,等.山东济宁地区人工增雨效果检验[J].干旱气象,2014,32(3):454-459.

[4] 周德平,王吉宏,曾光平,等.辽宁1992—1997年飞机人工增雨效果评价[J].气象与环境学报,1999,15(1):39-41.

[5] 郑国光,陈跃,王鹏飞,等.人工增雨天气研究中的关键问题[M].北京:气象出版社,2005:27-31.

[6] 蒋年冲,曾光平,袁野,等.夏季对流云人工增雨效果评价方法初探[J].气象科学,2008,28(1):100-104.

[7] 王扬锋,陆忠艳,马雁军.冷云中飞机播撒液态CO_2的催化效应研究[J].气象与环境学报,2005,21(4):29-31.

[8] 刘晴,姚展予.飞机增雨作业物理检验方法探究及个例分析[J]气象,2013,39(10):1359-1368.

[9] 袁健,宫福久,郭恩铭.应用雷达回波检验人工增雨效果的个例分析[J].气象与环境学报,2003,19(4):22-23.

[10] 王吉宏,班显秀,袁健,等.人工增雨效果检验方法概述[J].气象与环境学报,2003,19(1):31-32.

[11] 李红斌,张殿刚,张靖萱,等.大连市火箭人工增雨流动作业技术与业务流程[J].气象,2014,40(10):1271-1278.

[12] 李红斌,何玉科,周德平,等.多普勒雷达数值产品在火箭增雨效果分析中的应用[J].气象科技,2007,40(10):697-702.

[13] 张中波,仇财兴,唐林.多普勒天气雷达产品在人工增雨效果检验中的应用[J].气象科技,2011,39(6):703-708.

[14] 崔丹,黄彦彬,肖辉,等.多普勒雷达数据在海南省人工增雨效果评估中的应用[J].大气科学学报,2012,35(1):87-94.

[15] 李德俊,唐茂,江鸿,等.武汉一次对流云火箭人工增雨作业的综合观测分析[J].干旱气象,2016,34(2):362-369.

克拉玛依市冬季飞机人工增雪作业效果统计分析

李　斌[1]　郑博华[1]　兰文杰[2]　杨　琳[2]

(1. 新疆维吾尔自治区人工影响天气办公室,乌鲁木齐 830002;2. 克拉玛依市气象局,克拉玛依 834000)

摘　要　本文利用克拉玛依区气象站 1957—2016 年历年 12 月降水量观测资料,运用序列检验、不成对秩和检验以及 t 检验法等统计学方法,对开展冬季飞机人工增雪作业前历史期 31a 和作业期 29a 的年 12 月降水量作为统计变量,进行系统性差异分析。结果表明:开展冬季飞机人工增雪作业后克拉玛依市冬季 12 月降水量明显增加,非参数性不成对秩和检验显著性水平达到 0.025,参数性 t 检验显著性水平也接近 0.025。选取统计显著性水平 0.1 置信区间,经计算,冬季开展飞机人工增雪作业后,克拉玛依市平均年 12 月降水量绝对增加值为 1.15 mm,相对增加率为 24.5%。从而得出:开展冬季飞机人工增雪作业后,克拉玛依市冬季降水量有了明显增加。

关键词　飞机人工增雪　作业效果　统计分析

1　引言

就整体气候演变来看,虽然刘金全等[1]研究表明中亚干旱区气候由暖干向暖湿转变。但随着我国西北干旱区极端气候/水文事件呈逐年增加趋势[2],干旱仍然是制约我国西北经济社会发展的主要气象灾害之一。利用人工影响天气技术开发空中云水资源,已成为各地缓解旱情的主要手段之一。常倬林等[3]利用 CERES 资料对宁夏空中云水资源及增水潜力进行了研究,认为宁夏中部增水潜力最显著。刘广忠[4]针对影响克拉玛依水源地的白杨河的上游冬季可降水云系的动力和热力结构进行了分析,得出不同条件下降水效率不同,特别地形云降水效率较低,具有增水潜力。王旭等[5]对天山山脉强降水云宏微观特征空间分布的研究,陈春艳等[6]对暖湿背景下新疆逐时降水变化特征研究,分别从云和降水角度对云降水资源特征进行了研究分析,对开发空中云水资源提供了基础信息。

人工影响天气效果检验是人工影响天气业务必不可少的重要环节。但由于很多复杂多变的不确定因素制约,科学严格的效果检验方法仍然是世界性的难题[7]。世界公认的最著名的人工增水统计检验试验,是 20 世纪 60—70 年代以色列开展的人工增水试验,两期试验取得了增水 13%～15% 的统计检验结果[8]。1975—1986 年曾光平等[9]在福建古田水库开展了我国最著名的人工增水统计检验试验,试验取得了增水 20% 以上的统计学结论。近年来,国内部分学者也相继开展了人工增水作业的效果统计检验工作。如:秦长学等[10]对北京密云水库人工增水作业效果进行统计分析,得出增水 13%;李冰等[11]对夏季河南鸭河口水库流域人工增水作业的效果评价为增水 10.7%;钱莉等[12-13]运用多种统计检验法,得出 1997—2004 年甘肃河西走廊东部开展人工增水作业 8 年平均累计增加降雨量 131.5 mm,平均相对增雨率为 26%,同时分析 2002—2004 年冬春季河西走廊东部开展增雪作业结果,结果为增加降雪量 12.5 mm,平均相对增雪率为 40.2%;贾烁等[14]对江淮对流云增水开展统计分析,结果相对增雨率高达 63.18%,这表明对流云相对人工增水潜力更大。尹宪志等[15]从经济效益角度分析了甘肃省 2004—2013 年 10 年开展飞机人工增水效益,平均投入产出比为 1:30。高子毅等[16-18]利用水文资料对乌鲁木齐河流域进行夏季人工增雨效果检验得出增水 19.9%;利用同样的方法,对冬季人工增水作业对白杨河流域年径流量效果进行了两次统计评价,得到人工增水作业后,径流相对增加率分别为 19.4% 和 11.6%。

2 研究区概况

新疆克拉玛依油田是全国第四大油田,克拉玛依是国家重要的石油石化基地,是世界石油石化产业的聚集区。克拉玛依市地处准噶尔盆地西北缘,欧亚大陆的中心区域。西北傍加依尔山,南依天山北麓,东濒古尔班通古特沙漠。中部、东部地势开阔平坦,向准噶尔盆地中心倾斜。克拉玛依市位于中纬度内陆地区,属典型的温带大陆性气候。其特点是:寒暑差异悬殊,干燥少雨,春秋季风多,冬夏温差大。积雪薄,蒸发快,冻土深。干旱、大风、寒潮等灾害天气频发。年平均降水量为 108.9 mm,而蒸发量高达 2692.1 mm,是同期降水量的 24.7 倍。由于严重缺水,20 世纪油田生产和城市生活用水主要依靠发源于克拉玛依北部乌肯拉卡尔山区的白杨河提供。但由于白杨河径流有限,常出现油田和城市供水紧张局面。为缓解水资源短缺,克拉玛依石油管理局及克拉玛依市,自 1988 年冬季开始至今,每年冬季的 11 月中旬至来年1 月中旬,租用飞机开展冬季飞机人工增雪作业,以缓解水资源短缺的局面。同时,21 世纪初成功完成了引额济克工程。本文利用相关资料,对克拉玛依开展冬季飞机人工增雪作业以来的作业效果进行统计分析,以得出常年来开展冬季飞机人工增雪工作的初步结果。

3 资料与研究方法

3.1 材料

克拉玛依区气象站 1957 年建站,属国家基本站。至今已连续观测取得了近 60 年的各种气象观测数据。克拉玛依冬季飞机人工增雪作业时段为每年的 11 月中旬左右到来年1 月中旬左右。

本文所用克拉玛依市历年 12 月降水量资料,由克拉玛依区气象站观测提供。克拉玛依市 1957—2016 年历年 12 月降水量年际变化见图 1。1957—1987 年 31a 历史期年 12 月平均降水量为 4.7 mm,年 12 月最大降水量出现在 1980 年,为 14.6 mm,最小降水量为 0.1 mm;1988—2016 年 29a 作业期年 12 月平均降水量为 6.72 mm,年 12 月最大降水量出现在 1989 年为 16.9 mm。最小降水量为 1.2 mm。可以看出,无论最大降水量还是最小降水量,均为作业期大于历史期。特别是最小降水量作业期是历史期的 12 倍。这对于干旱缺水季节,又急需降水的克拉玛依市,无疑起到了积极作用。

3.2 方法

目前人工增水作业效果的检验有三种途径:统计检验、物理检验和数值模拟检验[19]。本文采用的是统计检验方法。它是以数理统计为基础进行显著性检验,及对评估降水量与对比降水量的差值进行显著性检验。一般要求显著性要达到 ≤0.05 的水平。其又分为非参数性检验和参数性检验两种。当统计变量的分布形式不确定的情况下,采用非参数性检验。它是分布之间的比较而非参数之间的比较。在总体分布已知,检验分布参数时,常采用参数性检验。最常用的参数性检验法为 t 检验法,不过此方法要求统计变量要服从正态分布,可用柯尔莫哥洛夫配合适度检验法进行分布的拟合度检验;同时此方法还要求作业期和历史期两个正

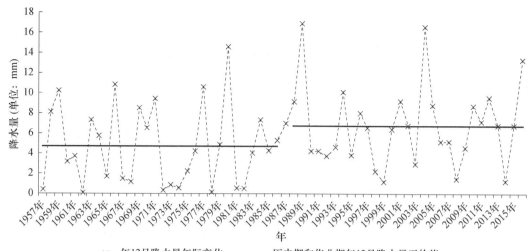

图 1　1957—2016 年克拉玛依市区年 12 月降水量年际变化

及历史期(1957—1987 年)和作业期(1988—2016 年)年 12 月降水量平均值

态总体的样本方差相等,可采用 F 检验法进行检验[20]。

本文利用克拉玛依区气象站 1957—2016 年年 12 月降水量资料,对 1988 年开展冬季飞机人工增雪作业前 31a,和作业后 29a(分别称为历史期、作业期)的降水量资料,利用非参数性和参数性统计检验方法确定作业前后年 12 月降水量的变化率的显著性,及其可能的增水量。

本文之所以只选取 12 月的降水量代表冬季降水量作为统计变量,是因为每年 12 月整月都在实施飞机人工增雪作业,而 11 月开始和 1 月结束的作业时间具有不确定性。

本文为科学定量评估克拉玛依市开展冬季飞机人工增雪作业效果,提供一定的分析方法和科学依据。为其他地区或区域开展增水作业评估工作提供一些技术方法借鉴。

4　结果及分析

4.1　序列试验法

此法主要是依据目标区降水量历史资料,统计得到目标区降水量的历史平均值作为作业期自然降水量的估计值,然后与实测降水量比较,得出人工影响的效果估计值[20]。

克拉玛依站 12 月份的降水量有 31 年的历史资料,历史期年 12 月的平均降水量为 $\bar{x}_2 =$ 4.70 mm;作业期 12 月份的降水量有 29 年的资料,作业期 12 月的平均降水量为 $\bar{x}_1 = 6.72$ mm。则开展人工增水作业后的作业效果的绝对增加值为:$\Delta R = \bar{x}_1 - \bar{x}_2 = 2.02$ mm,相对增加率为:$E = \dfrac{\bar{x}_1 - \bar{x}_2}{\bar{x}_2} \times 100\% \approx 42.98$。

即开展人工增水作业后比开展人工增水作业前的历史期年 12 月降水量平均增加了 2.02 mm,相对年 12 月降水量平均增加率为 42.98%。

4.2　不成对秩和检验法

不成对秩和检验法是一种非参数性检验法。在人工增水试验过程中,有时作为统计变量的降水量,其分布形式不清楚,因此,作为这种检验是在分布之间进行,而不是在参数之间进行,称之为非参数性检验法。如秩和检验法等,是对人工增水作业前后统计指标变化的显著性进行检验。

将开展人工增水作业前历史期31年的年12月降水量,和开展人工增水作业后29年的年12月降水量按从小到大秩序列表计算。一般取样本容量小的秩和做比较[20],因此,本例中取开展人工增水作业前后样本容量小的作业期年12月降水量的秩和$T=1016$做比较。已知开展人工增水作业后和作业前的样本容量分别为$n_1=29,n_2=31$。

当$n_1,n_2>10$时,秩和T近似于正态分布$N\left(\dfrac{n_1(n_1+n_2+1)}{2},\sqrt{\dfrac{n_1n_2(n_1+n_2-1)}{12}}\right)$,其中$n_1$为计算秩和的那个量的样本容量。此时可用正态分布来检验

$$u=\frac{T-均值}{标准差}=\frac{T-\dfrac{n_1(n_1+n_2+1)}{2}}{\sqrt{\dfrac{n_1n_2(n_1+n_2-1)}{12}}}$$

对双边检验,若u值落在$(-1.96,+1.96)$之内,差异不显著;若u值落在$(-1.96,+1.96)$之外,差异显著,显著性水平为0.05。单边检验时,若$u\geqslant1.64$(或$u\leqslant-1.64$);则差异显著;否则不显著,显著性水平为0.05[21]。

将$n_1=29,n_2=31$,秩和$T=1016$代入上式计算得$u\approx1.95$。因此,对于单边检验$u>1.64$,表明克拉玛依开展人工增水作业后,年12月降水量比历史期明显增加,说明人工增水作业取得明显效果,显著性水平在0.05以上。经进一步查表得显著性水平接近0.025。

4.3 t 检验法

t检验法是一种参数性检验法。它要求统计变量要服从正态分布,并要求作业前后不改变统计变量的方差[20]。在人工增水作业已开展多年,且历史期统计变量服从正态分布但样本容量较小($n<30$)的条件下,差值的显著性检验采用两个样本(作业期样本和历史期样本)平均数之差的t检验。由于在人工增水作业中只关心降水量是否增加,因此,一般采用单边t检验。计算如下。

4.3.1 统计变量选择

根据资料,选择1957—1987年每年12月的降水量作为统计变量。

4.3.2 拟合度检验

采用柯尔莫哥洛夫配合适度检验法,对1957—1987年历史期年12月的降水量进行正态分布检验,结果$y_0=\sqrt{n}\,D_n(x)\approx0.67$,小于给定信度$\alpha=0.5$时的$y_{0.5}=0.83$,表明历史期年12月的降水量服从正态分布,其配合适度为$P(\sqrt{n}\,D_n(x)\geqslant y_0)\sim1-k(y_0)=0.76$,正态分布拟合度较高。同理,对1988—2016年作业期年12月的降水量进行正态分布检验,结果$y_0=\sqrt{n}\,D_n(x)\approx0.46$,小于给定信度$\alpha=0.5$时的$y_{0.5}=0.83$,表明作业期年12月的降水量也服从正态分布,其配合适度为$P(\sqrt{n}\,D_n(x)\geqslant y_0)\sim1-k(y_0)=0.98$,正态分布拟合度非常高。

4.3.3 方差检验

利用F检验法,对历史期和作业期年12月降水量方差的变化进行显著性检验。经计算历史期方差$S_2^2=15.35933$,自由度$\nu_2=31-1=30$;作业期方差$S_1^2=16.11791$,自由度$\nu_1=29-1=28$。$F=\dfrac{S_1^2}{S_2^2}$,为具有参数ν_1、ν_2的F变量。为实际计算查表方便,常将方差大的作为第

一样本,方差小的作为第二样本。计算得 $F \approx 1.05$,小于给定信度 $\alpha = 0.01$ 时的 $F_{0.01} = 1.87$,表明人工增水作业未改变总体方差。

4.3.4 t 检验计算

在4.3.2和4.3.3计算结果的前提下,用 t 检验法对人工增水作业效果进行检验。公式为

$$t = \frac{(\bar{x}_1 - \bar{x}_2)}{\sqrt{\dfrac{(n_1-1)S_1{}^2 + (n_2-1)S_2{}^2}{n_1+n_2-2}}\sqrt{\dfrac{1}{n_1}+\dfrac{1}{n_2}}} \tag{1}$$

采用两个样本平均数之差的显著性检验和区间估计。以人工增水作业前历史期年12月的降水量的平均值,作为人工增水作业后,作业期年12月的降水量平均值的期待值。

表1 克拉玛依市以年12月降水量作为统计变量的样本差值的显著性检验计算表

	年份	$\bar{x}_2$ (mm)	$(x_{2i}-\bar{x}_2)^2$		年份	$\bar{x}_1$ (mm)	$(x_{1i}-\bar{x}_1)^2$
历史期	1957	0.4	18.49	作业期	1988	9.1	5.76
	1958	8.1	11.56		1989	16.9	104.04
	1959	10.3	31.36		1990	4.3	5.76
	1960	3.2	2.25		1991	4.3	5.76
	1961	3.7	1		1992	3.7	9
	1962	0.1	21.16		1993	4.6	4.41
	1963	7.3	6.76		1994	10.1	11.56
	1964	5.7	1		1995	3.8	8.41
	1965	1.7	9		1996	8	1.69
	1966	10.8	37.21		1997	6.6	0.01
	1967	1.5	10.24		1998	2.2	20.25
	1968	1.2	12.25		1999	1.2	30.25
	1969	8.5	14.44		2000	6.4	0.09
	1970	6.5	3.24		2001	9.2	6.25
	1971	9.4	22.09		2002	6.7	0
	1972	0.3	19.36		2003	2.9	14.44
	1973	0.9	14.44		2004	16.5	96.04
	1974	0.6	16.81		2005	8.7	4
	1975	2.2	6.25		2006	5.1	2.56
	1976	4.2	0.25		2007	5.2	2.25
	1977	10.6	34.81		2008	1.4	28.09
	1978	0.1	21.16		2009	4.5	4.84
	1979	4.9	0.04		2010	8.7	4
	1980	14.6	98.01		2011	7.1	0.16
	1981	0.6	16.81		2012	9.5	7.84
	1982	0.5	17.64		2013	6.9	0.04
	1983	4	0.49		2014	1.2	30.25
	1984	7.3	6.76		2015	6.7	0
	1985	4.2	0.25		2016	13.3	43.56
	1986	5.3	0.36			9.1	5.76
	1987	7	5.29			16.9	104.04
	$n_2=31$				$n_1=29$		
	$\bar{x}_2 = \dfrac{1}{n_2}\sum\limits_{j=1}^{n_2} x_{2j} = 4.7$				$\bar{x}_1 = \dfrac{1}{n_1}\sum\limits_{j=1}^{n_1} x_{1j} = 6.72$		
	$s_2^2 = \dfrac{1}{n_2-1} = \sum\limits_{j=1}^{n_2}(x_{2j}-\bar{x}_2)^2 = 15.3593$				$s_1^2 = \dfrac{1}{n_1-1} = \sum\limits_{j=1}^{n_1}(x_{1j}-\bar{x}_1)^2 = 16.1179$		

相关计算见表1。将 $\bar{x}_1 = 6.72$，$s_1^2 = 16.1179$，$n_1 = 29$；$\bar{x}_2 = 4.7$，$s_2^2 = 15.3593$，$n_2 = 31$ 代入上式计算得：$t = 1.9692$，单边检验，显著性远大于 $t_{0.05} = 1.672$，接近 $t_{0.025} = 2.002$。因此，经 t 检验，克拉玛依市冬季飞机人工增雪作业效果显著，显著性水平接近 0.025。

利用下式进行区间估计：

$$u_1 - u_2 > (\bar{x}_1 - \bar{x}_2) - t_{2a} S \sqrt{\frac{1}{n_1} + \frac{1}{n_2}} \tag{2}$$

$$s = \sqrt{\frac{(n_1 - 1)s_1^2 + (n_2 - 1)s_2^2}{n_1 + n_2 - 2}} \tag{3}$$

式中，$u_1 - u_2$ 为开展人工增水作业后年12月平均降水量增加量。上式成立的概率为 $(1-\alpha)$。

取置信水平 $(1-\alpha) = 0.9$，将 $t_{0.2} = 0.8485$ 以及有关数据代入公式，计算得 $u_1 - u_2 > 1.15$ mm。即作业期开展飞机人工增水作业后，年12月平均降水量增加了 1.15 mm，其可信概率为 90%。

由此可得，开展飞机人工增雪后使得年12月降水量相对增加率为

$$E = \frac{u_1 - u_2}{\bar{x}_2} = \frac{1.15}{4.7} \approx 0.245 \tag{4}$$

即增水率 24.5%。

4.4 讨论

由于长期以来，全球气候变暖等天气背景因素影响，加之云、降水自然变差比较大，导致自然降水时-空分布变化很大，致使人工催化效果的"信号"，常被淹没在自然降水起伏的"噪声"中，统计分析相当于从这些高的"噪声"中提取人工催化效果"信号"的信息提取技术方法。因此，统计检验方法的功效往往不高[19-21]。但是，就目前的人工影响天气作业技术和检验方法，统计检验方法是检验人工影响天气作业效果的主要方法之一。从统计学和人工影响天气角度考虑，序列试验法方法简单，但要达到 0.05 的显著性水平，对作业效果的绝对值要求相当高，而这往往是不现实的，因此其可信度有限[21]；非参数性检验法只能对作业效果进行可信度的定性检验，无法进行定量区间估计检验；参数性检验如 t 检验法和 Welch 检验法，相对于以上两种检验方法对作业效果检验较为准确可信，但其对样本数量、总体分布等数据有一定的要求，计算过程也要求较高。如能找到相应的对比区，采用区域回归试验法，检验功效、准确度会较高[19]。在采用统计检验的同时，还应注重利用天气雷达回波变化等信息开展物理检验，以体现人工作业效果的物理机制和物理响应。

5 结论

利用统计学有关评估检验方法，以历年12月降水量作为统计变量，对克拉玛依市冬季飞机人工增雪作业效果开展了评价分析。得出初步结论如下：

(1)历年12月降水量，无论最大降水量还是最小降水量，均为作业期大于历史期。特别是最小降水量作业期是历史期的12倍。这对于缓解水资源短缺的矛盾具有积极作用。

(2)统计评估检验表明，序列试验虽然得到了较高的增水量和相对增加率，但其可信度有限。经非参数性不成对秩和检验，作业期增水效果显著，显著性水平达 0.025。在符合参数性 t 检验条件的前提下，经 t 检验，增水效果显著性接近 0.025。证明开展冬季飞机人工增雪作

业后,克拉玛依市冬季降水量增加效果显著。

(3)选取显著性水平为 0.1,及可行度为 90% 的置信水平,进行区间估计得出,开展冬季飞机人工增雪作业后,平均年 12 月降水量增加了 1.15 mm,相对增水率为 24.5%。

参考文献

[1] 刘金平,包安明,李均力,等. 2001—2013 年中亚干旱区季节性积雪监测及时空变异分析[J]. 干旱区地理,2016,39(2):405-412.

[2] 陈亚宁,王怀军,王志成,等. 西北干旱区极端气候水文事件特征分析[J]. 干旱区地理,2017,40(1):1-9.

[3] 常倬林,崔洋,张武,等. 基于 CERES 的宁夏空中云水资源特征及其增雨潜力研究[J]. 干旱区地理,2015,38(6):1112-1120.

[4] 高子毅,张建新,胡寻伦,等. 新疆云物理及人工影响天气文集[M]. 北京:气象出版社,1999:13-22.

[5] 王旭,张嘉伟,马禹,等. 天山山脉强降水云宏微观物理属性的空间分布特征[J]. 干旱区地理,2016,39(6):1154-1161.

[6] 陈春艳,赵克明,阿不力米提江·阿布力克木,等. 暖湿背景下新疆逐时降水变化特征研究[J]. 干旱区地理,2015,38(4):692-702.

[7] 李大山,章澄昌,许焕斌,等. 人工影响天气现状与展望[M]. 北京:气象出版社,2002:325.

[8] 章澄昌. 人工影响天气概论[M]. 北京:气象出版社,1992:252-253.

[9] 曾光平,方仕珍,肖锋. 1975—1986 年古田水库人工降雨效果总分析[J]. 大气科学,1991,15(4):97-108.

[10] 秦长学,张蔷,李书严,等. 密云水库蓄水型增水作业效果分析[J]. 气象科技,2005(S1):74-77.

[11] 李冰,李海彬. 人工增雨作业效果评价方法[J]. 气象与环境科学,1999,(3):43-44.

[12] 钱莉,俞亚勋,杨永龙. 河西走廊东部人工增雨试验效果评估[J]. 干旱区研究,2007,24(5):679-685.

[13] 钱莉,王文,张峰,等. 河西走廊东部冬春季人工增雪试验效果评估[J]. 干旱区研究,2006,23(2):349-354.

[14] 贾烁,姚展予. 江淮对流云人工增雨作业效果检验个例分析[J]. 气象,2016,42(2):238-245.

[15] 尹宪志,徐启运,张丰伟,等. 近 10 年甘肃春季飞机人工增雨经济效益评估[J]. 江西农业学报,2015,(11):64-72.

[16] 高子毅,张建新,廖飞佳,等. 新疆天山山区人工增雨试验效果评价[J]. 高原气象,2005,24(5):734-740.

[17] 高子毅. 克拉玛依白杨河流域人工降水效果的统计评价[J]. 沙漠与绿洲气象,1990(8):29-31.

[18] 高子毅,刘广忠. 克拉玛依山区人工增水效果的再评价[J]. 沙漠与绿洲气象,2000(1):23-26.

[19] 陈光学,段英,吴兑,等. 火箭人工影响天气技术[M]. 北京:气象出版社,2008:192-193,199.

[20] 中国气象局科技教育司. 人工影响天气岗位培训教材[M]. 北京:气象出版社,2003:212-213,218,220.

[21] 叶家东,范蓓芬. 人工影响天气的统计数学方法[M]. 北京:科学出版社,1982:161,284,339.

第四部分 人影管理工作经验和方法

新时期甘肃人工影响天气创新发展战略的思考

尹宪志　　徐启运

（甘肃省人工影响天气办公室，兰州 730020）

摘　要　在全球气候持续变暖，各类极端天气气候事件频繁发生，气象灾害损失越来越严重的形势下，人工影响天气作为防灾减灾的有力手段，受到各国政府和社会各界的高度重视。面对我国全面深化改革的总目标和气象现代化建设的需要，加强人工影响天气创新发展对提高全社会防御气象灾害的能力和水平，最大限度地减轻灾害损失，保护人民生命财产安全，促进经济社会发展等具有重要的现实意义。甘肃人工影响天气创新发展的战略目标是建设结构科学、布局合理、功能先进、保障有力的现代化人工影响天气体系，努力拓展人工影响天气领域，积极为抗旱防灾减灾、农业增产增收、生态环境保护、水资源安全、应对气候变化和突发环境事件等提供优质服务。

关键词　人工影响天气　气象防灾减灾　创新驱动　发展战略

1　引言

在全球气候持续变暖，各类极端天气气候事件频繁发生，干旱、高温、冰雹、霜冻等灾害造成的损失和影响不断加重的新形势下，人工影响天气（以下简称人影）作为气象灾害防御工作的重要组成部分，已成为国家公共安全的重要组成部分，成为政府履行社会管理和公共服务职能的重要体现。因此，如何科学健康可持续地发展我国人影事业，是必须正确面对的发展战略问题。

气象发展战略就是关于气象事业如何发展的战略理论体系。人影发展战略就是一定时期内对人影的发展方向、发展速度与质量、发展重点及发展能力的重大选择、规划及顶层设计。人影发展战略的本质是要解决发展与需求之间不协调问题，实现人影事业快速、健康、持续发展。深入思考甘肃人影事业改革发展的方式和内涵、人影事业发展的特点、面临的机遇和挑战，并提出改革发展的思路和对策，既是人影事业发展的战略需要，也是气象科技服务"一带一路"建设的历史机遇。

人影是人类科学改变局部天气的重大创举，是人类运用现代科学技术，在适宜的地理环境和天气条件下，经由人工干预，在云体的适当部位、适当的时机，采取科学的人工催化作业，使天气过程向期望方向发展，以此获得增加降水量、预防或减轻冰雹等灾害的预期目的。人影作业包括人工增雨（雪）、防雹、消雾消云、防霜冻、抑制闪电等。世界上很多国家都把人影作为一项减灾措施广泛地进行研究和实施。

人类文明发展史，就是一部人类与自然灾害抗争的历史。人类对自然灾害，特别是气象灾害从恐惧到逐渐认识、监测与预报预警、气象人工防灾减灾，再到目前开展的气象灾害的风险管理，经历了 4 个发展阶段。早在 1839 年美国的 James P. Espy 提出，可用生大火的办法产生上升气流，促使积云发展，导致降雨。1930 年，荷兰人 Veraart 用干冰作播撒剂进行了成功的人工降水试验，但其试验结果没有得到科学界的公认。直到 1933 年瑞典科学家 Bergeron 提出冷云降水的冰水转化理论,1939 年德国的 FindEisen 完善了这一理论后才奠定了现代人工影响冷云的理论基础。1946 年,美国科学家 Schaefer 发现干冰可以促进大量冰晶的产生。同时,英国科学家 Vonnegut 通过试验,找到了有效的成冰核物质碘化银,为人工影响冷云降水提供了有效的催化剂,奠定了试验研究和作业的物质基础。

自 20 世纪 40 年代以来,美国、俄罗斯和以色列等 20 多个国家开始了现代人工增雨技术的研究和推行工作。我国人影始于 20 世纪 50 年代。1958 年 4 月顾震潮教授在祁连山筹建地形云催化降水试验及综合考察,7 月中科院兰州寒旱所(原高原大气所)与甘肃省气象局共同进行了 18 次飞机观测与催化试验(王致君等,1999),同年 8—9 月吉林省遇到 60 年未遇的特大干旱,为缓解旱情进行了 20 架次飞机人工增雨试验作业。另外,武汉、南京和河北等地也开展了飞机人工增雨、消雾等试验,从而揭开了我国人影的序幕(李大山等,2002;黄美元等,2003;雷恒池等,2008;方春刚等,2009)。

近年来,随着大气科学整体水平的长足发展,综合利用新一代天气雷达、气象卫星、地理信息技术、中小尺度气象监测网、新型的催化剂和播撒等技术,为人影作业奠定了科学的可靠基础,也提高了人影的作业效果。目前,我国已基本建立了国家、省、市、县四级人影业务体系,科技水平明显提高,作业规模居世界首位。人影作业方式从过去的应急性、分割化向常态化、集约化转变,作业服务从单一的抗旱减灾向云水资源开发、生态环境保护及保障重大活动等方面发挥着越来越重要的作用。

2 人影事业发展的方式和内涵

2006 年 1 月 12 日,《国务院关于加快气象事业发展的若干意见》中指出,气象事业是科技性、基础性社会公益事业,加快气象事业发展是应对突发自然灾害、保障人民生命财产安全的迫切需要,是应对全球气候变化、保障国家安全的迫切需要,是应对我国资源压力、保障可持续发展的迫切需要。首次明确将人影工作列为今后发展的重点之一,并要求加快法律法规建设,依法管理和规范人影作业等活动。

2.1 人影是气象防灾减灾的重要组成部分

据统计,近 20 年来,我国平均每年因各种气象灾害造成的直接经济损失高达 1800 多亿元,受重大气象灾害影响的人口达 4 亿人次,造成的经济损失相当于国内生产总值的 1%~3%。随着我国人影事业的快速发展及其带来的社会经济效益不断显现,各级政府进一步加大了对人影的投入,为人影的可持续稳定发展奠定了良好的基础。

人影是一项高科技、综合性业务工作,是气象灾害防御工作的重要组成部分,它属于大气科学的范畴,是云雾物理学在气象工作实践中的具体应用。随着人类科学技术水平的不断提高,人影在自然灾害防治及改善局部地区气候状况等方面发挥出越来越大的作用。特别是在农业抗旱防灾、防雹减灾、增加水资源和重大社会活动等的保障方面取得了较大成绩。

2.2 人影是气象防灾减灾的工程技术手段

我国人影以防灾减灾为宗旨,以服务农业为重点。《气象法》对人影的内涵进行了科学的界定:人影是指为避免或者减轻气象灾害,合理利用气候资源,在适当条件下通过科技手段对局部大气的物理、化学过程进行人工影响,实现增雨(雪)、防雹、消雨、消雾和防霜等目的的活动。

回顾气象灾害防御发展历程,气象部门从气象观测、预报服务,逐步发展到了气象灾害监测、预警服务,以气象信息服务为主要手段,发挥了"消息树""发令枪"的作用。特别是通过"政府主导、部门联动、社会参与"防灾减灾机制的建立,在减少经济损失的同时,有效避免了灾害中人员群死群伤,实现了具有历史意义的职能转变。同时,我们应该清醒地看到,即使在监测到位、预报准确、预警信息发布及时的情况下,气象灾害往往也会造成巨大的经济损失或人员伤亡。

面对气象灾害防御的世界性难题,我们更应该在现有工作成绩的基础上,进一步明确职责定位,建立积极有效的气象灾害防御体系和灾害防御的工程技术手段,加快关键技术的科技创新,强化基础设施和装备建设,完善体制机制,不断提高作业能力、管理水平和服务效益,发挥气象部门气象灾害防御工作的社会责任,更好地为经济社会发展和人民群众安全福祉提供保障。

2.3　人影是法律法规赋予气象部门的社会责任

2000 年 1 月 1 日起施行的《中华人民共和国气象法》第三十条明确规定,县级以上人民政府应当加强对人影工作的领导,并根据实际情况,有组织、有计划地开展人影工作。2002 年 5 月 1 日起施行的《人工影响天气管理条例》,从人影组织领导、制定工作计划、作业单位和人员、作业装备生产使用、实施作业、有关单位责任等多方面,对人影工作进一步做出了各项细化规定。

甘肃省根据《气象法》、国家《人工影响天气管理条例》,从甘肃实际出发,制定了包括《甘肃省气象条例》、《甘肃省气象灾害防御条例》、《甘肃省人工影响天气管理办法》等一系列人影工作的相关规章制度,明确了"县级以上气象主管机构负责人工影响局部天气作业的实施和管理"。要求气象部门必须制定人影发展规划、负责人影技术指导、组织实施人影作业、开展人影科学试验、加强人影装备管理和作业人员管理,建立和发展现代人影业务体系,拓展气象防灾减灾的工程技术手段。

3　人影事业发展的机遇和挑战

通过 50 多年的发展,我国建立了先进的人工增雨综合技术系统,包括监测和作业装备、信息传输等,相关技术达到了国际先进水平;研制了冷云和暖云催化剂和催化技术;建立了国际先进的人工增雨数值模式系统;在作业条件预报、作业潜力判别、作业方案设计和作业优化技术方法及效果评估等关键环节大大降低了盲目性,科技水平显著提高。此外,在人工消雾技术、人工增雨效果检验技术以及无人机人工增雨作业技术系统等方面,也取得了重要进展。总之,人影作为中国气象事业的重要组成部分,通过人工增雨(雪)、防雹、防霜(尹宪志等,2014)等途径,已经在经济社会发展、农业抗旱防灾、防雹减灾、增加水资源、森林灭火、生态环境建设及重大社会活动等的保障方面发挥了重要的作用,取得了很好的效益。但是面对我国全面建成小康社会总目标,人影工作还不能完全满足经济社会发展的需要。因此,要深刻认识到人影事业改革发展的重要性和紧迫性,适应新需求、迎接新挑战、开创新局面。

3.1　人影事业发展的历史机遇

国家政策支持。人影是党和政府促进经济社会发展,保障人民群众、粮食生产、水资源、生态环境、国防安全的一项基础工作。党中央、国务院历来高度重视气象事业发展,关心和支持人影工作,1994 年国务院批准建立了全国"人工影响天气协调会议"制度;2002 年国务院颁布了《人工影响天气管理条例》,为人影工作发展奠定了法规基础;2005 年国务院办公厅印发了《关于加强人工影响天气工作的通知》;2009 年人工增雨防雹工程纳入《全国新增 1000 亿斤粮食生产能力规划(2009—2020 年)》;2011 年和 2012 年中央 1 号文件都明确要求,加强人工增雨(雪)作业示范区建设,科学开发利用空中云水资源;2011 年《全国抗旱规划》明确了人影抗旱工作任务。特别是 2012 年国务院办公厅《关于进一步加强人工影响天气工作的意见》,明确提出到 2020 年,建立较为完善的人影工作体系,基础研究和应用技术研发取得重要成果,基础保障能力显著提升,协调指挥和安全监管水平得到增强,人工增雨(雪)作业年增加降水 600 亿吨以上,人工防雹保护面积由目前的 47 万 km² 增加到 54 万 km² 以上,服务经济社会发展的效益明显提高。

社会发展需要。在全球气候变暖的大背景下,我国经济社会发展面临着湖泊水位下降、冰川退缩、雪线上升、水资源供需矛盾突出、草原退化、荒漠化加剧,生态环境压力加大等难题,迫切需要通过加强人工增雨(雪)作业,提高云水资源降水率、减轻干旱威胁、缓解水资源短缺、降低森林草原火险等级、增强生态自然恢复能力、改善城乡大气环境;迫切需要通过加强人工消雹、消雾、消云减雨作业,减少农业雹灾损失、减轻交通雾霾影响、降低重大活动不利天气影响。尤其是党的十八大报告中提出,大力推进生态文明建设。建设生态文明,是关系人民福祉、关乎民族未来的长远大计。国家"十三五"规划也明确提出,要促进生态保护和修复,构建生态安全屏障,加强山洪资源和云水资源利用。因此,人影在我国生态文明建设等工作中的作用越来越突出。

防灾减灾需求。甘肃是黄河、长江上游的重要水源补给区,地形复杂,气候类型多样,干旱、冰雹、沙尘暴等气象灾害占自然灾害的 86% 以上,高出全国平均状况的 18.5%,造成的损失约占全省国内生产总值的 3%~5%。气象灾害具有种类多、发生频率高、影响范围广、持续时间长、次生灾害严重、经济损失大的特点。其中甘肃每年干旱成灾面积近 66.7 hm²,每年约有 50 多个县、区的 13.3 hm² 农田遭受冰雹袭击(渠永兴等,2005),给农业造成几亿甚至几十亿元的经济损失,严重威胁和制约着甘肃经济社会发展。国务院办公厅《关于进一步支持甘肃经济社会发展的若干意见》明确指出,加大祁连山冰川和生态系统保护力度,科学实施人工增雨雪作业,逐步恢复和增强水源涵养能力。这对我省人影工作提出了新的更高要求。

地方投入加大。人影事业的发展离不开中央财政和地方政府的大力支持,各级政府对人影工作高度重视。自 2004 年以来,由地方财政投入逐步发展为"以地方财政投入为主、中央补助为辅"的经费投入机制,中央和地方财政经费投入逐年加大,将人影经费纳入财政预算,使人影经费得到保障。在人影经费支持下,飞机及地面人影作业规模和服务水平有了显著的提升,防灾减灾效益更加显著。甘肃省人民政府也把《祁连山及旱作农业区人工增雨(雪)体系工程建设》列为"十三五"项目规划。

群众支持配合。我国成立了从国家到省区、市、县的四级人影业务管理机构,建立了一支高素质的业务技术队伍。甘肃省是我国最早开展人影工作的省份之一,目前,甘肃人工增雨在作业规模、作业装备、气象观测设备、组织管理体系、技术积累、人员队伍、经费保障等方面有了长足的发展。甘肃平均每年飞机增雨作业约 30 架次,增加降水 10 亿 m³,地面人工防雹高炮 380 门、增雨防雹火箭 180 部,防雹保护面积达 5.9 万 km²。甘肃从事人影工作人员有 1400 余人,群众破除了封建迷信思想,提高了对人影作业的科学意识,积极支持高炮进点保粮增收,还经常慰问辛勤作业的防雹炮手。

3.2 人影事业发展的挑战

经济发展需求的挑战。党的十八大报告提出"坚持走中国特色新型工业化、信息化、城镇化、农业现代化道路",这是我们党在新的历史起点,立足全局、着眼长远、与时俱进的重大理论创新。服务农业现代化是气象部门的首要任务之一,为了保障甘肃小康社会和"3341"项目工程建设等经济社会发展的迫切需求,人影作为防灾减灾、农业现代化建设、水资源和生态环境安全保障的有力手段之一,将面临严峻的挑战。特别是甘肃省"3341"项目工程建设,为甘肃人影事业发展提供了前所未有的驱动创新机遇。"3341"项目工程,即打造三大战略平台(打造以兰州新区开发建设和循环经济示范区建设为重点的经济战略平台、以华夏文明保护传承和创新发展示范区建设为重点的文化战略平台、以国家生态屏障建设保护与补偿试验区为重点的生态战略平台)、实施三大基础建设(实施交通提升、信息畅通和城镇化基础建设)、瞄准四大产业方向(培育壮大战略新兴产业、特色优势产业、富民多元产业、区域首位产业),确保全省固定资产投资规模超过 1 万亿元。

防灾减灾抗灾的挑战。甘肃气象灾害包括干旱、大风、沙尘暴、暴雨、冰雹、霜冻和干热风等,次生灾害有泥石流、滑坡等。甘肃省平均每年因气象灾害造成的经济损失占 GDP 的 $3\% \sim 5\%$,高于全国平均。气象灾害防御工作事关经济社会可持续发展,事关人民生命财产安全。目前,我国发布的气象灾害预警信号有暴雨、暴雪、寒潮、大风、沙尘暴、高温、干旱、雷电、冰雹、霜冻、大雾、霾等 14 种。气象预警信号发布后,如何采取气象工程技术手段进行有效防御,是防灾减灾需求对人影能力的挑战。虽然甘肃省每年实施飞机人工增雨作业约 30 架次,航程 2 万~6 万 km,作业覆盖面积约 23 万 km^2,增水量约 10 亿~13 亿 t。每年实施地面人工防雹增雨(雪)作业保护农田面积 5.9 万 km^2,防雹效益 4 亿~5 亿元。但是,面对甘肃现代农业和"3341"等项目工程建设,人工增雨、防雹、消雾、防霜、生态环境保护、重大社会活动和重大工程项目建设保障等任务依然繁重。

现代人影体系的挑战。人影工作在我国增雨抗旱、防雹消雹、森林灭火、生态环境建设及重大社会活动消减雨等方面的积极探索,取得了较大成绩。但是自然云降水、降雹的多变性和复杂性,更加使得人们在掌握作业条件和相应的作业技术方法以及检测作业效果等方面遇到困难。特别是随着信息化、智能化等科学技术的快速发展,迫切要求建立以智慧人影为标志的现代人影业务体系。2015 年 6 月中国气象局办公室下发《关于实施人工影响天气业务现代化建设三年行动计划的通知》,要求通过 3 年时间建立现代化的人影业务体系。面对人影作业效果评估、作业时机选择、作业范围和规模等重大科学问题,还需要不断研究和探索,用科学发展和技术进步支撑人影业务的发展。

人才队伍建设的挑战。甘肃民间使用土炮防雹已有 300 多年的历史。1958 年甘肃省进行了飞机人工增雨、高山融冰和河西水库防蒸发的试验工作,是全国开展人影最早省份之一。目前,甘肃人工防雹多由县级气象局组织开展,作业点炮手多为农民工兼任,现有防雹人员队伍年龄偏大、文化程度低等因素影响,严重制约防雹作业效果的发挥。各级人影管理和作业人员统一由气象部门管理,管理人员多为业务岗位交流,人影队伍整体素质亟待提高。

人影安全作业的挑战。安全生产是人影作业的生命线。地面人影作业大量使用的火箭高炮等,属于危险爆炸物品的范畴,存在很高的危险性,每年或多或少都会发生一些安全事故。随着防灾减灾等任务的加重,作业点密度、作业量的增加和作业禁射区越来越小,作业空域的批复率越来越低,因此,安全作业潜在风险进一步增加。同时,飞机人工增雨作业常在有天气过程的云层中飞行,飞行的安全性降低,随着飞行器密度的增加,作业空域受到制约。飞机人工增雨还涉及到空军、民航和机场保障、安全保障、后勤保障等方面,安全生产需要高度重视。

4 人影事业创新发展的对策与思考

随着经济的高速发展,自然灾害造成的损失亦呈上升发展趋势,直接影响着经济社会的发展。面对资源约束趋紧、环境污染严重、生态系统退化的严峻形势,人影工作必须依靠科学技术进步,建设结构科学、布局合理、功能先进的现代人影体系,为抗旱防灾减灾、农业增产增收、生态环境保护、水资源安全、应对气候变化和突发环境事件等提供更加优质服务。

4.1 由气象信息防灾向气象工程防灾拓展

科学技术进步,为人类插上了智慧的翅膀。气象工作在防灾减灾的过程中,气象预警信息发布是提高防灾减灾水平的重要科技保障。通过发布天气预报、预警等信息,一是为民众的工作生活提供趋利避害的指导,二是科学指导采取有效灾害防御措施,达到减少人员伤亡和财产损失的目的。面对各种气象灾害,我们已经在人工增雨抗旱、防雹消雹、防雷避雷、消云消雨等方面取得了长足的进展。在霜冻降临、大雾弥漫、灰霾笼罩等气象灾害预警信息发布的同时,还应该以人影发展的思路,积极探索拓展防灾减灾的工程技术手段,实现气象灾害提前预报、临近预警,利用气象工程手段有效防御,最大限度减轻灾害损失,保障国家财产和人民生命安全。

4.2 由人工影响天气向人工影响小气候拓展

在科技昌明、技术精进的今天,人类在适应自然的同时,也在积极影响自然。随着经济社会的发展,人类活动与天气及气候的关系更加日益密切。人工影响小气候是指采用科学和工程手段人为地调节、控制和改变局部地区的小气候环境。如火炉取暖、空调制冷、温室塑料大棚、城市绿化等,无一不是人类在改变局地小气候,创造美好生活、增加农业收成的探索成果。人影发展至今虽然只有50多年的时间,但由于人类生产和生活的迫切需要,已在许多国家,例如美国、俄罗斯、以色列和我国广泛应用于防灾减灾,并取得了人工增雨(雪)、防雹、消云消雾、人工防霜冻等成果。

目前,人工影响小气候需要的投入较小,探索发展的空间很大。因此,我们应当积极拓展人影气候新领域,努力实现"两增两防""两消两治"。积极开展人工增雨增雪,促进生态治理和森林防火;科学高效人工防雹防霜,提高防灾减灾和为农服务水平;适时开展人工消雨消雾作业,保障重大社会活动和交通安全,探讨气象人工治污治危新途径,减轻城市空气污染和有毒气体扩散。

4.3 开展人工防御雷电灾害的科研工作

雷电灾害是"国际减灾十年"公布的最严重的10种自然灾害之一。雷电产生的高电压、大电流、强电磁辐射等对电力、通信和航空航天等部门造成很大危害。据估计,我国每年因雷电造成的经济损失高达亿元以上。由于雷电发生的时间和空间随机性很大,雷电的激发及发展过程又涉及到电磁学、分子物理学、等离子物理学等学科。世界各国也都重视雷电物理和雷电监测、预警及防护工作,因此,加强雷电灾害的科研就显得势在必行。

世界气象组织指出(2001 年):"各国考虑实施人工影响天气活动是因为需要使某一领域的活动更加经济有效(如农业或电力生产用水)或减少危险事件(如霜、雾、冰雹、闪电、雷暴等)相关的危险。"随着大气科学的发展,人类已掌握了多种人影的技术,人工抑制雷电(lightning suppression)是用人为方法削弱云中雷电活动,以减轻其危害的试验研究。为了减少闪电引发森林火灾和确保空间飞行器发射时段免遭雷电闪击,人工引发雷电不仅为雷电物理的研究开辟了一条新途径,也为雷电防护研究提供了良好的手段。

人工抑制雷电的试验,开始于 20 世纪 60 年代初期。试验的方法主要有三种:一是在积雨云中播撒成冰催化剂,产生大量人工冰晶,减少过冷水含量,从而减弱云中的起电过程;二是在雷暴云中播撒大量极细的导电丝,通过导电丝的电晕放电,损耗雷暴云的电荷。减弱电场强度,从而削弱或消除雷击闪电;三是将火箭发射到雷暴云中,使火箭和云之间形成闪击,从而减少雷电对被保护目标物的威胁。试验表明,3 种方法均有一些效果,为人工抑制雷电开辟了新途径。研究表明,人工引发雷电对雷暴电场和降水有明显影响,一般会出现降雨猛增、滴谱增宽等现象(刘欣生等,1999)。利用静电模式的模拟计算也表明,由于闪电通道向外大量释放离子,增强了闪电通道附近雨滴重力电碰并过程,对冰雹云进行人工引雷后有冰雹消减、降水增加的作用。中科院寒旱所 1989—1991 年在冰雹多发区永登县黑林子地区进行人工引雷试验,结果当地 3 年没有发生冰雹天气(李大山,2002)。

4.4　提高人影能力和水平

人影是党和政府促进经济社会发展、保障人民群众安全福祉的一项民生工程,是保障国家粮食安全、水安全、生态安全、国防安全的一项公益事业,是提高气象防灾减灾能力、应对气候变化能力、开发利用气候资源能力的一项基础工作。2012 年 11 月 16 日,甘肃省人民政府办公厅印发了《关于进一步加强人工影响天气工作的实施意见》,明确提出到 2020 年,建立较为完善的甘肃省人影组织机构体系、业务技术体系、科研创新体系、综合保障体系。

2017 年 1 月 22 日,国家发展改革委批复《西北区域人工影响天气能力建设项目可行性研究报告》,该项目建成后将有效提高西北区域人影作业水平和效率,为国家生态安全、水资源配置、抗旱救灾、森林防火等提供保障。围绕甘肃经济社会发展需求和人影发展总目标,要坚持以改革创新为动力,发展技术,实现"四个支撑";建立机制,促进"五个加强";提升水平,强化"六个能力"。

(1)发展技术,实现四个支撑

科技支撑业务。人影是涉及多学科、多部门的综合性业务工作,是云雾物理学在气象工作实践中的具体应用。自然云降水、降雹的多变性和复杂性,需要建立研究型业务,通过业务技术难题,凝练科学问题,开展公关研究,以科研成果转化支撑业务发展。

项目支撑科研。通过西北人影能力建设项目、祁连山人工增雨(雪)体系建设项目建设,在工程建设中开展地形云的水汽场、气流场、云物理特征等的综合观测,开展针对地形云的人工增雨作业指标的验证和各类作业装备催化效果的验证工作,通过研究试验,掌握地形云作业技术,为准确预测和预报作业条件、作业量、作业时机等方面提供科学的方法和手段。

人才支撑发展。必须大力加强人才培养,切实提高人影队伍的整体素质。要以业务科研骨干为重点,切实推进人才的培养、引进和使用,不断优化队伍结构;探索建立稳定作业人员的机制,不断提高作业人员队伍的素质和作业技术水平,为甘肃省人影事业实现跨越式发展提供强有力的保障。

安全支撑生产。要强化履职意识,通过加强管理,促进人影安全发展。要健全和完善各地方人影领导小组(指挥部)机构,发挥其管理职能和作用。要强化社会管理意识,从以内部管理为主向对社会实施管理转变,加强对装备质量、空域协调、弹药储运、队伍资质等的监督管理以及法规和标准化体系的建设与管理。

（2）建立机制,促进五个加强

加强制度建设。认真贯彻落实《甘肃省人工影响天气管理办法》,强化"政府领导、部门联动、军地联合"的工作机制,建立相应的管理体制,建立人影行政执法监督检查机制。

加强安全管理。加快人影标准化体系建设,明确作业装备、设施准入条件,完善作业规范和操作规程。建设以物联网为核心的作业点和弹药监控体系。

加强队伍培养。加强人影专业技术和管理队伍建设,积极引进与培养高层次人才,加强与周边省份的科技合作与交流,加强专业技术队伍建设。建立健全基层作业人员聘用等管理制度和激励机制,加强基层作业人员的聘用、培训和管理,推广天水市将人影作业人员纳入公益性岗位管理的经验。

加强科学研究。针对人影业务能力提升的关键技术,组建技术团队,开展作业概念模型、作业指标体系、作业条件和效果、云水资源评估技术等关键技术研究。

加强信息沟通。农牧、水利、林业和气象部门要及时实现信息共享。公安、安监、空军、民航等部门要加强监管、协调和服务。

（3）提升水平,强化六个能力

强化防灾减灾能力。完善年度方案和重要农事季节、作物需水关键期作业计划,适时开展飞机、地面立体化人工增雨(雪)作业,促进粮食等重要农产品实现减灾增产。加强对干旱、冰雹等灾害的动态监测和区域联防,科学调整作业布局,加大对重点干旱区和雹灾区的作业保护力度。

强化基础建设能力。加强人影作业能力建设,重点加强飞机作业平台及飞行保障基地建设。加快地面作业点基础设施标准化建设,提升高射炮、火箭发射装置的自动化水平和弹药的可靠性。加快指挥通信系统和作业空域申报审批系统建设,提高作业指挥效率。

强化业务综合能力。积极推进以涵盖飞机作业能力、飞机作业基地、人影作业指挥业务系统、地面人影作业能力、观测系统、效果检验外场试验区和新装备试验考核系统等为主要内容的综合能力建设,加强区域内跨省区联合作业,提高作业效果。

强化科技支撑能力。加快试验基地和作业示范区建设,重点加强西北干旱、半干旱地区人工增雨(雪)、防雹、消(减)雨机理和效果评估等技术研究,推进人影在防灾减灾、气候变化、生态环境保护、保障农牧业生产安全和云水资源开发利用等方面的应用技术研究。加强合作与交流,吸收先进技术成果,推进科技成果转化,提高科技水平、作业效率和总体效益。

强化指挥调度能力。组建西北区及甘肃省、市、县作业指挥系统,实现与国家作业指挥系统的对接;加强与军队、区域内的协作,建立作业空域划定、跨区域作业协调机制,提高作业装备的统一调度和跨区域指挥能力;建立多种服务需求和环境影响评价相结合的调度运行模式,提高作业规模化程度和集约化水平。

强化安全监管能力。加快建立责任明确、操作规范、制度严格、措施到位的安全生产监督管理体系。加强空域申请、弹药储运、转场交通、作业人员安全等重点环节的管理与监督检查，杜绝发生责任事故。强化装备、弹药质量检测，健全气象、军队、公安等紧密协作的管理机制，依法落实购销、储运等管理制度。加强作业人员安全知识培训，为作业人员提供安全保险。完善安全事故应急处置预案，加强应急演练，提高事故应急处置能力。

参考文献

方春刚，郭学良，王盘兴．碘化银播撒对云和降水影响的中尺度数值模拟研究[J]．大气科学，2009，33(3)：621-633

黄美元，沈志来，洪延超．半个世纪的云雾、降水和人工影响天气研究进展[J]．大气科学，2003，27(4)：536-551.

雷恒池，洪延超，赵震，等．近年来云降水物理和人工影响天气研究进展[J]．大气科学，2008，32(4)：967-974.

李大山．人工影响天气现状与展望[M]．北京：气象出版社，2002：357-562.

刘欣生，郄秀书，王才伟，等．雷电物理及人工引发雷电研究十年进展与展望[J]．高原气象，1999，18(3)：266-272.

毛节泰，郑国光．对人工影响天气若干问题的探讨[J]．应用气象学报，2006，17(5)：643-646.

渠永兴，马玉萍．甘肃省冰雹云雷达预警指标与作业方法研究[J]．干旱区资源与环境，2005，19(5)：122-125.

徐启运，张强，张存杰，等．中国干旱预警系统研究[J]．中国沙漠，2005，25(5)：785-789.

尹宪志，王研峰，丁瑞津，等．大面积果园高架长叶片防霜机的效果试验[J]．农业工程学报，2014，30(15)：25-32.

尹宪志，徐启运，张丰伟，等．近10年甘肃春季飞机人工增雨经济效益评估[J]．江西农业学报，2015，11：64-72.

尹宪志，等．人工防霜冻技术研究[M]．北京：气象出版社，2014.

余芳，刘东升，何奇瑾，等．2009年飞机人工增雨作业抗春旱效益评估[J]．高原山地气象研究，2010，30(1)：72-75.

张维祥，娄伟平．农业抗旱型人工增雨效益评估[J]．中国农学通报，2007，23(4)：453-455.

对高炮增雨防雹工作的发展前景和待改善问题的思考

曹 昆

(宁夏回族自治区隆德县气象局,隆德 756300)

摘 要 从人工影响天气工作发展的历史和现状分析,目前高炮人工增雨防雹工作已成为气象部门一项重要的科技服务手段,其发展前景非常广阔。在实践中发现,目前对成立"三级"指挥系统及炮站的建设和管理等方面还有待改善提高。

关键词 高炮 火箭 增雨 防雹 前景 建议

1 引言

宁夏回族自治区隆德县人工影响天气工作近十几年来发展很快,特别是利用高炮和火箭开展人工增雨防雹作业取得了显著的成效,受到了广大农民群众的好评和社会各界的广泛关注,人工影响天气工作已成为气象部门一项重要的科技服务手段。隆德县自从 20 世纪 70 年代起开展高炮人工防雹工作,全县现有 37 毫米口径双管高炮 13 门,牵引式火箭发射器 9 部和一辆火箭牵引车,从业人员 30 人左右。多年来开展的高炮防雹和近些年开始的火箭增雨增雪工作都取得了很好的社会效益、生态效益和经济效益,深受广大农民群众和各级政府的称赞。本文就高炮增雨防雹工作进行一些分析探讨。

2 高炮增雨防雹工作发展的历史和现状

2.1 人影工作发展简史

对于灾害性天气的防御,人们已进行了长期的斗争。早在一百多年前,我国云南、甘肃地区的广大劳动人民在生产实践中就开展了炮击雹云的防雹斗争;1891—1893 年间美国曾企图用大炮轰击,以引起降水;1903 年澳大利亚将氢气引入云中抬升气块造云致雨;1930 年荷兰人 Veraart 在过冷云上的云顶上 200 m 处,从飞机上撒下 1.5 t 干冰,结果下了小雨,但他本人未能正确解释这一重大发现;1938 年德国人 FindEisen 预见到把人工升华核引进过冷云中,能用来降雨和防雹;1946 年 Schaefer 发现干冰碎片在充满冷云的冷空气中能形成数以百万计的冰晶,此后多次野外试验证实了 FindEisen 的猜想,过冷云的确是可以被冰晶催化的。其实,1948 年 3 月在这种碰并机制的理论明确地形成以前,就有人在南非用氯化钙溶液播撒积云产生了降雨,同年美国有人用水撒播积云,有两块云也下了雨。用地面燃烧碘化银防雹是始于1951 年。总之,从 20 世纪 40 年代末到 50 年代初,以人工降雨为主的人工影响天气就进入了第二阶段。这个阶段的特点是:人工影响天气是以云雾降水物理学研究成果为基础,特别是以积云为对象的人工降雨试验,效果上既有成功,也有失败,但成功多于失败,试验规模愈来愈大。

我国开展人工影响天气工作几经起落,大体可分为三个不同时期:1958—1980 年为第一时期,处于外场作业规模不断扩大时期,同时结合作业对云降水微物理结构、冷云催化剂制备方法、播撒装置、暖云催化剂核化机理等开始进行研究;1981—1987年为第二时期,1980年底根据中央提出的"调整、改革、整顿、提高"方针,对人工影响天气工作提出了加强科学试验,大规模作业要慎重的调整意见。经过几年努力,无论在技术装备的引进和研制,还是在科学研究等方面都有了很大的改善和提高,同时缩减了作业次数和规模,减少了盲目性;1987年下半年开始进入第三时期,在认真总结前两个时期的成绩和经验教训的基础上,国家气象局为了使人工影响天气正常开展,对一些政策性的提法做了必要的调整,制定了"关于当前开展人工影响天气工作的原则意见"。从此我国人工影响天气工作逐步走上健康发展的道路。

2.2 高炮增雨防雹技术现状

现代人工降雨、防雹等影响天气的科研和野外试验工作已开展四十多年,但理论至今尚未成熟。由于实际需要很迫切,国内外都是一边试验研究,一边应用,两者往往结合在一起。据统计,世界上有62个国家不同规模的进行了人工影响天气试验,这些试验受到农林、水利和军事部门的支持。我国也有25个省(区、市)开展了人工影响天气的工作,其规模之大,参加人员之多,在生产上发挥的作用之大,是国外无法相比的。近年来,隆德县已经将火箭弹、人雨弹广泛应用于人工增雨和防雹催化作业。初步建成了人工影响天气现代技术体系,主要特点是以雷达、卫星、高空地面探测、中尺度云雨天气分析和云物理多项专用探测系统和通讯计算机网络等组成联网,通过中心处理机,以包括数值模拟等多项专家系统实施业务运行,可对云场和降水场增雨潜力进行实时预报,实时指挥作业,杜绝了盲目性、提高了科学性。

3 高炮增雨防雹工作的发展前景

隆德县的人工增雨实践已经走过了四十余年,取得了一些显著的成就,据有关部门测算,人工增雨作业的投入产出比大约为1:30,在些特定地区效益还会更大些。科学研究和作业实践都证明,人工增雨是缓解旱情、增加水资源的有效途径。随着全球气候的变暖和环境因素的影响,强对流天气的加剧,特别是干旱和冰雹等灾害性天气更加频繁。各行各业要求应用人工影响天气来进行防灾减灾越来越迫切,越来越受到各级人民政府的重视和支持,受到广大人民群众的欢迎。这为人工影响天气工作提供了良好的发展机遇,相信随着人类科学的进步,大自然的运行规律迟早会被人类所掌握,人工增雨防雹作业的前景是相当广阔,大有可为。

人工影响天气工作是一项复杂的系统工程,是一门综合性学科。我国是世界上人工影响天气活动规模最大的国家之一。党和政府高度重视人工增雨和防雹,作业规模逐年扩大,已基本形成一个覆盖全国关键地区的作业网络,国家一级的指导和协调显得非常重要。1994年10月制定的"全国人工影响天气协调会议"制度,将有利于加强对全国人工影响天气工作的指导,对出现的重大问题进行协调和解决。2002年3月19日,国务院颁布了《人工影响天气管理条例》,体现了党中央和国务院对人工影响天气工作的关心和支持,标志着我国人工影响天气工作步入了依法管理的轨道。在更高层次推动和促进我国人工影响天气工作持续健康的发展。

4 隆德县人工影响天气工作存在的几点问题

(1)加强基层的作业技术、指挥水平:人工防雹增雨作业涉及多学科、多部门、具有时间性强,专业性、安全性突出,技术要求高等特点。高炮作业对象以积云为主,不确定因素多,在短时间内必须完成多个技术研究环节,只有周密、细致、严格地组织,才能保证作业顺利进行。要完善建立县级调度指挥系统,要求在作业期间昼夜值班,随时接收雷达等资料信息,适时接受上级指令,对照本地各种特征指标,及时向上级反馈实况和意见;监测本地天气,订正作业时机和作业技术设计方案。作业后及时收集、整理防雹、降水及作业情况等全部资料,并及时完成效果评估。

(2)目前虽然已经建立了较为完善的"区、市、县"三级指挥系统,隆德县所有作业点也都已经完成标准化改造,2017年自治区人影中心还推广了CAPS人影作业指挥平台和作业用手机APP,但是基层一线作业人员由于年龄大、文化程度低,几乎不会使用,依然在坚持使用电话申请作业时间、电话汇报作业结果。

(3)近年来由于航空业水平大大提高,空中航线的密度和数量已经不可同日而语,导致空域的申请难,常常影响作业。即使申请到作业机会,但作业的窗口时间普遍仅有一分钟,经层层传达后已经所剩无几,严重影响作业效率。

(4)由于历史遗留问题,隆德县各人影作业点的作业人员平均年龄偏大,文化程度不高,待遇偏低,影响了人员积极性。

参考文献

[1] 中国气象局科技发展司.人工影响天气岗位培训教材[M].北京:气象出版社,2003.
[2] 中国气象局科技教育司.高炮人工防雹增雨作业业务规范(试行).2000.

新疆人影办安全处理报废弹药工作纪实

马官起　樊予江　冯诗杰

(新疆人工影响天气办公室,乌鲁木齐 830002)

摘　要　报废弹药销毁处理工作,安全技术性强、组织程序复杂、危险程度高,在参加人员最多、运输距离最远、工作任务最重、持续时间最长的处理报废弹药行动中,新疆维吾尔自治区气象局人影办报废弹药销毁领导小组审时度势,明确分工,责任到人,在新疆当前稳定形势严峻的情况下,严抓细抠每一个安全环节,高标准安全完成了处废任务。

关键词　报废弹药　安全处理

1　引言

11 月 11 日上午,随着装满报废弹药车辆安全抵达 3305 工厂并安全卸车后,参加此项工作的新疆维吾尔自治区人影办报废弹药销毁领导小组每一位成员悬着的心放了下来,一场连续 98 天高度紧张的弹药销毁工作终于画上圆满句号。

报废弹药销毁处理工作技术性强、组织程序复杂、危险程度高,在这场全新疆气象系统范围内报废历史上参加人员最多、运输距离最远、工作任务最重、持续时间最长的处理报废弹药行动中,新疆维吾尔自治区气象局人影办报废弹药销毁领导小组审时度势,明确分工,责任到人。在销毁的弹药中,很多是锈蚀弹和技术状况不明弹,特别是在新疆当前稳定形势严峻的情况下,领导小组严抓细抠每一个安全环节,高标准完成了此项任务,向各级党政交了一份合格答卷。

2　使命任务压倒一切

新疆是全国人工影响天气工作用弹大户,长期以来,由于各种人影弹药自身存在瞎火、发射不成功概率等原因,年长日久基层单位积压了大量报废人影弹药,这些报废弹药长期储存在基层弹药库,安全问题一直是地(州、市)县人影办领导及管理人员的一个心病。

时不我待,新疆气象局人影办立即行动,根据自治区人民政府及中国气象局对新疆维护社会稳定工作要求,在中国气象局新疆人影安全检查组检查的基础上,自治区人影办分 5 个检查小组分别赴南疆、北疆和东疆进行安全摸底检查,为进一步加强人工影响天气炮弹火箭弹的安全管理,防止报废炮弹火箭弹流失社会,有效防范因人影弹药涉危安全事件的发生,切实维护社会和谐稳定,保障人民群众生命财产安全。自治区人影办领导班子大胆决策,精心准备,迅速行动,多次邀请新疆业内专家及安全技术人员听取意见,并多次召开碰头会,对此次行动进行严查细抠、周密组织、合理调配,在企业的大力支持和配合下,此次行动不分地方与兵团,全办合力保障,在保证绝对安全的前提下,消除了多年来困扰基层人影单位的安全隐患难题。

3 精心筹划充分准备

根据办领导的重要安排,区人影办先后下发了(新人影发〔2013〕38 号)《关于上报报废炮弹火箭弹数量的通知》、(新人影发〔2013〕46 号)《新疆人影办关于销毁报废炮弹火箭弹的通知》,并分别向 4 个弹药生产工厂发出(新人影函〔2013〕10—13 号)《新疆人影办关于处理人影报废弹药的函》。工厂收到销毁函件后迅速做出反应。3305 工厂孙建东厂长高度重视除废工作,派出技安处李贵德处长、白惠君工程师到自治区人影办、南疆阿克苏地区人影办、北疆农七师人影办进行实地调研,了解情况。在调研工作的基础上,工厂编制了安全处理方案及时回函,并派气象物资处李昌明处长、白惠君工程师具体实施;中天火箭公司及时回函并指派老厂长席新胜到新疆具体承办;9394 厂指派工厂技术骨干王利林工程师就地销毁报废弹药;556 厂侯保通董事长表示,为了新疆社会稳定坚决支持处理人影报废弹药工作。

4 聚力借势科学组织

为了更好、更快、更安全地处理好这批报废弹药,自治区人影办成立了报废弹药销毁领导小组,并制定了详细的报废弹药安全销毁方案:组长由自治区气象局副局长、人影办主任瓦黑提·阿扎买提担任,晋绿生、廖飞佳、王心根、李昌明、侯保通、金卫平为副组长,各科科长、各地州市人影办主任及工厂技术人员为成员,委派国家级安全员、高级工程师、主任科员马官起同志具体承担组织实施。方案明确了报废弹药销毁领导小组的职责及报废弹药销毁方式(即采取就地炸毁、运回工厂销毁两种方式)。同时决定使用陕西中天公司、吉林 3305 厂具有全国通行证的防爆、防静电的封闭式弹药运输车辆运载;自治区人影办派一辆车保障护卫;特殊敏感地区的报废弹药运输采取租用新疆恒基公司专用民爆武装押运车辆运载,从而降低了危险系数,确保了运输安全。

5 严守规章狠抓细节

在收集运输报废弹药过程中,安排基层人影办严抠细抓,认真检查、妥善清理、短路连接、插固保险销、用原包装(填充)装箱;对于空中落地弹丸要求存放在清水中保存一段时间,并准备木屑、稻壳等填充物,由专业技术人员负责填充装箱装车拉运。精心部署报废弹药分散收集路线及集中地点。积极协调金太阳民爆仓库出人、出力、出车、出库房,存储、周转、卸装报废弹药,停泊载有危险级别较高的人影报废弹药车辆,在具体实施过程中不断调整修正完善处理方案,使每一个环节没有出现任何安全问题。

11 月 4 日,待南疆运输车辆达到乌鲁木齐金太阳民爆仓库后,经管理技术人员仔细在天山脚下开阔的戈壁滩选点,3 辆运弹车辆拉开安全距离,开始分流卸装各厂南北疆收集的报废弹药,5 个单位组成的 15 人的队伍,严格按照区局领导要求,精心组织,合理安排,小心翼翼,稳拿轻放,大家迎着六级寒风,高强度工作,仅用一天时间安全完成 5 个厂家报废弹药分装。

在此次处废过程中,技术人员高度负责,一丝不苟地工作,检查出一批可疑弹丸。由于过去部队军马场使用军用炮弹防雹作业,落地炮弹引信延时装置已经失效,但着发装置保险已经解脱,雷管直对击针,稍有震动就可能发生爆炸,运输安全隐患大。为此,果断拒装了军用可疑落地弹丸 9 枚。

6　精细谋划力保安全

如此大规模处理人影报废弹药在新疆开展人影工作以来尚属首次。自治区气象局、人影办领导对此高度重视,副局长、人影办主任瓦黑提·阿扎买提再三强调安全稳定,要确保处废工作万无一失;常务副主任晋绿生精心安排,密切关注,注重协调;兵团气象科技服务中心孔团结主任积极协调相关农业师气象局搞好配合;为赶到弹时间公安厅特行大队队长戚天新电话督办阿克苏地区治安大队办理喀什到阿克苏市运输报废弹药手续;在自备车辆装载空间容纳困难的情况下,市公安局枪爆科周科长接到自治区人影办应急请求,破例批准新疆恒基用民爆武装押运公司直接办理爆炸物品运输手续运输报废弹药;喀什、塔城地区人影办分别租用一辆专业武装押运民爆运输车运输。伊犁州气象局副局长、人影办主任解修产对处理报废弹药工作高度重视,积极配合;喀什地区人影办副主任阿布都西库尔·阿布都克里木连夜乘坐租用的民爆武装押运专用运输车辆押送到阿克苏市;阿克苏地区人影办沈焕琦常务副主任派出 2 辆车保障,带领地区安全技术人员全程陪同处理本区报废弹药;阿克苏乌什县人影办,把深埋多年的 11 个弹丸挖地 1.5 米取出上交处理;承办人员马官起同志不分上、下班和节假日电话嘱咐提醒基层单位管理人员上百次,以高度的事业心、责任感对每一枚引信瞎火弹丸、每一发炮弹、每一枚火箭弹逐个严格进行检查。

在此次处理报废弹药的行动中,全疆共有 14 个地(州、市)、63 个县、5 个农业师人影办,4 个弹药生产工厂,1 个民爆仓库参与此项工作。动用人员 246 人,车辆 55 辆,行程 39700 km。经过大家的共同努力,这次自治区人影办共安全处理自治区人影系统报废炮弹 1831 发,弹丸 161 枚,各型火箭弹 833 枚,炸毁火箭弹 77 枚;处理兵团人影系统炮弹 4014 发,弹丸 296 枚,弹壳 103 个和火箭弹 24 枚。累计完成 5845 发炮弹,457 枚弹丸,103 个弹壳和 934 枚火箭弹报废弹药处理工作。自治区人影办实实在在为新疆社会稳定做出了自己应有的贡献。

参考文献

[1] 李金明,雷彬,丁玉奎. 通用弹药销毁处理技术[M]. 北京:国防工业出版社,2012.

浅谈新疆人工影响天气安全管理新模式

范宏云

(新疆人工影响天气办公室,乌鲁木齐 830002)

摘　要　新疆人工影响天气工作经过五十多年的发展,取得了一定的成绩。但因作业规模大,需求广,作业和安全要求高,人影安全管理面临巨大压力。本文从当前人影工作存在的安全隐患、创新安全管理模式所采取的措施以及成功案例进行分析,就如何有效提升新疆人工影响天气安全发展能力进行了探讨,提出强化安全管理新思路,推动人工影响天气科学发展、安全发展。

关键词　人工影响天气　安全管理　新模式

1　引言

　　人工影响天气是一项复杂的系统工程,涉及到多学科、多部门、多行业的协同合作,需要发改委、财政、水利、气象、农业、林业、公安等多个部门密切配合[1],以及空军、民航等部门的大力支持。作业中涉及飞机、高炮、火箭、炮弹、火箭弹、烟条、焰弹、爆炸物品的安全存放及使用问题,存在着诸多安全隐患。随着新疆人工影响天气事业的迅速发展壮大,人员的不断增加,其作业量也在大幅度增加,作业范围日益扩大,带有杀伤力的人工增雨(雪)炮弹、火箭弹用量激剧增多,加之冬季飞机人工增雨(雪)作业规模逐年增加,人工影响天气安全管理的任务、责任和压力也越来越重。如何安全实施人工影响天气作业,做好人工影响天气安全生产管理工作,消除安全隐患,是人工影响天气事业发展的客观需要,是落实新疆社会稳定和长治久安总目标的现实要求,已成为迫切需要研究和解决的重大课题。

2　新疆人工影响天气工作概况

2.1　工作现状

2.1.1　规模领域不断拓宽

　　新疆人影工作始于 1959 年,是全国最早开展人工影响天气工作的省区之一。50 多年来,新疆人影作业装备规模、作业保护区域面积均居全国前列。逐步健全完善了"三级指挥、四级作业"全疆人工影响天气防灾减灾业务服务体系。全疆 15 个地(州、市)、86 个县(市)开展了人工增水和防雹作业工作。共设置人影作业点 1339 个,拥有人影雷达 26 部、"37"高炮 157 门、火箭发射系统 586 套、碘化银烟炉 210 套、通信终端 636 部,使用飞机 5 架。每年消耗人影作业炮弹 10 万余发、火箭弹 2 万余枚、烟条近 1 万根,从业人员 3200 人。

2.1.2　综合效益显著提升

　　形成了以飞机、火箭、高炮、烟炉等作业工具组成的立体联合作业格局,有效增补农业亟需水源、减轻农业旱灾损失。飞机人工增水作业已连续开展 39 年,自 2009 年每年启用两架飞机开展冬春季人工增雨雪作业,2016 年启用 5 架飞机,作业范围由北疆沿天山一带扩大到全疆主要山区,作业影响控制面积扩大到 34 万 km²。人影作业年增加降水约 9 亿~12 亿 t。每年 4—10 月全疆各地积极开展人工防雹作业,有效保护垦地面积 4 万 km²,减少冰雹灾害损失约 70%。

2.1.3 体制机制逐步健全

全疆基本建成了以各级政府领导,同级气象主管机构管理、实施和指导的管理体系。建立了议事协调制度,形成了上下联动,各方配合,齐抓共管的机制。成立了自治区人工影响天气工作领导小组,15 个地州设立了机构、落实了编制。颁布了《新疆维吾尔自治区人工影响天气管理条例》,制定了国家气象行业标准《增雨防雹火箭作业系统安全操作规范》和自治区地方标准《人工影响天气地面作业建设规范》,出台了一系列规章制度,为加强管理和监督推动人影事业发展营造了良好环境。

2.1.4 安全发展能力逐步增强

全面贯彻落实中华人民共和国《安全生产法》《气象条例》《人工影响天气管理条例》《新疆维吾尔自治区人工影响天气管理条例》等有关法律法规,树立安全发展理念,落实"安全第一、预防为主、综合治理"的方针,强化安全主体责任,严格安全生产操作规程,作业安全责任制全面建立,作业人员培训全覆盖,作业装备和弹药管理日趋规范,业务安全检查和监督力度不断加大,事故预防和应急处置能力不断增强,安全生产水平迈上新台阶。

2.2 安全隐患分析

2.2.1 安全主体责任需进一步强化

人工影响天气安全管理工作仍局限在气象部门,政府在人影安全工作方面主导的力度、深度、广度还远远不够,基层地方政府人影安全责任意识有待提高。区、地、县人影安全管理责任多未纳入地方政府目标考核。

2.2.2 安全监管体系建设亟需加强

人影安全监管工作由气象部门独家行使,多部门综合监管工作尚未开展。个别地县两级人影管理机构和编制设置落实不到位,人影专职安全管理人员不足,尤其是有的县级人影安全管理主要由气象职工兼职,为及时有效监管作业安全带来困难。

2.2.3 基层作业队伍不稳定

作业人员工资待遇整体较低,缺少劳动保障,造成人员流动性大、学历偏低、综合素质较低,给人影安全管理带来隐患。作业点人员配备人数不足,个别地方作业人员年龄偏大。各地普遍缺乏专业维修人员,专业技术力量薄弱。

目前对炮手、火箭手等基层作业人员的上岗培训要求较为严格,均实现了"先培训,后上岗"。但是对地、县级人影安全业务管理人员的培训还比较薄弱,缺乏专门的培训课程设计和内容安排,不利于基层人影安全管理工作开展和能力提升。

2.2.4 标准化作业点建设水平有待提高

部分标准化作业点建设不按规范建设弹药库、避雷装置,部分作业点缺建炮库,监控报警装置安装配备滞后,储弹柜配备个别单位不积极,标准化作业点总体布局存在重美化轻炮台建设的问题。

2.2.5 装备老化严重，调配不平衡

人影作业装备安全性能不高，作业装备日常管理中存在"重使用轻维护"现象。作业装备老化严重，安全可靠性降低，近三年以来，已报废火箭发射系统 402 套、高炮 42 门，装备更新换代较为迫切。

装备统筹调配不平衡，个别地区因前期人影工程项目建设而导致装备（包括车辆、火箭架）大量闲置，个别地区缺少装备的问题却较为突出。

2.2.6 基层人影弹药存储、运输和管理须进一步规范

部分作业点仍未建立安防设施；部分地区和县级人影弹药放置民爆仓库问题还没有解决；部分县、市将流动作业点擅自改为固定作业点使用，存储弹药库房简陋，存在安全隐患；部分地区存在有一定数量的过期弹和故障弹。

由于新疆公安、武装部等单位自身维稳压力大，所以一般不愿意参与人影弹药的储运管理，基层特别是县级人影部门的弹药存储存在一定困难，县级人影部门到作业点的弹药运输也存在一定安全隐患。

3 创新安全管理模式采取的措施及案例

3.1 完善人影法规制度

1998 年 7 月 13 日自治区颁布《新疆维吾尔自治区人工影响天气工作管理办法》，2012 年根据《人工影响天气管理条例》，重新修订了《新疆维吾尔自治区人工影响天气工作管理办法》，2013 年 1 月 18 日，自治区人民政府发布 185 号政府令，颁布了《新疆维吾尔自治区实施〈人工影响天气管理条例〉办法》[2]。各地先后出台了相应的地方法规，建立了一套行之有效的管理和操作规定、制度、技术方法，保证了人工影响天气工作的正常运行。

人影法规制度的日臻完善，加快了标准化体系的建设，随着严格、规范的作业装备、设施准入条件的确定，以及人工影响天气弹药、发射装置等装备、储运等强制性标准的落地，极大地推动了作业规范和操作规程完善的进程。

3.2 层层签定安全生产责任书

落实安全主管责任，人工影响天气工作领导小组与下一级人民政府签订人工影响天气安全生产责任书。自治区人工影响天气工作领导小组办公室与 15 个地（州、市）人民政府、自治区人影办与 15 个地（州、市）人影办、各地（州、市）人影办与各县级人民政府签订《人工影响天气安全责任书》，人影安全生产责任在管理制度上做到了层层落实。部分地区将人影工作部分内容纳入当地政府年度工作目标任务考核中。

3.3 建立安全生产检查长效机制

成立由区地两级人影部门组成的自治区级人工影响天气业务安全检查员队伍，并组织检查前的培训，开展交互检查。重点检查人影规章制度、安全责任书、作业空域申请、弹药出入库、弹药库房及作业点安全设施建设、作业信息和作业人员档案以及保险等方面内容，做出安

全评价,对发现的问题和隐患,给予限期整改、停止作业、吊销作业资格等处理。

3.4 实行"五个一票否决制"

凡不符合下述 5 个要求之一的部门将停止其作业资格:(1)在特殊时期、特殊区域实施地面人影对空射击作业的单位,必须报请当地公安部门同意,并由公安部门武装保卫的前提下方可实施作业;(2)各级人影弹药存储库房,必须报备当地公安部门。固定弹药库房监控必须与公安部门监控系统联网,确保人影弹药存储安全;(3)各级人影移动火箭作业车必须配备车载式弹药存储柜;(4)人影固定作业点安防设施必须到位,必须配备防爆器材、监控设备及一键报警装置;(5)标准化作业点弹药库必须配备弹药存储柜,作业点禁止存放过期弹药。

3.5 实施标准化作业点建设

标准化作业点建设严格按照《DB 65/T 3286—2000 人工影响天气地面作业点建设规范》等相关规范实施,自 2011 年以来,先后投资 1.1 亿元,共新建标准化作业点项目 215 个,其中作业基地 5 个,弹药库房 2 个,进一步规范了作业指挥、作业操作、装备和弹药存放、安防、应急等安全生产行为,改善人员生活安全生产条件,强化安全基础管理,消除安全隐患,提高保障能力,也为构建区、地、县、作业点信息共享平台奠定良好的基础。

3.6 坚持开展业务技术培训

长年坚持多途径、多渠道开展人影岗位技能、业务管理和技术培训,不断规范从业人员岗位操作行为,提升安全作业素质。自治区人影办组织各地州人影作业人员开展岗位培训,每年培训 200~400 人,同时各地县人影单位开展作业人员在岗复训工作,培训率达 100%;自 2008 年至今,连续十年坚持与高等院校联合开展地州管理人员业务培训,其中,在南京信息工程大学举办 9 期,在成都信息工程大学举办 1 期,培训学员 500 余人;近年来开展全疆工人技术等级培训 3 期,培训人员 400 人;编著出版《人工影响天气安全管理》《新疆人工影响天气技术与装备》《人工影响天气三七高炮实用教材》和《增雨防雹火箭作业系统实用教材》等实用教材,为保障安全作业提供技术支撑。

3.7 规范队伍管理,制定作业人员补助标准

为鼓励和保护人影作业人员在特殊环境条件下工作的积极性,根据中国气象局人事司《关于人工影响天气作业人员作业期间补助事宜的函》(气人函〔2017〕75 号)的文件精神,2017 年 8 月,制定出台《新疆维吾尔自治区人工影响天气作业人员作业期间补助标准》,对飞机作业人员和地面作业人员作业期间的补助标准和发放范围进行了明确。

3.8 研发人影装备及管理系统

自主研制多功能火箭发射系统、作业通讯终端、报警装置、静电泄放装置、弹药存储柜等作业装备,并推广应用于全疆人影业务,实施 19 门自动化高炮改造,推动人影装备更新换代;研发人影装备管理信息系统,加强装备信息化管理和物联网技术应用,标识人影作业火器二维码铭牌 636 个,推进人影装备向自动化、标准化、信息化和高安全性方向发展。

3.9 开展人影报废火器集中销毁工作

新疆人影作业规模属全国之首,随着各类作业装备数量的逐年上升,报废的火器数量也在增加,2015 年至 2017 年火器年审报废火箭装置 402 部,高炮 42 门。而人影火器报废后的销毁工作一直是人影安全管理中的一项空白,成为一项迫切需要解决的问题,也给人影安全工作带来了巨大的压力。为此,新疆维吾尔自治区人影办在全国率先对人影装备开展了集中销毁工作。具体案例如下:

2016 年 9 月 9 日,在乌苏市甘河子人影作业点,首次举行全疆人工影响天气火器销毁现场观摩会。全疆各地州市人影办和部分县气象局、人影办的负责人参加。火器集中销毁工作严格按照《新疆人影作业火器销毁办法》(暂行)、《新疆人影装备管理细则》和火器销毁流程及技术要求进行,成立了以各方负责人和专家为成员的领导小组,下设了安全监督组、销毁实施组。随着指挥员一声令下,工作人员在中国人民解放军 7324 工厂和自治区人影办专家的指导下,对报废的一门三七高炮和二部火箭发射系统各个部位实施拆解,并进行切割销毁,然后摆放到废料区。同时将所有报废装备向当地公安部门进行了报备。整个销毁过程有条不紊,迅速有效,取得了圆满成功。通过这次交流和现场观摩,对做好全疆今后人影装备安全管理工作起到了示范作用,填补了新疆人影火器退出工作机制的空白。

4 强化安全管理的思路

一是建立安全综合监管机制。落实中国气象局《人工影响天气安全管理行动计划(2016—2017 年)》,推行"政府主导、部门监管、责任落实"的新型安全管理体制机制[3],加快建立责任明确、操作规范、制度严格、措施到位的多部门联动安全生产监督管理体系。加强空域申请、弹药储运、转场交通、作业人员安全等重点环节的管理与监督检查。

二是完善安全管理法规。加快推进《新疆人工影响天气安全管理办法》等法规标准的出台,加快标准化体系建设,制定人工影响天气弹药、发射装置等装备、储运等强制性标准,确定严格、规范的作业装备、设施准入条件。完善作业规范和操作规程。

三是加强作业装备管理。强化人工影响天气弹药、装备质量检测,建立气象、军队、公安等紧密协作的管理机制,严格依法落实购销、储运等管理制度,严防弹药、装备流失。协调军队、县(市)人民武装部做好本地作业炮弹、火箭弹安全存储工作,不具备条件的地方要努力协调公安部门进行审批、验收和日常管理。

四是加强队伍建设。健全完善基层作业人员聘用、培训、管理制度,探索将基层作业人员编入民兵预备役部队统筹建设。建立基层作业人员激励机制,进一步探索津贴补贴和奖励有关办法。加强作业人员安全知识培训,为作业人员提供安全保险。

五是完善安全事故应急处置预案,制定事故处理指导意见,加强应急演练,提高事故应急处置能力。

5 小结

随着新疆人影事业的不断发展强大,尤其在当前落实新疆总目标社会稳定和长治久安的大环境下,人影事业的安全问题仍然至关重要,强化安全发展理念,创新安全管理模式,依然是推动地方经济发展、维护地方稳定的重要落脚点。

参考文献

[1] 马官起,廖飞佳,冯诗杰,等 . 人工影响天气安全管理[M]. 西安:西北工业大学出版社,2016:303.

[2] 樊予江 . 西北区域人工影响天气工作经验交流及学术研讨会论文集[C]. 2016:254.

[3] 中国气象局 . 人工影响天气安全管理行动计划(2016—2017 年). 2016:15.

阿克苏兵地人影联防协作体系建设初探

张继东

（新疆阿克苏地区人工影响天气办公室，阿克苏 843000）

摘　要　阿克苏与新疆生产建设兵团农业建设第一师地域相邻，地形地貌特征相似，气象灾害防御关联性强，为提升区域应对灾害性天气的应急防御能力，进行兵地联防式人影服务已势在必行。近年来，兵地双方进一步完善人工影响天气联防工作机制，在信息资源共享、提升监测预警能力、完善联防区作业点布局、交流合作等方面合力推进联防工作，对实现阿克苏兵地经济社会又好又快发展具有十分重要的现实意义。

关键词　阿克苏　兵地　人工影响天气　联防

1　引言

阿克苏位于新疆维吾尔自治区西南部，天山山脉中段南麓、塔里木盆地北缘，下辖 8 县 1 市，依托优越自然条件和大规模的开发建设，农业生产有了较大的发展，已成为国家重要的棉花生产基地和自治区的大农业生产基地。新疆生产建设兵团农业建设第一师（以下简称第一师）垦区，位于阿克苏地区境内，地跨阿克苏地区五县一市（温宿县、乌什县、阿瓦提县、柯坪县、沙雅县，阿克苏市），农业是第一师的优势产业，尤其是棉花生产在整个兵团经济中占有举足轻重的地位，年产棉花占全国兵团总量的四分之一，被列为国家长绒棉出口基地。

阿克苏与兵团第一师均地处冰雹多发地带，强对流天气多发频发。随着现代农业快速推进发展，农业种植规模化、标准化逐步提升，农业投入不断增加。与此同时，灾害性天气特别是冰雹灾害频发、重发，对该地区农业影响逐年加重，已成为制约地方和第一师农业现代化和农民持续增收的重要因素之一。鉴于阿克苏地方与第一师地域相邻，地形地貌特征相似，气象灾害防御关联性强，为进一步提升区域应对灾害性天气的应急防御能力，加强兵地双方人工影响天气作业的交流与合作，进行兵地联防式人影服务已势在必行。

2　兵地联防概况

阿克苏地区和第一师早在 20 世纪 80 年代就开始了以防御冰雹灾害为主的人工影响天气作业，经过不断完善和发展，已分别建立了以雷达监测、网络通信和高炮、火箭的人工影响天气防灾减灾体系。虽然在地域上交错分布，互相接壤，但由于地方和兵团在机构、管理体制不同等种种因素的影响下，实施人影作业时基本上仍处于各自为战的格局，双方防雹作业方案的设计主要遵循保护本区域农作物区为原则，防雹作业点布局和作业火力的配置也以本地冰雹路径、活动规律为依据，导致兵地冰雹防御不衔接，过量消耗弹药，冰雹灾害时有发生，整体防雹效益较差。虽然有时也实施过上下游的共同防雹作业，但由于缺乏统一协调和整体意识，在具体实施时还存在很多问题。

3 兵地人影联防体系的构建

3.1 建立健全工作机制,大力推进兵地之间交流合作

多年来,阿克苏地方政府和第一师一直在积极探索共同加快兵团和地方人影事业协调发展的人影作业体系。在阿克苏地区兵地融合发展大背景的有效促进下,双方进一步建立和完善了兵地人工影响天气联防工作机制,成立兵地联防指挥部和联合作业指挥中心,树立兵地一盘棋的思想,合力推进兵地现代人影建设,各相关单位本着资源共享、监测预警、联合防御的原则,形成统一协调、优势互补、共同发展的良好格局,协作合力推进兵地人影领域融合发展工作。

兵地联防指挥部主要任务是落实阿克苏地区农业领域兵地融合发展工作专项小组办公室工作任务,负责兵地人影总协调工作,调配联防经费,明确落实责任分工,及时召开联防工作会议共商共议,及时协调解决人影联防合作中的重大问题。

联合作业指挥中心主要职责包括:(1)负责联防区域内人工防雹天气预报预警;(2)制定联防区域内人工防雹作业指标;(3)负责联防区域内人工防雹作业指挥;(4)负责联防区域内人工防雹作业空域申请;(5)对人工防雹作业效果进行评估。

3.2 建立信息资源共享机制

构建兵地联防区信息传输网络。在阿克苏地区人影指挥中心与第一师人影办之间通过电信光纤数据专线建立了信息传输网络,利用网络、电话等加强兵地之间的信息交流,实现气象信息、雷达资料和作业指挥部署等方面进行互通和共享。

3.3 提升兵地人影监测、预报和预警能力

推进兵地人影天气雷达网的建设,将阿克苏地区 3 部天气雷达与第一师天气雷达的数据格式统一编译,统一应用组网。双方共享雷达探测资料,进一步提高兵地人影对灾害性天气的预报、预警能力,提高灾害性、关键性、局地性和突发性天气过程的监测预警水平。尤其是全疆新一代天气雷达拼图和 X 波段双偏振天气雷达的组网,将大大提高兵团一师对强对流性天气监测预警时效性,提高人影防雹监测预警能力。

目前,已实现阿克苏新一代天气雷达与 X 波段双偏振天气雷达与一师指挥中心的共享,第一师多普勒雷达和沙雅雷达加入组网共享工作正在进行中。

3.4 完善联防区作业点布局

为了提高防雹作业整体效果,必须打破行政区域界限,根据冰雹路径,优化联防区作业点布局,统一协调、合理规划作业区域,切实落实提前作业、早期催化、实施联防的技术路线,实现兵地区域人影防灾减灾的"双赢"效果。

目前,依据阿克苏兵地地域分布情况,建立西北、东北西南和东南 4 个联合防雹作业区。其中,根据冰雹天气的活动规律和重点农区分布将西南和东南联防区域作为兵地联防的重点区域。

为加强西南联防区中柯坪县与第一师沙井子垦区 1 团、2 团、3 团的联防作业,在沙井子垦

区雹云的上游启浪乡进行加强防御，新增 4 个流动作业点，以减轻下游防区的压力。同时 1 团、2 团、3 团充分发挥流动作业车优势，遇有强对流天气时跨区域流动作业，向西延伸到启浪乡境内实施防雹作业，实现了火力联网。

东南联防区主要包括阿瓦提县、阿克苏市与一师 6 团、7 团、8 团等。阿克苏市南部防区和阿瓦提防区地处一师 6 团、7 团、8 团冰雹路径的上游，对阿克苏市和阿瓦提县作业点布局和作业方式进行合理调控，在阿瓦提县英艾日克乡和丰收三场建立 1 个防雹作业基地，增加 8 个流动作业点，在加强本区域火力布局的同时，阿克苏市和阿瓦提县东部作业点在雹云将移出本防区时加强作业，并利用流动作业车进行跟踪作业，使下游各团场减轻压力，提高东南联防区人影作业的整体效益。

3.5 加强业务技术交流、科技项目合作

阿克苏地方与第一师重视科技创新驱动作用，就一些课题和项目开展合作，共同推进，联合攻关，继续提高兵地联防人影科技服务水平。

开展了阿克苏首届兵地人工影响天气业务竞赛活动。由地区八县一市及兵团第一师共组成 10 个代表队进行了笔试和实际操作考试，涵盖基础理论知识，相关法规、条例、规范、监测预警、火器操作、故障排除等内容。通过这次业务技能竞赛，极大提升了阿克苏地区人影作业人员业务技能水平和综合素质，进一步增强了兵地之间的交流与合作，促进兵地人工影响天气事业共同健康持续发展起到了积极的推动作用。

成立课题组开展阿克苏地区 2017 重点研究课题《兵地联合开展人工影响天气作业研究》及阿克苏地区气象局立项课题《阿克苏地区人影兵地联防协作体系建设》的研究工作。

积极召开阿克苏兵地融合发展推进会，在分析兵地气象与人影发展情况后，就天气预报预警、人影联防机制及安全生产等业务技术方面进行了详细讨论并达成共识。

4 结语

经过近些年的努力，阿克苏兵地人影事业在联合实施重大天气过程联合作业、协调作业安全等方面初步发挥了作用，促进了区域经济和社会协调发展，但由于联防区人影机制不完善，联防人影事业建设和运行经费投入没有得到很好协调和落实，仍然存在着以下困难和问题，严重制约着兵地人影现代化的发展步伐。

（1）气象灾害监测预警能力与经济社会发展的总体要求差距较大，天气雷达站网亟待升级改造，信息传输及处理能力不足等。

（2）灾害性天气预报预警准确率和精细化程度不高，人工影响天气服务能力亟需提高，兵地人影联防作业效果评估工作尚未开展，人影作业领域需进一步拓展。

（3）随着社会经济发展对人工影响天气作业需求更加迫切，兵地人工影响天气发展不平衡，人影业务服务队伍数量不足、专业人才缺乏，基础设施、职工工作生活条件亟待改善。

面对新形势、新机遇、新挑战，阿克苏兵地人影区域联防协作工作还需要不断健全联防长效机制，拓展协作领域，完善科学规范的业务管理机制，探索学习其他地区人工影响天气联防工作经验，不断提高阿克苏兵地气象防灾减灾水平，为社会经济发展保驾护航。

参考文献

[1] 魏勇,彭军,王存亮,等 . 石河子垦区人影联防体系的优化布局初探[J]. 沙漠与绿洲气象,2015(8):196-197.

[2] 张磊 . 阿克苏地区人影联防作业体系初探[J]. 沙漠与绿洲气象,2011(8):119-120.

[3] 马占成 . 奎玛两河流域的联合防雹作业体系[C]//新疆云物理及人工影响天气文集 . 北京:气象出版社,1999:127-130.

新疆石河子垦区人影联防体系建设及作业布局

王存亮　魏　勇　彭庆锋

（石河子气象局，石河子 832000）

摘　要　2011 年以来，在新疆生产建设兵团第八师石河子市政府的大力支持下，石河子人影办积极探索并不断推进垦区人影联防体系建设，加强奎玛流域各联防单位的沟通和联防作业；基本完成了垦区各团场标准化人影作业指挥基地的建设，完善了作业装备的更新、技术改造、经验总结、优化了石河子垦区人影联防体系建设和作业方式、布局；随着团场人影指挥基地的建成，石河子垦区基层人影联防指挥、后勤保障和作业能力得到显著提升；从而进一步提高了石河子垦区整体人影指挥能力和作业效益。

关键词　人影联防　合理布局　标准化基地建设

1　引言

　　新疆石河子垦区地处天山北麓中段，古尔班通古特大沙漠南缘，由南向北依次为天山山区、山前丘陵区、山前倾斜平原、洪水冲积平原、风成沙漠区，平均海拔高度 450.8 米。农业是新疆石河子垦区的基础产业。现有耕地面积 278 万亩，正播面积 230 万亩，机械化程度达 90% 以上。作物以棉花、小麦、玉米为主，同时番茄、蔬菜、瓜果、酿酒葡萄、花卉等特色作物种植蓬勃兴起。由于新疆石河子垦区的特殊的地理位置、地形和地貌特征，很容易产生不均匀的下垫面情况，促使大气不稳定度加大，十分有利于强对流天气形成、发展。强对流天气的发生伴有冰雹、雷暴、强降水、大风等灾害性天气，给当地的农、林、牧业生产和人民的生命财产安全带来很大的危害。随着石河子垦区的农、林、牧业的生产规模的不断增大和现代化水平的不断提高，以及人民生活质量的不断改善，强对流天气引发的灾害性天气对当地的影响日益加剧。石河子人影工作一直在不断地探索合理、有效的人影联防作业体系，以减少冰雹等灾害性天气对垦区的影响。

2　八师石河子人影组织机构情况

　　八师石河子市人工影响天气办公室成立于 1978 年，人影办（含雷达站）设事业编制九名，隶属于八师石河子市正科级事业单位。1998 年，根据《事业单位登记管理条例》登记为独立事业法人单位。八师石河子市人工影响天气工作及业务管理由八师石河子气象局负责，编制、经费由八师石河子市核定，纳入地方财政常规预算，为师市和石河子气象局双重管理的事业单位。八师石河子人影办为垦区人影职能管理机构，负责师市人影业务管理、安全管理、人影装备维修维护、弹药储备调拨、人影业务培训及垦区防雹增水作业指挥等。同时还承担着奎玛流域联防指挥中心办公室的工作，负责奎玛流域人影业务常规管理及空域申请管理等。

　　石河子垦区现有 13 个团场开展人影防雹增水工作，各团场设有人影办，具体业务由团场人武部负责管理。全垦区从事人影作业及管理的人员 300 余人均为团场预备役民兵。固定火箭作业点 10 个、流动火箭作业车 115 辆、新一代多普勒天气雷达一部、全固态双偏振天气雷达一部,四要素以上自动气象站 35 个,达到 15 km×15 km 的网格;已形成监测手段先进、功能完善、火力密集的人影指挥及联防作业体系,并在垦区防雹减灾中发挥着重要作用。

3 建立奎玛流域人影联防交流与协作机制

奎玛流域联合防雹体系开始于 1984 年,是在新疆维吾尔自治区人影办、兵团人影办统一协调组织下,实行跨区域、多部门人影联防作业的社会公益性防雹减灾联合体系,目前开展联防作业的单位有地方二县二市和兵团三个师。地方二县二市:沙湾县、玛纳斯县、乌苏市和克拉玛依市;兵团三个师:第六师、第七师、第八师(石河子)。奎玛流域联防指挥中心办公室设在第八师石河子市人影办,联防空域是按 20 个小区域进行划分。联防办公室主要负责奎玛流域统一申请空域,实现雷达、天气预报等资料信息的共享。目前兵地四部新一代天气雷达已覆盖整个奎玛流域联防区,并实现了雷达资料的联网实时共享;每年定期组织召开奎玛流域人影联防协调会,对联防区人影作业进行宏观协调指挥,上下游单位密切配合加强联防,积极应对强对流冰雹天气,以达到共赢,促进兵地人影事业融合发展。

4 加强流动火箭作业能力建设,提高作业机动性

石河子垦区人工影响天气工作始于 1978 年。近 40 年的历程,作业工具经历了从三七高炮、固定火箭到流动火箭发射系统的逐步改进,作业规模不断扩大,作业能力显著提升。2011 年,第八师石河子市政府提出了逐步淘汰三七高炮采用流动火箭车进行防雹作业的理念,计划用 2~3 年的时间停止并淘汰全垦区的作业高炮,取消固定作业点,将所有固定火箭车载化,由固定点守候式被动防雹向流动火箭车主动向前沿一线出击提前作业的方式转变,以增强防雹作业的主动性和机动性。市政府逐年加大投入增加流动火箭作业车的数量。

5 合理布局,实施联防,提升垦区整体防雹效益

根据历年雷达资料统计分析,影响石河子垦区的冰雹天气路径主要有 4 条。依据冰雹路径分析,将石河子垦区 121 团、133 团、134 团、136 团、142 团、143 团和 150 团 7 个团场确定为垦区防雹前沿一线团场。联防作业布局原则:重点加强上游、巩固中游、保护中下游防区,作业方式以流动火箭车作业为主。根据冰雹天气发展路径布设三道防线。第一道防线位于农田保护区天气上游 10~20 km 范围,由上游区域前沿一线团场火箭车组成,对尚未进入农田保护区的对流云实施早期催化,提前产生降水,达到减弱或抑制雹云发展的目的。第二道防线布设在位于冰雹云移动路径中上游地区的团场,实行流动火箭联合作业,通过强大的作业火力,努力消灭进入农田保护区的冰雹云或尽可能减轻冰雹灾害。在位于冰雹云移动路径中下游的团场再布设第三道防线,对尚未完全减弱的冰雹云或新生冰雹云实施补充作业,以进一步提高防雹效果。

按照雹云的移动路径和重点农业区保护区域,打破团场行政界线,在石河子整个区域内实现统一指挥、联防作业。加强流动火箭作业,根据雷达监测信息,前沿团场作业车辆提前向上

游出击,改变了以往固定点等待被动式作业的防雹方式。一是统一规划、统一布局、统一指挥,提高了整体防御能力,有效减轻了冰雹灾害损失;二是进行整体防御,特别是天气上游团场火箭车作业点前移,实施提前作业、早期催化,有效抑制了雹云的快速发展,减轻了下游区域作业压力和减少了作业用弹量,从而提升了石河子垦区人影联防的整体效益。

6 政府支持,联防装备水平和作业能力显著提升

121团、133团、134团、136团、142团、143团和150团,前沿一线7个团场承担着石河子垦区天气上游的联防重任,师市政府在政策、联防资金方面给予重点支持。2011年起,政府每年投入专项资金为一线团场购置联防作业车辆、火箭发射架和通信电台等联防装备,并免费调拨配发联防作业火箭弹。由于政府重视和支持,前沿一线团场联防作业能力不断提高,作业的积极性和主动性显著提升,下游团场冰雹灾害和作业用弹量明显减少,防雹作业压力得到有效缓解。据初步统计,2010—2017年第八师石河子市政府累计投入人影联防专项资金4415万元,新建全固态双偏振雷达1部,为前沿团场购置配发作业皮卡车65辆、封闭箱式弹药运输车6辆、火箭发射架78具、车载电台65套、车载弹药保险箱85套、调拨配发联防作业火箭弹9794枚;石河子垦区联防体系建设不断完善,装备水平和作业能力上了一个新台阶。

7 实施标准化基地建设,提高人影联防作业保障能力

2011年起,石河子垦区开始逐年撤销固定作业点、淘汰三七高炮,防雹作业采用车载火箭流动作业的方式。为了稳定作业队伍,改善作业人员的工作、生活和学习环境,2012年,我们提出了以团场为中心建立人影作业指挥基地的思路和想法,得到了新疆维吾尔自治区人影办的大力支持和资金投入。在团场人武部(人影办)原有基础设施条件下进行改扩建,2013年垦区第一个人影标准化基地在149团落成,配套完成的基础设施建设有:弹药库、员工宿舍、指挥室、会议室、食堂餐厅、车库、防雷装置、视频监控、弹药存储柜和相应的体育娱乐设施等。防雹期内,作业人员的工作、学习、训练、生活和居住均在基地,并实行军事化管理。有天气过程时,石河子人影指挥中心提前下达指令,由各团场基地指挥室统一调度作业车辆提前赶赴联防作业区域等候作业。标准化人影作业指挥基地的建成,极大地改善了一线作业人员的工作生活环境,提高了人影联防作业保障能力。

8 联防体系建设不断完善

石河子垦区人影联防体系建设实行中心加基地的管理模式,即八师石河子人影办成立人影指挥中心,13个基层团场建成人影标准化作业指挥基地。随着2013年149团人影标准化基地的落成,近几年在新疆维吾尔自治区人影办、兵团气象局及八师石河子市政府的大力支持下,目前已完成了11个团场的标准化基地建设。2017年,121团依托人武部民兵训练基地建设项目已启动了人影标准化基地建设工作。

至此,石河子垦区目前已彻底淘汰了三七高炮,作业全部采用流动火箭车,基本完成了每个团场建成人影标准化作业指挥基地的奋斗目标。垦区人影联防体系建设不断完善,作业能力明显提升,防雹减灾效益显著,得到地方政府的充分肯定和大力支持。

9 结语

2011 年以来,在第八师石河子市党委政府、新疆维吾尔自治区人影办和兵团气象局的大力支持下,石河子垦区人影联防体系已完成市人影指挥中心业务平台建设,基本完成了 13 个团场人影作业指挥标准化基地建设,各团场作业装备得到了更新,目前全垦区流动火箭作业车已达 115 辆。随着 X 波段双偏振多普勒雷达的不断应用,将进一步提高奎玛人影联防区对对流性天气监测预警时效性和人影防雹的作业效果;同时随着各团场人影标准化指挥基地的建成和完善,石河子垦区人影联防作业、指挥和后勤保障能力将进一步得到加强;联防体系建设将更加趋于完善。

第五部分　人影相关技术及应用

物联网技术在陕西人影作业弹药全程监控中的应用

左爱文　刘映宁　何　军　田　显

（陕西省人工影响天气办公室，西安 710014）

摘　要　将物联网技术应用到人工影响天气作业弹药的全程监控中，弹药出厂时植入无源 RFID 电子标签进行唯一身份识别，利用相应的识别和控制系统，实现对弹药从生产、运输到消耗的自动识别、跟踪定位和管理，并通过 GPS、互联网、无线通信等方式进行信息上传至信息管理系统，实现弹药的全程跟踪管理，提高了弹药的信息化管理水平。

关键词　物联网技术　作业弹药　监控　应用

1　引言

物联网（Internet of Things）技术被称为继计算机、互联网之后世界信息产业第三次浪潮。

国内外普遍公认的是 MIT Auto-ID 中心 Ashton 教授 1999 年在研究 RFID 时最早提出来的，它是建立在"互联网概念"的基础上，将用户端延伸和扩展到任何物品与物品之间，进行信息交换和通信的一种网络概念。它的定义是：通过射频识别（radio frequency identification，RFID）、红外感应器、全球定位系统、激光扫描器等信息传感设备，按约定的协议，把任何物品通过物联网域名相连接，进行信息交换和通信，以实现智能化识别、定位、跟踪、监控和管理的一种网络概念。通俗地讲，物联网就是把所有物品通过信息传感设备与互联网连接起来，进行信息交换，即物物相连，以实现智能化识别和管理。

一般而言，可以将物联网从技术架构上来分为三层：感知层、网络层和应用层。感知层由各种传感器以及传感器网关构成，感知层是物联网识别物体、采集信息的来源，其主要功能是识别物体、采集信息；网络层由各种私有网络、互联网、有线和无线通信网、网络管理系统和云计算平台等组成，负责传递和处理感知层获取的信息；应用层是物联网和用户的接口，它与行业需求相结合，实现物联网的智能应用。

自从物联网问世以来，发展迅猛，已广泛应用到智能工业、智能农业、智能物流、智能交通、智能电网、智能环保、智能安防、智能医疗、智能家居等各个领域，近年更是渗透到移动支付、共享单车和汽车、网购、快递配送等生活的方方面面；物联网在气象自动站数据的采集、气象装备的监测等方面得到很好地使用。

2　陕西人影作业弹药全程监控的组成、流程及主要设备功能

陕西十年九旱，冰雹灾害频发，人工影响天气在开发空中水资源、防灾减灾中发挥重要作用，随着人工影响天气工作的业务化发展和社会需求越来越旺盛，作业规模和装备使用频次、弹药使用数量不断增加，对人影作业装备特别是作业弹药的安全使用已成为各级人影部门安全管理工作的重中之重。但人影弹药在运输、存储、使用等各环节中没有有效监测手段，不能

进行实时跟踪监测和管理,已发生炮弹丢失现象,存在较多安全隐患,急需建立自动化、智能化管理系统对人影作业装备和弹药进行动态跟踪管理。陕西省人影办联合陕西中天火箭技术有限公司确定了"弹药物联、装备物联、信息物联"的陕西人影物联网发展方向,开发了基于物联网技术的陕西省人影作业弹药全程监控系统,将物联网技术应用到人影装备和弹药管理中,实现对弹药从生产到消耗的全流程跟踪,实现弹药质量和有效期的自动化监控告警等,同时实现弹药发射信息实时采集和传输上报功能。

2.1 系统组成

陕西省人影作业弹药全程监控系统建立在物联网基础上,由感知层、网络层和应用层组成,应用层又分为数据层和服务层。

感知层是人影装备安全管理、弹药的基础,人影装备和弹药出厂时植入无源 RFID 电子标签,对人影装备和弹药存储、运输和使用过程中的进行识别、定位跟踪和数据采集;网络层利用各种通信手段将采集的信息上传汇总;数据层是管理系统的核心,建立合理统一的数据库,为系统的拓展和良好运行提供保障,服务层是直接面对用户的部分,也是用户和物联网应用的接口部分,系统界面友好功能齐全,才能用户使用方便流畅,达到良好应用效果。

2.2 系统流程

陕西省人影作业弹药全流程管理系统实现对每一枚弹药从生产到消耗的全流程跟踪监控和管理,实现弹药质量和有效期的自动化监控告警等功能。同时,实现弹药发射信息实时采集、传输上报功能。主要流程包括:

(1)出厂环节:生产厂家生产带有无源 RFID 电子标签标识的弹药,该标签按照中国气象局弹药编码规范编制,作为该弹药唯一的身份标识。

(2)验收环节:有气象物资管理部门对厂家生产的弹药进行合格验收,利用电子标签扫描及感应技术,实现对验收合格弹药信息进行采集和保存。

(3)采购验真、仓储环节:通过扫描电子标签采集到弹药信息,对弹药是否为合格品与物资管理部门合格弹药信息库数据进行验证,通过验真的弹药入库。

(4)出库和转运环节:通过电子标签扫描感应、车载定位及通信传输手段,实现对弹药出库和转运环节跟踪管理。

(5)发射(作业)信息采集环节:通过电子标签扫描感应、通信传输手段来实现对弹药消耗和作业信息的采集、传输上报。

2.3 系统主要设备及功能

2.3.1 省、市、县级弹药信息出入库采集系统

安装库房管理控制系统,系统包括 RFID 读写器、GPRS、拍照系统,设置弹药扫描区域,在库房入口的地方安装读写器,使弹药在出入库房门的过程中进入扫描区域时,自动采集上传弹药信息,自动分辨出入库行为,最大识别弹药数量 40 枚/次(8 枚),最大库存量 5000 枚(200枚),实时显示弹药出入库数量,智能化扫描弹药,无需人为干预,具有速度快、准确率高。市县级系统开关机和库房门联动。操作过程中,系统将操作人员的信息自动扫描并上传,确保弹药安全责任落实到人。

2.3.2 弹药运输信息跟踪系统

弹药运输车辆上安装运输跟踪系统，包括 GPS、GPRS 以及读写器，GPS 记录车辆行驶路线并通过 GPRS 实时上传，车辆停止时，启动读写器扫描是否有弹药离开车厢，若有弹药离开车厢，识别离开车厢弹药的信息并记录车辆位置，上传弹药信息。运输跟踪系统完成对运输车辆的跟踪和监管，查看装卸弹记录，并实时上传车辆的 GPS 轨迹，上传信息还包含弹药交接人员信息，确保弹药交接的时间、位置和人员信息完整。

2.3.3 作业点数字化人影弹药发射系统

在作业点配备手持式 RFID 标签扫描装备进行出入库扫描并上传弹药信息，购买自动化作业装备或改装作业装备，在弹药发射架上安装弹药点火控制及数字化弹药信息采集系统，控制弹药点火发射的同时，通过 RFID 识别器自动识别发射弹药的电子信息，以及通过电子罗盘、GPS 等自动调整采集弹药发射时俯仰方位角、发射点经纬度坐标、发射时间及发射弹药的电子信息，并通过 GPRS 实时上报作业信息。该系统不仅完成了弹药最后过程跟踪，而且为人影作业指挥和效果评估积累数据。

2.3.4 信息管理软件系统

信息采集上传后，利用信息管理软件和通信系统将实时采集的弹药信息进行分析处理，通过 GIS 地图准确反映省、市、县作业弹药的状态分布信息，包括省、市、县各自的弹药库存量、已使用、报废等各种信息，对弹药从生产到消耗的全过程信息进行跟踪和监控管理，实现弹药从生产、运输到消耗全过程的信息的实时收集和传输上报，按照需求可形成各类报表，为作业预警和作业指挥人员提供决策信息；实时盘点弹药状态，当弹药接近报废日期时，报警提示管理人员先行使用即将过期弹药，以免造成弹药浪费。

3 物联网技术在陕西人影作业弹药全程监控中的应用

通过与陕西中天火箭技术股份有限公司合作，将物联网技术应用到人影作业弹药和装备管理中，建设了陕西省人影作业弹药全程监控系统，利用无源 RFID 射频识别、GPS、GIS、移动互联网和自动控制等是技术，实现快速、近距离对弹药安全准确识别，为每一枚弹药进行唯一身份标识，解决了弹药从生产、验收、运输、储存、作业消耗等环节的全程自动跟踪监控，可自动采集作业信息并上传，各级业务单位之间可分级分权限查看装备、弹药和人员信息，动态监控弹药的出入库、运输、消耗等信息，通过系统的使用，库房管理人员可以根据需求提前做好火箭弹的储备工作，建立弹药从出厂、运输到消耗的规范流程和管理制度，方便对弹药的调度，提高了弹药的规范管理和使用效率。系统的应用实现了人影作业装备、弹药和人员的全程、规范化、自动化、实时监控与管理，提高了人影弹药管理和服务效益，为人影安全作业和科学作业提供技术支撑，提高了人影业务现代化水平。

通过物联网技术和弹药全程监控的结合，弹药从出厂、转运、存储以及消耗等过程的信息采集基本实现了自动化，避免了人为因素的干扰，确保弹药信息的准确性，实现了弹药运输和存储的安全性，提高了对弹药安全的监管能力。

4 结语

物联网技术作为新一代信息通信技术，已成为新一轮科技革命和产业变革的核心，在诸多领域快速渗透,物联网技术在人工影响天气作业装备、物资管理等方面的应用是科技发展的必然趋势,要充分吸收和引进行业内外成熟技术,规范人影作业装备和弹药统一标识技术,提高设备的识别能力,对采集的数据进行评估分析,优化系统功能和软件性能,增强作业装备和弹药的保密性,在实现弹药全程监控管理的基础上,逐步建设增雨飞机和地面作业信息的自动采集系统,建立基于传感器技术、GIS、远程通信、移动互联和智能识别等多种技术融合的人影物联网综合应用,实现"弹药物联、装备物联、信息物联",向着"智能化、科学化、安全化、标准化"迈进,需要在物联网技术应用的过程中不断地提高和完善。

参考文献

[1] 高常水,许正中,王忠. 我国物联网技术与产业发展研究[J]. 中国科学基金,2012,26(4):205-209. [2017-08-25]. DOI:10.16262/j. cnki. 1000-8217. 2012.04.005.

[2] 李建邦,周述学,李爱华,袁野. 物联网在安徽省人工影响天气业务中的应用[J]. 气象科技,2014,42(06):1143-1146.

[3] 刘国强. 物联网技术在贵州人工影响天气中的应用[J]. 科技创新导报,2012(31):254-255. [2017-08-25]. DOI:10.16660/j. cnki. 1674-098x. 2012. 31009.

边界层高度时间演变及尘卷风对总沙尘量的贡献

罗　汉[1]　韩永翔[1*]　李岩瑛[2]

(1. 南京信息工程大学气象灾害预报预警与评估协同创新中心,中国气象局气溶胶-云-降水
重点开放实验室,南京 210044;2. 甘肃省武威市气象局,武威 733000)

摘　要　本文采用干绝热曲线法,计算了敦煌地区每日最大对流边界层高度(CBL$_{max}$)并分析了可能的影响因子,在此基础上计算出尘卷风对大气年沙尘气溶胶的贡献。结果表明:CBL$_{max}$具有非常显著的年变化特征,呈单峰分布,12月最低,5月最高,年平均高度为 2.2 km,极端时出现接近 6 km。热力因素对 CBL$_{max}$的贡献具有决定性,云量的多寡可影响 CBL$_{max}$的变化,尘卷风的起沙量对大气年均沙尘气溶胶总量的贡献至少在 54.4% 以上。

关键词　对流边界层高度　尘卷风　起沙量　贡献率

　　沙尘气溶胶是对流层大气气溶胶的重要组成成分,约占全球自然气溶胶总量的三分之一[1]。它通过起沙—传输—沉降成为了全球气候变化的关键影响因素之一[2-5]。沙尘暴和扬沙被认为是沙尘气溶胶的最主要来源[6],但是卫星观测的沙尘气溶胶含量的时间变化与沙尘暴发生的时间并不完全匹配[7],研究认为存在尘卷风的起沙机制,其在供给大气沙尘气溶胶的总量上可能扮演着重要的角色[8]. 尘卷风是一种旋转上升的对流涡,能够卷起并携带地面沙尘上升到对流层中上部,沙尘羽是没有形成标准涡旋的尘卷风,本文将尘卷风和沙尘羽统称为尘卷风. 研究表明,尘卷风贡献了大约35%的全球沙尘气溶胶[9-10],在中国塔克拉玛干沙漠中其贡献达到了53%[11]。

　　Rennó 等将尘卷风看作一个热力发动机,提出了其热力学理论[12],尘卷风的强度取决于其热力学效率,而热力学效率与地表温度和对流边界层高度关系密切. 利用尘卷风的热力学理论计算公式[10]得到塔克拉玛干沙漠的尘卷风起沙量[11],但其计算的对流边界层高度是平均值,缺乏年际间的变化,同时对其他影响对流边界层高度的因子如云量、降水等没有考虑,日照长度并不是实际日照时数,因此,对尘卷风起沙量的计算带来较大的误差。

　　本文利用干绝热曲线法准确地计算出敦煌地区 2006—2015 年共 10a 的 CBL$_{max}$资料,在此基础上,结合地面观测资料计算出尘卷风的起沙量,这对我们评估尘卷风在气候变化中所扮演的角色具有重要意义。

1　研究区域和研究方法

1.1　研究区域与资料来源

　　敦煌地区总面积为 3.12 万 km^2,地处东经 94°41′,北纬 40°09′,海拔 1140 m,位于中国西北干旱区腹地。该区的地理景观为沙漠和戈壁,大部分地方植被覆盖不足 10%,日照充足,干旱少雨,年降水量在 40 mm 左右,而蒸发潜力高达 3400 mm,是沙尘暴和尘卷风的多发区之一。2006—2015 年地面资料、探空资料以及扬沙、沙尘暴等数据来自敦煌国家基准站,气溶胶

指数来自 http：//www.nasa.gov/。

1.2 计算 CBL_max

干绝热曲线法又称 $t\text{-}\ln p$ 图法，能够较为准确地计算出 CBL_{max}[13-14]，其适用于有探空资料的地区[15]，本文通过 2006—2015 年 10a 每日 08：00 的探空资料，利用 $t\text{-}\ln p$ 图法计算得到 CBL_{max}。具体计算方法见文献[15]。

1.3 计算尘卷风的起沙量

Rennó 等提出了尘卷风的热力学理论[12]，尘卷风的强度取决于热力学效率 η[10]，计算式为：

$$\eta = \Gamma_{ad} Z_{CBL} / T_h \tag{1}$$

式中：Z_{CBL} 为每日平均对流边界层高度，单位为 m；T_h 为地表气温，单位为 K；Γ_{ad} 为绝热递减率（$\Gamma_{ad} = 10$ K/km）。尘卷风的覆盖区域面积比为 σ，计算式为：

$$\sigma \approx (\mu/\eta)^{1/2} (\Delta p / g T_R \rho_{air})^{3/2} (F_{in}/\rho_{air})^{-1/2} \tag{2}$$

式中：无量纲机械能摩擦损耗系数 $\mu \approx 12 \sim 24$；地面到对流边界层顶的压强差 $\Delta p = g \rho_{air} Z_{CBL}$；空气密度 $\rho_{air} = 1$ kg/m³；重力加速度 $g = 9.8$ g/m²；驱动尘卷风的热量通量 $F_{in} \approx 11 \pm 5$ kW/m²；对流边界层有效太阳辐射时间尺度 $T_R \approx 9 \times 10^5$ s[10]。尘卷风总起沙量 DAE_{tot} 的计算式为：

$$DAE_{tot} = D_{time} \times S \times \sigma \times F_d \tag{3}$$

式中：F_d 为尘卷风的起沙通量，单位为 g/m²s；D_{time} 为日照时长，单位为 s；S 为能够容易扬起松散颗粒物进入大气的土壤面积或区域[16-18]，单位为 m²。

2 研究结果

2.1 CBL_max的变化

利用 $t\text{-}\ln p$ 图法计算的 2006—2015 年 10a 的 CBL_{max}（图 1）显示，其呈现出非常显著的年变化特征，在年内呈现峰谷交替，12 月到次年 1 月份为波谷，5 月左右到达波峰。年平均 CBL_{max} 变化虽然不大（10a 平均 2200 m），但 10a 总趋势缓慢降低，平均逐年降低 0.01 km。

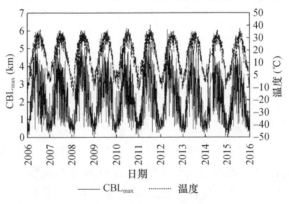

图 1　CBL_{max} 和 14：00 温度变化

每月平均的 CBL_{max} 变化(图 2)显示其呈现出单峰分布,从 1 月的 700 m 迅速增加到 5 月的 3500 m 左右,达到峰值,然后缓慢降低,12 月到达最低值 600 m 左右。10 年中 CBL_{max} 出现 3500 m 以上的天数达到 770 d,极端时甚至出现接近 6000 m 高度,这与其他沙漠地区短期加密观测的结果一致[19],出现 3500 m 以上深厚的对流边界层的原因可能与北半球剧烈的太阳辐射等气候背景和极端干燥的地表环境有关[20]。

2.2 CBL_{max} 高度与气象要素的关系

2.2.1 CBL_{max} 与 14:00 的温度和 14:00 风速的关系

地表强烈加热引起的热力不稳定以及热力湍流是影响大气边界层高度和对流边界层形成的主要热力原因[21],风速则是其动力因素。热力不稳定以及热力湍流同大气温度密切相关,敦煌地区的 CBL_{max} 在 14:00 最大,因此,选用 14:00 的温度和 14:00 风速对 CBL_{max} 的影响进行研究。2006—2015 年 CBL_{max} 和 14:00 的气温曲线(图 2)显示 CBL_{max} 与 14:00 温度具有高度的相关性,相关系数达到 0.73,通过了 99.999% 置信度检验,这说明温度对 CBL_{max} 的贡献具有决定性。但是它们峰值出现的时间有所不同,CBL_{max} 提前温度 2 个月到达峰值(图 2)。同时,图 2 显示风速在 4 月达到年中最大,早于 CBL_{max} 峰值 1 个月,暗示了 CBL_{max} 同时受到温度和风速的共同影响。

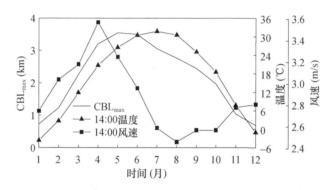

图 2 CBL_{max} 与 14:00 时温度和风速的月平均变化

2.2.2 CBL_{max} 与日均云量的关系

敦煌地区年平均降水量仅为 40 mm 左右,降水过程虽然对 CBL_{max} 高度有影响,但太少的降水不足以影响总的趋势,而日均云量的多少可以影响地面所接受的太阳辐射而影响湍流的发展,进而影响 CBL_{max} 的发展。

本文将 2006—2015 年晴天、多云和阴天的 CBL_{max} 进行对比(图 3),结果发现晴天、多云和阴天的 CBL_{max} 变化趋势基本一致,但是晴天 CBL_{max} 高于多云天,而多云天也明显高于阴天。晴天和多云天 6 月的 CBL_{max} 为年中最高,而阴天 5 月最高,说明阴天可能也是影响 CBL_{max} 提前温度到达年内峰值的因素。将晴天与阴天的 CBL_{max} 进行对比,其中夏季 8 月高度差最大,大于 1400 m,阴天高度减少率为 43.8%;9 月的阴天高度相比晴天少了 1300 m,高度减少率为年内最高 47.1%;冬季 12 月高度差最小,其值小于 100 m,阴天高度减少率为年内最低为 2%;阴天相对晴天 CBL_{max} 高度平均减少率为 27.1%。热力因素如温度在干旱区是影响湍流强弱最主要的因素,地表接受的太阳辐射晴天最多、多云天次之,而阴天最少,所以晴天 CBL_{max} 高度高于多云天,而多云天高于阴天。因此,云量的多寡可影响 CBL_{max} 的变化。

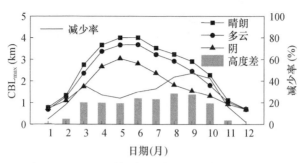

图 3　2006—2015 年晴天、多云和阴天 CBL_{max} 对比

2.3　估算尘卷风的起沙量

根据敦煌探空气球进行的边界层高度的短期加密观测，日内对流边界层高度的变化先增加后减小，基本呈现出正态分布，日落后其高度虽有降低，但不会降低至 0 m，而是转为边界层剩余层，高度约占 CBL_{max} 的 38.6%[22]，因此每日平均的对流边界层高度与 CBL_{max} 之间的关系为：日平均对流边界层高度＝CBL_{max}×61.4%。将地表气温、每日平均对流边界层高度代入公式(1)、式(2)，可分别获得热力学效率 η 与尘卷风的覆盖区域面积比 σ。敦煌地区的总面积为 3.12 万 km^2，能够容易扬起松散颗粒物进入大气的土壤面积或区域 S 为 $1.97×10^{10}$ m^2[23]。尘卷风和沙尘羽的起沙通量 F_d 分别为 $(0.7±0.3)$ $g/m^2 \cdot s$ 和 $(0.1±0.03)$ $g/m^2 \cdot s$，并都可利用公式(3)计算各自起沙[10]，由于沙尘羽是尘卷风的一种特殊形态，但起沙通量有较大差异，因此，本文分开计算两者的起沙量，但在讨论中合并两者的起沙量并统称为尘卷风的起沙量。D_{time} 取每日地面观测资料中的实际日照时间，将 η、σ、S、F_d 和 D_{time} 代入式(3)，计算得到敦煌地区 2006—2015 年尘卷风的每日起沙量。

在有沙尘暴、扬沙、降水、阴天等天气环境下很难发生尘卷风，因此，本文将沙尘暴和扬沙发生日、日降水大于 4 mm 和日平均总云量大于 70% 以上的数据剔除，获得了订正以后的尘卷风的每日起沙量。沙漠和戈壁地区大气中的沙尘气溶胶主要来自沙尘暴、扬沙和尘卷风的贡献[11]，那么剔除沙尘暴和扬沙后，Aura 卫星观测的敦煌气溶胶指数 AI 则反映的是尘卷风的贡献。剔除沙尘暴、扬沙、降水、阴天等天气后，图 4 显示了每日尘卷风的起沙量与 Aura-AI 之间的变化（共 2314 d），它们均呈典型的年单峰变化，年初与年末两者同时到达年内低值，年中两者同时到达年内最高，两者的趋势具有高度的一致性，相关系数为 0.38，并通过了 99.999% 置信度检验，这表明本文用热力学公式[11]计算的尘卷风的起沙量是可信的。

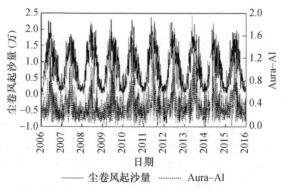

图 4　敦煌地区每日尘卷风的起沙量与 Aura-AI 变化（注：剔除沙尘暴、扬沙、降水和阴天等天气现象）

计算出敦煌地区尘卷风各月平均的起沙量在年内呈单峰分布(表1),从1月开始逐渐增大,至7月达到年内最大值,而后逐渐减少。7月平均每天尘卷风的起沙量是1月的8倍。尘卷风年均起沙量(最大、平均、最小)为4.28×10^6、1.85×10^6和7.38×10^5 t。尘卷风各季节起沙量分别为:春天5.71×10^5、夏天7.22×10^5、秋天4.21×10^5和冬天1.38×10^5 t,夏天的起沙量是冬天的5.23倍。

表1　计算的尘卷风各月平均起沙量

月份	$\eta(\%)$	$S \times \sigma(10^5 \text{m}^2)$	日照时数(h)	平均(10^3t)	最大(10^3t)	最小(10^3t)
1	1.58	0.66	7.86	1.68	3.9	0.67
2	2.6	1.12	8.81	3.19	7.38	1.27
3	4.03	1.82	10	5.9	13.65	2.36
4	5.26	2.48	11.29	9	20.83	3.59
5	6.1	2.96	12.38	11.78	27.24	4.7
6	6.64	3.28	12.67	13.38	30.94	5.34
7	6.83	3.41	12.31	13.5	31.22	5.38
8	6.66	3.29	11.97	12.67	29.3	5.05
9	5.9	2.84	10.83	9.9	22.89	3.95
10	5	2.33	9.63	7.27	16.8	2.9
11	3.4	1.5	8.5	4.14	9.57	1.65
12	1.98	0.84	7.54	2.05	4.73	0.82

2.4　尘卷风的起沙量对大气沙尘气溶胶的贡献

沙尘暴和扬沙能够抬升大量沙尘气溶胶粒子进入大气[8]。为了估计其潜在的起沙量,需要知道沙尘暴和扬沙的各自垂直起沙通量和其持续时间。沙尘暴的起沙通量在40.07×10^{-7} kg/$(\text{m}^2 \cdot \text{s})$至$1.54 \times 10^{-8}$ kg/$(\text{m}^2 \cdot \text{s})$之间[24-26],扬沙的起沙通量在$4.14 \times 10^{-8}$ kg/$(\text{m}^2 \cdot \text{s})$至$0.99 \times 10^{-8}$ kg/$(\text{m}^2 \cdot \text{s})$之间[25-26]。敦煌地区在2006—2015年期间共发生35次共119.1 h沙尘暴和242次共698.9 h扬沙天气,因此,平均每年沙尘暴和扬沙的持续时间分别为11.91 h和69.89 h。假设沙尘暴和扬沙可以横扫整个敦煌地区内能够容易扬起松散颗粒物进入大气的土壤面积为1.97×10^{10} m²[24],则根据之前所提的沙尘暴和扬沙起沙通量和持续时间,计算其年均起沙量。沙尘暴的年均最大最小起沙量分别为3.3845×10^6和1.3007×10^4 t;扬沙的年均最大最小起沙量分别为2.0520×10^5和4.9070×10^4 t。

由于沙漠戈壁区大气中沙尘气溶胶主要来自沙尘暴、扬沙和尘卷风的贡献[12],因此,敦煌地区的年均总起沙量为:(1)最大:7.8716×10^6 t(尘卷风:4.2819×10^6 t,沙尘暴和扬沙:3.5897×10^6 t);(2)最小:8.0069×10^5 t(尘卷风:7.3861×10^5 t,沙尘暴和扬沙:6.2077×10^4 t);平均:3.1283×10^6 t(尘卷风:1.8518×10^6 t,沙尘暴和扬沙:1.2765×10^6 t)。因此,尘卷风年均起沙对于总起沙量的贡献至少为54.4%,这与Han等[11]估计的塔克拉玛干沙漠中尘卷风所占总起沙量比率为52.8%的结果基本一致。

由于目前我们对尘卷风的了解十分有限,虽然它对年起沙总量的贡献很大,但它对区域或全球气候变化的贡献目前仍难以估计。

3 结论

(1)敦煌地区 CBL_{max} 具有非常显著的年变化特征，呈单峰分布，12月最低，5月最高，年平均高度为 2.2 km，极端时出现接近 6 km 的超厚对流边界层。

(2)热力因素对 CBL_{max} 的贡献具有决定性，阴天相对晴天的 CBL_{max} 平均减少率为 27.1%，云量的多寡可影响 CBL_{max} 的变化。

(3)敦煌干旱区尘卷风的起沙量对于年平均总起沙量的贡献至少为 54.4%，最高可能达到 90% 以上。

参考文献

[1] 栾兆鹏，赵天良，韩永翔，等．干旱半干旱地区尘卷风研究进展[J]．沙漠与绿洲气象，2016,10(2):1-8.

[2] 沈凡卉，王体健，庄炳亮，等．中国沙尘气溶胶的间接辐射强迫与气候效应[J]．中国环境科学，2011,31(7):1057-1063.

[3] Bishop J K B,Sherman J T. Robotic Observations of Dust Storm Enhancement of Carbon Biomass in the North Pacific [J]. Science,2002,298(5594):817-21.

[4] 韩永翔，宋连春，赵天良，等．北太平洋地区沙尘沉降与海洋生物兴衰的关系[J]．中国环境科学，2006,26(2):157-160.

[5] Overpeck J,Lacis A,Healy R,et al. Possible role of dust-induced regional warming in abrupt climate change during the last glacial period [J]. Nature,1996,384(6608):447-449.

[6] 王民俊，韩永翔，邓祖琴，等．全球主要沙源区沙尘气溶胶与太阳辐射的关系[J]．中国环境科学，2012,32(4):577-583.

[7] 邓祖琴，韩永翔，白虎志，等．中国北方沙漠戈壁区沙尘气溶胶与太阳辐射的关系[J]．中国环境科学，2011,31(11):1761-1767.

[8] Han Y,Dai X,Fang X,et al. Dust aerosols：A possible accelerant for an increasingly arid climate in North China [J]. Journal of Arid Environments,2008,72(8):1476-1489.

[9] 段佳鹏，韩永翔，赵天良，等．尘卷风对沙尘气溶胶的贡献及其与太阳辐射的关系[J]．中国环境科学，2013,33(1):43-48.

[10] Koch J,Renno N O. The role of convective plumes and vortices on the global aerosol budget [J]. Geophysical Research Letters,2005,32(18):109-127.

[11] Han Y,Wang K,Liu F,et al. The contribution of dust devils and dusty plumes to the aerosol budget in western China [J]. Atmospheric Environment,2016,126:21-27.

[12] Rennó N O,Burkett M L,Larkin M P. A Simple Thermodynamical Theory for Dust Devils. [J]. Journal of the Atmospheric Sciences,1998,55(21):3244-3252.

[13] 牛生杰，吕晶晶，岳平．半干旱荒漠化草原春季边界层特征的一次综合探测[J]．中国沙漠，2013,33(6):1858-1865.

[14] 李岩瑛，张强，胡兴才，等．西北干旱区和黄土高原大气边界层特征对比及其对气候干湿变化的响应[J]．冰川冻土，2012,34(5):1047-1058.

[15] 廖国莲．大气混合层厚度的计算方法及影响因子[J]．中山大学研究生学刊(自然科学,医学版),2005,26(4):66-73.

[16] Sinclair P C. General characteristics of dust devils [J]. Journal of Applied Meteorology,1969,8(1):32-45.

[17] Balme M,Greeley R. Dust devils on Earth and Mars [J]. Reviews of Geophysics,2006,225(1/2):3-11.

[18] Oke A M C,Tapper N J,Dunkerley D. Willy-willies in the Australian landscape：The role of key meteoro-

logical variables and surface conditions in defining frequency and spatial characteristics [J]. Journal of Arid Environments,2007,71(2):201-215.

[19] Wang M,Wei W,He Q,et al. Summer atmospheric boundary layer structure in the hinterland of Taklimakan Desert,China [J]. Journal of Arid Land,2016,8(6):846-860.

[20] 李岩瑛,钱正安,薛新玲,等. 西北干旱区夏半年深厚的混合层与干旱气候形成[J]. 高原气象,2009,28(1):46-54.

[21] 张杰,张强,唐从国. 极端干旱区大气边界层厚度时间演变及其与地表能量平衡的关系[J]. 生态学报,2013,33(8):2545-2555.

[22] 张强,赵映东,王胜,等. 极端干旱荒漠区典型晴天大气热力边界层结构分析[J]. 地球科学进展,2007,22(11):1150-1159.

[23] 尚立照,陈翔舜,王小军,等. 基于RS和GIS的敦煌市沙漠化动态监测[J]. 水土保持通报,2016,36(2):125-128.

[24] 杨兴华,何清,艾力·买买提明. 塔中地区一次沙尘暴过程的输沙通量估算[J]. 干旱区研究,2010,27(6):969-974.

[25] 沈建国,孙照渤,章秋英,等. 干旱草原地区起沙通量的初步研究[J]. 中国沙漠,2008,28(6):1045-1049.

[26] 沈志宝,申彦波,杜明远,等. 沙尘暴期间戈壁沙地起沙率的观测结果[J]. 高原气象,2003,22(6):545-550.

基于海拔高度的人影作业安全射界图订正

王田田　尹宪志　李宝梓　黄　山　丁瑞津　罗　汉

(甘肃省人工影响天气办公室,甘肃省干旱气候变化与减灾重点实验室,兰州 730000)

摘　要　针对 37 mm 人影作业高炮炮弹推导了质点外弹道的计算方法,模拟了 0 海拔标准气象条件下的弹道诸元。发现高海拔地区空气密度降低,弹丸飞行时的阻力加速度减小,射程相对较远;高海拔地区在绘制高炮安全射界图时,必须考虑海拔因素进行修正;利用海拔高度代入外弹道方程组直接计算和弹道相似原理计算的未爆弹丸最大射程修正值差异较小,两种方法均可准确计算高海拔地区炮弹落点;对高海拔地区的弹道进行更加精确的修正,从而提高安全射界图的精细化程度。

关键词　人影安全　射界图　海拔高度　弹道计算

1　引言

　　全球气候持续变化,间接影响着干旱、冰雹等极端天气气候事件的发生。同时,我国正处于经济社会快速发展的阶段,社会发展对灾害性天气的应对需求越来越高,尤其是大范围的抗旱增雨、防雹减灾[1]。人工影响天气(以下简称"人影")是指为避免或者减轻气象灾害,合理利用气候资源,在适当条件下通过科技手段对局部大气的物理、化学过程进行人工影响,实现增雨雪、防雹等目的的活动。目前,人影业务规模不断扩大,向云层发射催化剂的火箭、高炮等人影作业设备也在逐年增多,对于人影作业安全性的要求也不断提高。37 mm 高炮是我国开展地面人工增雨防雹的主要作业装备之一,所使用的人影炮弹存在约 3‰~3% 的引信瞎火率[2],随着人口和建筑物密度的增大,地面人影作业的安全射击范围不断受到挤压限制。利用高分辨率卫星遥感资料,调查掌握作业点周围人口和重要设施分布情况,精确规范绘制和使用安全射界图,使作业点周围人口和重要设施成为禁射区,其他区域成为可射击区,可以有效规避人影作业事故的发生。

　　刘志等[3]基于 ArcGIS 提出了射界图的绘制方法;杨凡等[4]探讨了青岛地区静风、顺风、逆风和横风条件下 37 mm 高炮炮弹落点情况;何京江等[5]采用空气阻力修正了火箭残骸落点算法;黎祖贤等[6]提出了用危险系数进行射界图安全性评估的方法。但是,对 37 mm 高炮弹道进行海拔高度订正的研究相对空白。

　　我国有一半以上的国土面积位于第二阶梯到第三阶梯,属于高原地区[7]。高原地区较低海拔平原地区空气密度小,弹丸飞行过程稳定性增加,阻力系数减小,未爆弹丸弹道与平原地区存在一定偏差。因此,本文利用弹箭外弹道学原理[8-9]对 37 mm 高炮弹道进行海拔高度订正,为高炮安全射界图的精细化绘制提供技术支撑具有现实意义。

2　人影作业安全射界图制作

　　为了提高人影高炮作业点的作业效率和安全性,同时实现数据的时像一致性,结合 SPOT

卫星 2.5 m 数据,对高炮作业点进行作业区域的裁减和放大到能够清晰地分辨出作业区域周围的地物情况,编写程序读取高分辨率卫星影像图片的数据,并将影像进行坐标校正,根据高炮作业点的经纬度,通过坐标转换,在影像上准确定位各个作业点的位置。并把高炮弹道作业计算结果叠加在高分辨率卫星影像上,严格按照中国气象局 37 mm 高炮人工影响天气作业点安全射界图绘制规范[10]绘制精确的高炮安全射界图。

3 弹道计算

由经典牛顿动力学定律可知,37 mm 人影高炮弹丸射出炮口后,运动轨迹呈带初始速度的抛物线,其位置和速度矢量可以从失去动力时刻进行积分得到。

根据质点弹道原理,依据人影 37 mm 高炮的特点,对弹丸运动做如下假设:(1)弹丸运动期间攻角为 0;(2)弹丸是轴对称体;(3)地表面是平面,重力加速度为常数,方向铅直向下;(4)科氏加速度为 0;(5)气象条件为标准气象条件(地面气温 15 ℃,虚温 288.9 K,空气密度 1.206 kg/m³,地面气压 1000 hPa,相对湿度 50%),无风雨。

以弹丸质心为原点建立自然坐标系,弹道切线(即弹丸速度矢量的方向)为横轴,法线为纵轴,得到质点运动方程组如下:

$$\begin{cases} \dfrac{\mathrm{d}v}{\mathrm{d}t} = -CH(y)F(v) - g\sin\theta \\ \dfrac{\mathrm{d}\theta}{\mathrm{d}t} = -\dfrac{g\cos\theta}{v} \\ \dfrac{\mathrm{d}y}{\mathrm{d}t} = v\sin\theta \\ \dfrac{\mathrm{d}x}{\mathrm{d}t} = v\cos\theta \end{cases} \tag{1}$$

式中,x,y,v,θ 分别表示弹道水平距离、弹道高度、弹丸速度和弹道倾角;C 为弹道系数,表示弹丸本身的特征对运动的影响:

$$C = \frac{id^2}{m} \times 10^3 \tag{2}$$

式中,i 为弹形系数,d 为弹丸直径,m 为弹丸质量;

$H(y)$ 为空气密度函数,反映大气对弹丸飞行的影响:

$$H(y) = \frac{\rho}{\rho_{on}} \tag{3}$$

式中,ρ 为弹箭所在高度的空气密度,ρ_{on} 为地面标准空气密度;

当 $y \leqslant 9300$ m 时,$H(y)$ 可以近似为 y 的函数:

$$H(y) = (1 - 2.1904 \times 10^5 y)^{4.399} \tag{4}$$

式中,$F(v)$ 为空气阻力函数,表示弹丸相对于空气的运动速度 v 对运动的影响:

$$F(v) = 4.737 \times 10^{-4} v^2 C_{xon}(Ma) \tag{5}$$

式中,马赫数 Ma 表示速度与当地音速的比值,阻力系数 $C_{xon}(Ma)$ 通过查询 43 年阻力定律表后插值获得。

从质点运动方程组(1)和方程(3)可以看出,高海拔地区空气密度降低,弹丸飞行时的阻力加速度减小,在相同的初速下,弹丸飞行速度高;在相同射角下,弹道的倾角变化率小。因此,高海拔地区的射程相对较远。

对微分方程组(1)进行求解,即可获得未爆弹丸的弹道。本文对常用的 83 型和 JD-89 型人雨弹的弹道进行测算,并与炮弹厂家给出的最大射程数据进行对比,如表 1 和图 1 所示,可知计算结果与厂方给出结果拟合度很高,验证了方程组(1)对 37 mm 人影高炮的适用性;在 60°~65°射角附近的拟合度最高,几乎完全重合;射角小于 60°时,计算的射程略小于厂家数据;射角大于 65°时,计算的射程略大于厂家数据。并且,弹道曲线反映了弹道整体情况,比弹道表格更全面地表征了弹丸的飞行轨迹。

在计算中对于 83 型人雨弹所使用的弹丸参数为:弹丸口径 37 mm,弹形系数 $i=1$,质量为 0.722 kg,初速为 866 m/s;JD-89 型人雨弹弹丸参数为:弹丸口径 37 mm,弹形系数 $i=1$,质量为 0.6 kg,初速为 950 m/s。

表 1　炮弹生产厂家提供的 37 mm 炮弹最大射程和本文计算的最大射程表

射角(°)	未爆弹丸最大射程(m)			
	83 型		JD-89 型	
	厂家提供	本文计算结果	厂家提供	本文计算结果
45	9596	9438	8814	8706
50	9331	9222	8543	8509
55	8866	8812	8095	8057
60	8190	8191	7462	7456
65	7298	7308	6639	6633
70	6191	6230	5626	5656
75	4877	4912	4429	4466
80	3378	3407	3068	3084

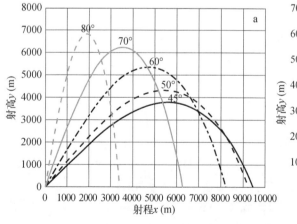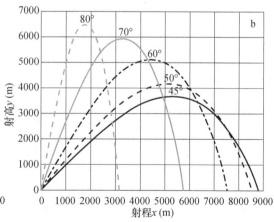

图 1　人雨弹外弹道计算结果(a:83 型;b:JD-89 型)

4 高海拔地区弹道订正

在高海拔地区，空气密度减小，有利于弹丸出炮口时陀螺稳定性的提高，同时，对出炮口弹丸的动态稳定性也是有利的[11-12]。在高原上，弹丸的飞行稳定性较平原上高。由此可见，基于海拔高度对高炮炮弹弹道进行订正后的可应用性很强。

4.1 直接计算法

由质点弹道方程组（1）可知，质点弹道由 C, v_0, θ_0 三个参数完全确定，积分起始条件中，$x = y = 0$，故只要给定了弹道系数 C、初速度 v_0 和射角 θ_0，就可以对时间积分，得到任一时刻 t 的弹道诸元 x, y, v, θ。高海拔地区起始条件中 $y \neq 0$，故只需将该地区的海拔高度代入起始条件 y 中进行积分，就可以得到该地区的弹道。

4.2 弹道相似原理订正

由大气物理学原理可知，海拔高度的变化会影响空气密度、气温和气压的变化，而气温、气压、空气密度对于弹丸弹道的影响主要包含在以下两式中：

$$H(y) = \frac{\rho}{\rho_{on}} = \frac{P}{P_{on}} \frac{\tau_{on}}{\tau} \tag{6}$$

$$Ma = \frac{v}{\sqrt{kR_d\tau}} \tag{7}$$

式中，$\rho_{on}, P_{on}, \tau_{on}$ 分别为地面标准空气密度、气压、气温；R_d 为普适气体常数。

当最大射高小于 9300 m 时，可以用弹道相似法来修正高海拔地区弹道[3]。所谓弹道相似，就是将空气密度、气压和气温不同于海平面标准值时的质点运动方程组在形式上变成与标准条件时完全一样，由此通过查询标准弹道表来换算非标准时的弹道诸元（最大射高、射程和飞行时间等）。

本文分别采用以上两种方法订正了从 1500~4000 m 海拔高度上不同射角的最大射程，见表 2 和表 3。图 2 为两种人雨弹在 60°射角时不同海拔高度上的弹道轨迹。可以很直观地看出，海拔高度对人雨弹射程的影响很大，因此，高海拔地区在绘制高炮安全射界图时，必须考虑海拔高度进行订正。同一射角时，随着海拔高度的增加，海拔高度对高炮射程的影响增大；同一海拔高度上，随着射角增大，海拔高度对射程的影响减小。

表 2 83 型人雨弹在高海拔地区不同射角下未爆弹丸最大射程

海拔高度 y(m)	未爆弹丸最大射程 X(m)							
	50°		60°		70°		80°	
	X_1	X_2	X_1	X_2	X_1	X_2	X_1	X_2
0	9331		8190		6191		3378	
1500	10337	10436	9226	9212	7001	6988	3844	3817
2000	10774	10869	9544	9617	7313	7306	4018	3992
3000	11706	11727	10534	10424	8077	7941	4453	4344
4000	12824	12723	11384	11367	8816	8687	4877	4757

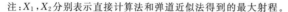

表3 JD-89型人雨弹在高海拔地区不同射角下未爆弹丸最大射程

海拔高度 y(m)	未爆弹丸最大射程 X(m)							
	50°		60°		70°		80°	
	X_1	X_2	X_1	X_2	X_1	X_2	X_1	X_2
0	8543		7462		5626		3068	
1500	9630	9616	8547	8452	6483	6397	3538	3494
2000	10028	9989	8836	8798	6786	6668	3709	3643
3000	10917	10842	9689	9595	7451	7295	4103	3990
4000	11815	11799	10673	10499	8247	8010	4556	4387

注：X_1，X_2分别表示直接计算法和弹道近似法得到的最大射程。

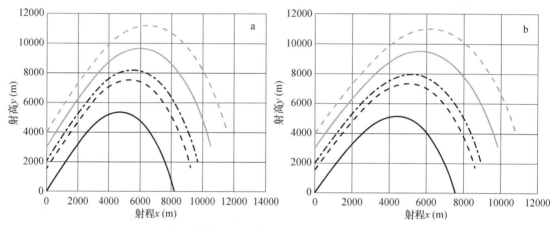

图2 人雨弹60°射角时不同海拔高度下外弹道（a：83型；b：JD-89）

计算两种人雨弹在不同海拔高度下两种计算方法的最大射程修正量（表4，表5），可以看出，海拔高度对两种人雨弹的最大射程修正量相差不多，随着射角的增大，最大射程的修正量变小，这一现象在JD-89型人雨弹上表现得略微明显，这可能是由于JD-89型人雨弹的质量较小，初速较大造成弹道系数相比于83型人雨弹较大而导致的。

两种弹道修正方法对射程的修正量（也就是 d X_1 和 d X_2）之间的差异较小，平均误差在10%以内，由此可见，两种方法都适用于人影高炮炮弹弹道的海拔高度订正和人影作业安全射界图的精细化绘制。不过，出于高炮射击安全性考虑，建议绘制安全射界图时，使用修正量较大的方法来计算未爆弹丸落点。

表4 83型人雨弹在高海拔地区不同射角下未爆弹丸最大射程修正量

海拔高度 y(m)	未爆弹丸最大射程 dX(m)							
	50°		60°		70°		80°	
	d X_1	d X_2	d X_1	d X_2	d X_1	d X_2	d X_1	d X_2
1500	1006	1105	1036	1022	810	797	466	439
2000	1443	1538	1354	1427	1122	1115	640	614
3000	2375	2396	2344	2234	1886	1750	1075	966
4000	3493	3392	3194	3177	2625	2496	1499	1379

表5　JD-89型人雨弹在高海拔地区不同射角下未爆弹丸最大射程修正量

海拔高度 y(m)	未爆弹丸最大射程 dX(m)							
	50°		60°		70°		80°	
	dX_1	dX_2	dX_1	dX_2	dX_1	dX_2	dX_1	dX_2
1500	1087	1073	1085	990	857	771	470	426
2000	1485	1446	1374	1336	1160	1042	641	575
3000	2374	2299	2227	2133	1825	1669	1035	922
4000	3272	3256	3211	3037	2621	2384	1488	1319

5　结论与讨论

本文针对37 mm人影作业高炮推导了质点外弹道的计算方法,首先较为精确地模拟了0海拔标准气象条件下的弹道诸元,在此基础上,结合质点外弹道方程组和弹道相似原理对高海拔地区的弹道进行了更加精确的修正。据此,得出以下结论:

(1)海拔高度直接影响大气密度、气压和气温等气象条件,对弹道的影响较大,且随着海拔高度的升高,对弹道的影响也增大;因此,高海拔地区在绘制高炮安全射界图时,必须考虑海拔因素进行订正。

(2)高海拔地区空气密度减小,弹丸飞行时的阻力加速度减小,弹丸射程相对较远。在相同的初速下,弹丸飞行速度高;在相同射角下,弹道的倾角变化率小。

(3)在同一海拔高度,随着射角的增大,最大射程的修正量变小,这一现象在JD-89型人雨弹上表现得略微明显。

(4)利用海拔高度代入外弹道方程组直接计算法和弹道相似原理法计算的未爆弹丸最大射程修正值差异较小,两种方法均可准确计算高海拔地区高炮未爆弹丸落点。

本文在进行弹道海拔高度订正时,仅计算了特定海拔高度的最大射程。然而不同的高炮作业点海拔高度各异,在实际进行安全射界图绘制时,应按照不同作业点所处海拔高度来计算,提高安全射界图绘制的精细化程度。

参考文献

[1] 张强,姚玉璧,李耀辉,等.中国西北地区干旱气象灾害监测预警与减灾技术研究进展及其展望[J].地球科学进展,2015,30(2):196-211.

[2] 马官起,王洪恩,王金民.人工影响天气三七高炮实用教材[M].北京:气象出版社,2011.

[3] 刘志,郝克俊.基于ArcGISPython的安全射界图自动化制作[J].气象科技,2016,44(5):816-821.

[4] 杨凡,黄明政,薛允传,等.基于高分辨率卫星影像的高炮作业点安全射界图的制作[J].气象,2008,34(4):124-126.

[5] 何京江,魏志东,董继辉,等.采用空气阻力修正的火箭残骸落点算法[J].重庆大学学报:自然科学版,2012,35(10):99-103.

[6] 黎祖贤,刘红武,廖俊,等.基于外弹道计算的人影高炮作业安全评估方法[J].气象科技,2016,44(1):152-156.

[7] 蒋明,刘玉文,李泳,等.我国高原气象条件及其对火炮外弹道特性影响[J].兵器装备工程学报,2016,37(5):7-11.

［8］韩子鹏．弹箭外弹道学［M］．北京：北京理工大学出版社，2014．

［9］倪庆乐，王雨时，闻泉，等．弹丸空气阻力定律全定义域解析函数经验公式［J］．弹箭与制导学报，2016，36（6）：101-104．

［10］中国气象局．QX/T256—2015 37 mm高炮人工影响天气作业点安全射界图绘制规范［S］．北京：气象出版社，2015．

［11］王良明，钱明伟．高原环境对高炮外弹道特性的影响［J］．弹道学报，2006，18（1）：18-21．

［12］王基组．关于弹道气象误差的弹迹偏差分析［J］．火力与指挥控制，2000，25（1）：66-69．

宁夏人影火箭架牵引车辆 GPS 定位与 3G/4G 视频监控系统实现

曹 宁[1,2]　田 磊[1,2]　常倬林[1,2]　穆建华[1,2]

(1. 中国气象局旱区特色农业气象灾害监测预警与风险管理重点实验室,银川 750002;

2. 宁夏气象防灾减灾重点实验室,银川 750002)

摘 要 使用 GPS 定位和 3G/4G 无线网络传输技术,建成由车载前端、服务器和客户端组成的宁夏人影火箭架牵引车辆定位与 3G 视频监控系统,通过车辆 GPS 定位及 3G/4G 视频监控等数据的传输、存储、客户端可视化管理和服务器后台管理功能的实现,以及系统提供的基于多种接口和各种函数 B/S 和 C/S 模式的二次开发功能,实现了宁夏应急作业车辆的可视化管理,有效地提高了宁夏移动作业的指挥和调度水平,对加快规范宁夏人影业务及人影物联网建设具有较大意义。

关键词 宁夏 人工影响天气 火箭架牵引车 GPS GIS 3G/4G 视频监控

1 引言

近年来,宁夏地面火箭应急作业在开展区域性、云体跟踪增雨(雪)、防雹及重大活动保障、集中优势开发空中水资源作用凸显,在满足宁夏抗旱减灾、现代农业产业发展、水库蓄水、森林防火、生态环境建设和城市空气质量改善等方面发挥着越来越重要的作用。2016 年,宁夏共有地面增雨(雪)防雹作业点 171 个,其中地面移动火箭作业点 49 个,移动火箭作业点分布在人口密集的引黄灌区,部分在各市郊和县郊,移动作业点没有配备作业火箭架,为了满足应急移动作业和避开人口密集区及工厂等,宁夏配备了 47 部火箭作业牵引车辆完成地面火箭增雨(雪)防雹作业,在提高作业效率的同时,解决车辆调度、安全管理和提高监控管理水平,更加科学、有效地对车辆和人员进行实时监控和管理,提高作业效率和质量,建设一套完善的远程监控、指挥和调度管理系统迫在眉睫。

全球定位系统(GPS)由美国军方建立,由全球的 24 颗全球定位卫星组成,定位卫星发出的信号全天候向地面发送定位信息[1]。地理信息系统(GIS)是一种具有采集、存储、管理、分析、显示与应用地理信息功能的计算机系统,是分析和处理海量地理数据的通用技术[2],国内基于 GPS 系统和 GPRS 的车辆定位的应用[3-5]已经趋于成熟,3G(WCDMA,TD,EVDO)/4G(TD-LTE 和 FDD-LTE)无线网络的发展,大大提升了信息传输的带宽,视频、音频等数据的传输和储存完全可以实现对车辆可视化管理。宁夏人影火箭架牵引车辆 GPS 定位与 3G/4G 视频监控系统能够在实时监控车辆轨迹的同时,还可以实时传输视频和声音信号,给人影指挥提供了具体实时定位能力和现场实时视频监控指挥能力,同时可避免作业过程中作业人员出现违规行为。通过 GPS 定位和 3G/4G 无线技术将作业车辆的定位信息和现场图像及时传回指挥中心,可以极大地提高应急作业的指挥调度能力。

2 系统总体设计

2.1 系统关键技术

系统中车载前端安装的 GPS 定位模块采用了 GPS 定位技术，将车辆的位置（经纬度和海拔高度）、时间及运动状态（速度、方向）存储在前端存储卡（SD 卡）中。通过 3G/4G 无线传输通信技术，流媒体技术将储存的信息传送到 WEB 服务器。客户端使用地理信息系统（GIS）技术将读取的定位、视频等信息在地图上显示并管理。H.264 音视频编解码技术，CCD 图像传感技术、数据库管理技术等，实现前端采集车辆的音视频数据的可视化。结合以上各种技术实现宁夏作业牵引车辆的实时音视频监控，实时定位监控，超速报警，线路偏移报警，信息统计，里程统计，轨迹回放，各种报表统计，为应急作业的安全、科学、高效的调度和管理提供了重要的技术支撑。

2.2 系统功能

宁夏火箭牵引车辆 GPS 定位与 3G/4G 视频监控系统功能由车载前端功能、服务器后台管理功能和客户端功能 3 部分组成。

3 系统组成

系统主要由三部分组成，即车载前端，监控管理客户端和服务器。

3.1 车载前端

车载前端主要包括车载主机、摄像头、监听器和数据传输网络（3G/4G）设备。

3.2 监控管理客户端

监控管理客户端是管理人员对车辆和司机实施监控与管理的可视化操作界面。网络中的计算机用户只需安装客户端软件，由系统管理员提供登录服务器的合法身份、密码和系统使用权限，就可成为一个监控工作站或者监控点。授权用户可以随时随地通过网络、通过监视软件，通过客户端登录服务器可进行实时监控、对讲、参数设置、车辆定位追踪、行驶轨迹回放等操作。

3.3 服务器

服务器后台软件主要负责将车载前端采集回来的数据进行存储、处理、统计、分析，然后提供给监控管理客户端进行展示；同时也接收来自监控管理端的各类操作指令、调度指令、管理信息进行处理后，下发至车载前端。实现管理人员对车辆的监控管理与信息的综合交互，它在这两者之间主要起到中间桥梁的作用。

4 系统数据传输及获取

4.1 数据传输

车载终端建议采用联通 3G/4G 上网卡，3G/4G 无线网络可使数据传输带宽大大提高，为高速数据的传输提供了便利条件。

4.2 主要数据采集及读取

数据采集包括对图像、语音、经纬度、速度、报警信息、行驶信息等数据进行采集及本地存储,通过 3G 网络连接中心服务器,将这些采集的数据上报至服务器进行处理。通过对 GPS 定位系统数据及 3G/4G 视频信息读取可以将以上数据接入集成到人影指挥系统中,这对系统集成有着重要意义。

4.2.1 GPS 定位系统数据获取

获取 GPS 定位系统数据,使用 OnGPSData 函数,具体为 VOID OnGPSData(BSTR strDeviceID, DOUBLE dbLongitude, DOUBLE dbLatitude, LONG ulAngle, DOUBLE flSpeed, ULONG ulAlarmType, ULONG ulAlarmRemove, DOUBLE flTempDevice, DOUBLE flTempCarriage, CHAR cStatus, LPCTSTR strGpsTime),具体参数如表 1,OnGPSData 函数无返回值。

表 1　获取 GPS 定位系统数据 OnGPSData 函数的参数

数据类型	参数	说明
BSTR	strDeviceID	设备 ID
DOUBLE	dbLongitude	经度
DOUBLE	dbLatitude	纬度
LONG	ulAngle	方向角角度
DOUBLE	flSpeed	速度
ULONG	ulAlarmType	报警类型
ULONG	ulAlarmRemove	报警解除类型
DOUBLE	flTempDevice	设备温度
CHAR	cStatus	GPS 是否有效
LPCTSTR	strGpsTime	GPS 时间

4.2.2 3G 视频信息获取

获取录像文件并转换成 AVI,使用 DownloadFileConvert 函数,具体参数如表 2 所示,DownloadFileConvert 函数返回值为 1,打开下载失败,返回值为 2,开始执行下载失败。

表 2　获取录像文件并转换成 AVI 影像 DownloadFileConvert 函数的参数

数据类型	参数	说明
BSTR	szSourceFile	源文件
BSTR	szSaveFile	保存文件
LONG	nStart	起始时间/相对时间,单位为秒
LONG	nEnd	结束时间以秒为单位,开始和结束时间都为 0 表示下载整个文件
LONG	bRemote	是否是远程文件,即如果本地文件需要转换成 avi 的,参数为 0,1 是需要下载的文件是否转换
LONG	nCovavi	是否需要转换成 avi 0,不转换,1 转换不替换源文件,2,转换后替换原来的文件

5 结论和展望

宁夏火箭牵引车辆定位与 3G/4G 视频监控系统能够实时监控车辆的轨迹的同时,还可以实时传输视频和声音信号,给人影作业车辆提供了具体实时定位能力和现场实时视频监控指挥能力。

由系统管理员对客户端软件登录的权限进行设计,通过登录服务器的合法身份、密码和系统使用权限,可以实现对宁夏火箭牵引车辆的定位、可视化管理和指挥,对规范宁夏人影业务及人影物联网建设具有较大意义。

系统提供的多种接口和各种函数,能够实现不同客户的开发需求,可以支持 B/S 模式,也可以支持 C/S 模式。通过对 GPS 定位系统数据及 3G/4G 视频托等信息读取可以将以上数据接入集成到其他人影指挥系统中,通过系统二次开发对系统融合和集成有着重要意义。

参考文献

[1] 李天文. GPS 原理及应用[M]. 北京:科学出版社,2003:9.

[2] 陈述彭. 地理信息系统导论[M]. 北京:科学出版社,1999:3.

[3] 姚剑琴. 基于 GPS 技术的定位监控系统[J]. 制造业自动化,2012,34(4):50-51.

[4] 赵惠子. 一种基于 GPS 及 GPRS 技术的车辆导航定位及监控系统的设计[J]. 仪器仪表用户,2007,14(3):33-35.

[5] 徐宁,钟汉如. 基于 GPRS 的扫路车 GPS 车辆定位监控系统设计[J]. 筑路机械与施工机械化,2008(6).

火箭发射架俯仰双丝杆装置设计与应用

陆卫冬

(新疆维吾尔自治区人工影响天气办公室,乌鲁木齐 830002)

摘　要　多种弹型增水防雹火箭发射架主要由定向器、上筒体、俯仰装置、方位转盘、下筒体、三角支撑架、底座等组成。本文根据多种弹型增水防雹火箭发射架的结构和有效承受火箭发射瞬间的冲击力,采用双丝杆结构,设计出火箭发射架俯仰装置,解决了定向器俯仰升降受力不平衡的问题,已投入业务实际应用,取得较好的效果。

关键词　火箭发射架　俯仰装置　双丝杆结构设计

1　引言

人工增雨防雹火箭发射架,在实施人工影响天气作业时通过方位旋转和俯仰升降装置,使火箭发射架的定向器指向目标云,然后将装载在定向器发射轨道内的增雨防雹火箭弹发射到目标云中,达到防御和减轻气象灾害的目的[1]。

目前国内普遍使用的人工增雨防雹火箭发射架的俯仰装置,大都采用单丝杆结构,单丝杆的上支点安装在发射架定向器托架的中部,托架上共有 6 个发射轨道定向器,火箭弹在第 3、4、6 轨道发射的瞬间,由于冲击力偏离中心,作用在单丝杆上形成的扭力,给发射架定向器和俯仰装置造成一定损害,久而久之会影响发射架定向器的平直度,也会损坏俯仰装置[2]。

针对上述情况,[3]设计采用两根丝杆的俯仰装置,两根丝杆的上支点,分别与发射架定向器托架的左右两根边框相连。两丝杆同时升降,带动发射架定向器作俯仰运动,虽然结构上较单丝杆复杂,但平衡了定向器受力不均的问题,[4]增加了火箭发射的安全性和火箭发射架定向器的使用寿命[5]。

2　俯仰双丝杆装置设计

俯仰双丝杆装置由支撑旋转轴、左丝杆、右丝杆、伞齿轮、锥齿轮、齿轮壳体、上护套、下护套、上支杆、轴承等部件组成[6]。

2.1　支撑旋转轴

支撑旋转轴穿套于连接旋转轴轴套中,两侧轴头安装伞齿轮。作用是将支撑旋转轴水平方向的旋转,通过支撑旋转轴上的伞齿轮与丝杆上锥齿轮的耦合改变垂直方向的旋转。支撑旋转轴承载力较大,用 45♯ 钢制作。

2.2　丝杆

丝杆分为左丝杆、右丝杆,在丝杆根部安装锥齿轮和轴承,旋进齿轮壳体内,旋紧,此时支撑旋转轴上的伞齿轮与丝杆上锥齿轮进行耦合,丝杆主体与上支杆里的铜螺母进行螺纹连接。

2.3 上支杆

上支杆内镶有铜螺母,铜螺母与丝杆螺纹连接,头部的支耳与定向器轨道托架连接。

2.4 上、下护套

上、下护套的作用是防止雨水、尘土等进入丝杆和上支杆内部,上护套与上支杆螺纹连接,下护套与齿轮壳体螺纹连接,用不锈钢材料制作。

2.5 齿轮壳体

齿轮壳体作用是将支撑旋转轴、丝杆、下护套连接为一个整体,分为齿轮外壳与齿轮内轴[9],实现了伞齿轮与锥齿轮的耦合,承载力较大[10]。

2.6 组装

将支撑旋转轴轴套穿焊在上筒体的下部,中间穿进支撑旋转轴、轴承、伞齿轮,轴套(水平方向)的两头套装两齿轮壳体,伞齿轮外部套装调整垫和锁紧螺母;在齿轮壳体(垂直方向)插进丝杆上安装的锥齿轮,旋上锥齿轮压盖,再旋上下护套;上支杆与上护套螺纹连接,上支杆内的铜螺母与丝杆螺纹连接,支耳与火箭发射架定向器托架进行螺栓连接[7]。

当旋转支撑旋转轴,伞齿轮带动锥齿轮,锥齿轮带动丝杆旋转,丝杆旋转使上支杆移动,上支杆带动火箭发射架定向器做俯仰运动。

3 结语

本文采用双丝杆同步移动的结构,实现了火箭发射架定向器俯仰装置的设计。经实际应用,性能稳定、可靠,防止了火箭发射瞬间的冲击力偏离中心,对定向器的平直度、俯仰装置造成的损害,达到了设计目的,具有较高的实用价值。

参考文献

[1] 杨炳华,魏旭辉,王星钧. 新疆人工增雨防雹作业装备使用与维护[M]. 北京:气象出版社,2014: 168-176.

[2] 杨炳华,王星均. 火箭发射架定向器生产的工装设计[J]. 机械制造,2015(8):82-84.

[3] 杨炳华,王星均. 人工增雨防雹火箭发射架缓冲底座的设计[J]. 机械制造,2015(12):70-79.

[4] 苏正军,刘奇俊. 不信风雨唤不来——漫谈人工影响天气技术[J]. 百科知识,2004,7(14):2-3.

[5] 卢章平,张艳. 不同有限元分析网格的转化[J]. 机械设计与研究,2009(6):10-14.

[6] 李学志. 计算机辅助设计与绘图[M]. 北京:清华大学出版社,2007:38-43.

[7] 汪恺. 机械设计标准应用手册第2卷[M]. 北京:机械工业出版社,1997:13-22.

[8] 孔庆华,刘传. 极限配合与测量技术基础[M]. 上海:同济大学出版社,2002:66-68.

[9] 邹慧君. 机械运动方案设计手册[M]. 上海:上海交通大学出版社. 1994.

[10] 周长省. 火箭弹设计理论[M]. 北京:北京理工大学出版社,2014:1-2.

人影机载子焰弹播撒装置研制应用

晏 军 胡 帆 郭 帷 李 斌

(新疆维吾尔自治区人工影响天气办公室,乌鲁木齐,830002)

摘 要 目的:为了进一步提高和加强当前人工影响天气行业机载催化作业设备的安全性和有效性。方法:通过对当前所使用的机载催化作业设备的利弊进行分析总结,提出了一种将弹药安全防护功能和视频影像技术融合起来的全新设计理念。结果:通过试验和初步应用表明,该系统的研制达到了预期的效果,极大的提升和弥补了当前人影机载焰弹播撒设备在安全性和有效性等方面的能力和技术空白,与同类产品相比具有高效、可视、安全、通用性强、携弹量大、作业灵活、持续作业时间长等优点,在行业内具有较高的应用和创新价值。

关键词 人影飞机 子焰弹 播撒装置 研制应用

1 引言

新疆位于亚欧大陆腹地,地大物博,资源富饶,但离海洋较为遥远,由于地形对暖湿气流的阻挡和影响,致使冬季寒冷干燥,夏季高温炎热,降水稀少且分布不均,对当地人民的生活、生产和建设等方面均带来了严重影响。通过利用现代化的人工影响天气(以下简称"人影")技术手段来加大对空中水资源的开发和应用,便成为缓解和改善当前新疆乃至西北地区水资源紧缺的有效途径之一,同时人影技术在社会、经济[1]和军事[2-3]等领域也都有着十分广泛的应用和贡献。通过对当前国内外人影现状和世界气象组织的统计研究表明[4-6],近几十年来有关人影技术方面的相关研究和试验从未停止过,全球平均每年开展的人影课题项目和试验就多达100多项,其中美国、俄罗斯、中国、以色列等国家起步较早,在技术和规模上均走在了世界的前列[7-8]。当前有关国内外人影方面的研究多集中于催化技术[9-10]、作业方法[11-12]和效果检验[13-15]等方面,在设备方面的相关研究也多以探测工具为主[16-17],而对于机载催化作业工具方面的研究相对较少且更新缓慢,随着时间的推移和科技的不断发展,当前所使用的一些作业设备在结构和功能等方面,都已跟不上时代的发展和需要并逐渐暴露出了一些功能方面的缺陷和不足。近年来随着人影技术的不断提高,在催化剂配方技术等方面有了明显的改善和提高,已由原先较为低效的液态催化剂[18-19]被现如今的固态高效催化剂和作业工具所替代[20-21],与此同时播撒作业工具在其外观结构和作业方式等方面随之发生了巨大的变化[22-25]。

目前美、俄两国所使用的焰弹发生装置双侧携弹量为128~156枚[26-27],而国内播撒装置携弹量约为200枚,"工欲善其事,必先利其器",为了能够进一步提高和完善当前人影机载播撒作业的能力和解决作业过程中所遇到的一些实际问题,有必要对当前国内所使用的机载播撒作业设备进行升级和完善。针对这一现状,新疆人影办于2017年成功研制出了一套具有安全、高效带有视频影像功能和弹药安全防护功能的新型机载焰弹播撒系统。该装置可同时携带400枚作业焰弹,安装应用于运-七、运-八、安-26、新舟60等多种主流机型上开展工作,极大地提升了机载设备的通用性和作业效率。

2　焰弹播撒系统的研制总目标

机载子焰弹播撒装置属于人工影响天气飞机作业装备领域,主要用来承担和实施飞机在空中的人工增雨(雪)催化播撒作业。通过对当前现有的相关技术产品研究确定:(1)作业弹药选用当前成核率较高的焰剂配方;(2)作业工具需载弹量大,尽可能地满足长时间飞行作业需求,以达到最佳的经济效益;(3)作业方式需能够安全高效、机动灵活,科学准确等要求,尽可能地满足在不同云层高度进行催化作业;(4)控制装置需操作简便、工作稳定、故障率低,可提供实时作业情况;(5)发射装置需通用性好、重量轻、风阻小、结实耐用、易于安装维护和保养;(6)架体、线路需安装牢固、可靠,不能因飞机颠簸而出现松动或脱落等现象。

3　焰弹播撒系统的结构及原理

新型机载子焰弹播撒系统,是当前同类产品中功能和设计理念相对较为先进的一种作业装置,该设备主要由可视化发控器、带有防护功能的播撒装置和作业焰弹三部分组成。

3.1　发控箱结构及原理

发控器电路采用的是模块化集成设计,分别安装在铝制箱体内,发控箱为上下结构,分别由上半部的视频影像系统和下半部的操作控制系统组成,机箱面板的按键均采用的是当前较为主流的贴膜按键技术,具有美观平整、防水性好、寿命长等特点。

3.1.1　影像系统结构及原理

影像系统主要由 9 寸 4 分割显示器和 4 个工业级的高清、防水、红外、低温摄像头($-40\sim+65$ ℃,90％无凝结,带有恒温加热功能)和带有航空插件的屏蔽电缆线组成,影像选用的是 MAX4315 多路视频信号切换器,可同时接收 4 路视频输入信号,并在选择切换单元的指令下,实现 4 路视频信号的切换显示,自动增益控制单元则负责对视频信号的幅度进行调节和稳幅输出,最后通过视频输出单元对信号进行功率放大后输出高清视频信号[28-29],从而为当前作业情况提供视频参考依据。

3.1.2　操控系统结构及原理

操作控制系统主要由 CPU 模块、电源模块、继电器驱动模块、点火电路、检测模块、通信模块等部分组成。

(1)CPU 模块:CPU 采用 ATMEGA128 单片机,该单片机运算速度快,功耗低,性能稳定,具备 128 K 的 FLASH 存储器,提高了重要数据的存储能力。

(2)DC-DC 电源模块:此模块输入范围:$18\sim36$ V,输出最大电流 2.5A,模块设计有过电保护、过流保护、过压保护功能,输出反接功能。

(3)继电器驱动模块:用于单片机对继电器的驱动,由 6 组 74HC244、三极管组成,完成对继电器的驱动。

(4)点火电路:由多个继电器组成,按照指令对其实现继电器的点火控制。

(5)LCD 显示电路:提供人机交互显示,利于操作人员的使用。

(6)按键输入模块:对控制器的各种功能进行操作设定,按键采用表面贴膜方式,增加功能电源控制和线路阻值检测功能,以便操作人员能及早地发现和排除故障,同时 LCD 人机交互界面更利于直观的操作和使用。按键模块主要用来完成选择和设定作业模式、弹药数量、时间设定和点火控制等操作功能。

3.1.3 控制器技术指标

(1)点火控制器通道数:400 个;

(2)控制器寿命:>2000 h;

(3)电连接器:XCE24F14Z1P1;

(4)检测电流:10 mA;具备发火电路短路保护功能;

(5)供电电源:DC 28 V±4 V;

(6)发火电源:DC 28 V±4 V;

(7)峰值功耗:≤200W。

3.2 发射装置结构及原理

发射架主要由托架、导流罩、架体和插弹板等部分组成。装置总长为 1850 mm,外径 240 mm,单翼重量 40 kg,除主要受力部位采用的是不锈钢之外,其余部件均选用的是硬度大、强度高、耐振动和耐冲击的合金材料,具有密度小、强度大、重量轻等优点,点火极柱选用的是导电性能良好的铜棒材质,绝缘部件采用的是胶木绝缘棒加工而成,架体前端的导流罩选用的是合金材质并呈流线型设计,架体整体呈长方体设计结构,这样有利于播撒装置紧贴机身部位的安装和固定,尽可能地减少风阻的影响,焰弹发射角度一般为向下 45°角发射,发射架上端有可调式活动拉杆设计,可根据实际需要在 45°角范围内进行调节,焰弹发射装置可分为左、右两个播撒器,也可单独安装使用,每个播撒器可安装 10 组插弹板,每组插弹板可安装 20 枚作业焰弹,两个播撒器可同时携带 400 枚作业焰弹,能够满足当前飞机续航作业能力的需求,抽拉式插弹板为合金材质,把手部位带有自锁装置设计,具有安全、坚固、方便、快捷等优点,可以有效地防止插弹板的松动与脱落[30-32]。

3.3 弹药防护装置结构及原理

弹药防护装置主要由侧舱门、底舱门、电机和连动机构四部分组成。弹药舱门由合金板材制作而成,具有坚固耐用、重量轻和风阻小等优点[33]。由于在飞行过程中弹药舱门的启闭运动过程中会受到高空风的影响,对电机造成一定的负载,因此,将底舱门选用合金材料并进行纱网式的镂空处理,在不影响弹药防护安全的情况下,有效地将风阻系数降到了最低。为了便于在地面上的安装和维护,底舱门还专门设计有机械式手摇杆,主要是为了在电机断电的情况下用来对舱门进行手动启闭。舱门由 PIC18F452 高速单片机对直流伺服电机发出方向和转速操作指令,由电机带动蜗轮蜗杆减速及丝杠螺母机构等部件进行提升、导向和限位活动,从而完成对舱门的启闭活动[34-35]。电机选用的是工业级的 24 V 耐低温伺服无刷直流电机,具有体积小、重量轻、转动平滑、免维护、寿命长、耐低温、调速精准等优点,工作环境温度可达 -40~+60 ℃,能够满足飞机起降高度环境下的温度要求。

4 结论

新型焰弹播撒装置的成功研制达到了预期的设计目标,通过试验和应用表明,该装置有效地提升了人影机载播撒作业设备的安全性、通用性和催化作业时的灵活、有效性,能够达到和满足当前人影飞行作业的技术要求。该装置具有一定的创新价值和应用前景,它的投入使用,必将会对今后的人影安全生产飞行作业和空中水资源的开发利用等方面,起到积极而现实的经济效益和社会价值。

参考文献

[1] 金华,张蔷,何晖,等. 机载粉剂催化剂播撒设备的研制及其在奥运和残奥消云中的应用[J]. 气象,2012(11):1443-1448.

[2] 贺可海. 人工影响天气对作战体系影响分析[A]. 中国气象学会,2013,6.

[3] 李大光,张文伟. 气象武器与防灾技术[J]. 生命与灾害,2009(2):16-18.

[4] 李大山. 人工影响天气现状与展望[M]. 北京:气象出版社,2002.

[5] 康凤琴. 人工影响天气展望[J]. 干旱气象,2001(1):25-28.

[6] GUO Xueling,ZHENG Guoguang. Advances in Weather Modification from 1997 to 2007 in China[J]. Advances in Atmospheric Sciences,2009(2):240-252.

[7] JIANZhong,MAXueliang,GUO Chunsheng,et al. Recent Progress in Cloud Physics Research in China[J]. Advances in Atmospheric Sciences,2007(6):1121-1137.

[8] 郑国光,郭学良. 人工影响天气科学技术现状及发展趋势[J]. 中国工程科学,2012(9):20-27.

[9] 张景红,金德镇,江忠浩,等. 人工影响天气纳米碘化银铜复合粉体催化剂结构特征分析[J]. 高原气象,2011(1):258-261.

[10] 张景红,金德镇,刘先黎,等. 人工影响天气纳米碘化银催化剂的制备及表征[J]. 吉林大学学报(工学版),2010(1):77-81.

[11] 蔡苏鹏,杜景林. 基于GIS的人工影响天气系统设计与实现[J]. 南京信息工程大学学报(自然科学版),2015(5):427-433.

[12] 陈光学,王铮. 人工影响天气作业方法及设备[M],北京:宇航出版社,2002:77-80.

[13] 徐冬英,张中波,唐林,等. 几种人工增雨效果检验方法分析[J]. 气象研究与应用,2015(1):105-107.

[14] 章澄昌. 当前国外人工增雨防雹作业的效果评估[J]. 气象,1998(10):3-8.

[15] 王以琳,李德生,刘诗军. 飞机人工增雨分层历史回归效果检验方法探讨[J]. 气候与环境研究,2012(6):862-870.

[16] 赵姝,慧秦鑫,李帅彬,等. 新一代天气雷达常用产品在我国人工影响天气工作中的应用[J]. 地球科学进展,2012(6):694-702.

[17] 周海光. 机载多普勒天气雷达及应用研究进展[J]. 地球科学进展. 2010(5):453-462.

[18] 樊鹏,余兴,雷恒池,等. 液态二氧化碳(LC)播撒装置应用研究[J]. 应用气象学报. 2005(5):685-692.

[19] 杨瑞鸿,陈祺,丁瑞津,等. 机载液氮播撒装置的研制思路与操作方法[J]. 现代农业科技,2015(1):187-188.

[20] 金凤岭,李靖平,郑凯,等. 机载19管多星体拖曳式焰弹催化系统[J]. 气象科技,2007(4):546-549.

[21] 王永政,樊明月,尹贻敏. RYKZ-1型焰弹发射系统的使用和维护[J]. 山东气象,2011,3(31):26-28.

[22] 石爱丽. 人工影响天气关键技术与装备研发[J]. 中国气象科学研究院年报(英文版),2008(12):9-11.

[23] 苏正军,王广河. 人工影响天气催化剂和作业装备[J]. 气象知识,2012(2):18-20.

[24] 邵洋,刘伟,孟旭,王广河. 人工影响天气作业装备研发和应用进展[J]. 干旱气象,2014(4):649-658.

[25] 邹春根,王雪霖,罗喜平. 新型固态碘化银烟条及播撒装置的研发与应用[J]. 现代制造技术与装备,2016(12):52-53+56.

[26] Grant L O, Steele R L. The Calibration of Silver Iodide Gdnerators[J]. BullAmerMeteorSoc,1966:713-717.

[27] Fennegan W G. Evaluation of Ice Nucle Generatorsystems[J]. Nature,1971(232):113- 114.

[28] 刘丽丽．倒车影像处理系统的研究[J]．科技创新导报,2013(7):1-2.

[29] 施大威．倒车影像显示系统可靠性分析[J]．汽车电器,2017(2):44-45+48.

[30] 刘志群,周红,刘伟,等．某型飞机舱门锁机构卡滞可靠性分析[J]．机械设计,2012(12):39-42.

[31] 罗阿妮,邓宗全,刘荣强,等．伸展臂根部锁定机构的设计与运动分析[J]．机械设计,2011(1):56-59.

[32] 李田囡,王小锋,宁晓东．飞机起落架收放机构与锁机构的集成运动仿真[J]．机电工程技术,2010(5):61-63.

[33] 高宗战,刘志群,姜志峰,等．飞机翼梁结构强度可靠性灵敏度分析[J]．机械工程学报,2010(14):194-198.

[34] 霍俊超,邓浩斌．浅谈齿形同步带在电梯门系统的应用[J]．机电工程技术,2014(12):233-236.

[35] 井惠林,赵海龙,王铁军．考虑铰链磨损时飞机舱门运动精度可靠性研究[J]．机械设计,2011(4):55-59.